自動車用半導体の開発技術と展望
Recent Technologies & Perspective of Automotive Semiconductor
《普及版／Popular Edition》

監修 大山宜茂

シーエムシー出版

まえがき

　本書は，車載半導体のみでなく，それが使われているシステム，センサ，アクチュエータも横断的にとりあげ，この分野の研究開発にあたられる方々，新たにこの分野に従事する方々に役立てていただく目的で執筆したものである。

　1960年代，米国のロスアンゼルスで始まった排ガス規制は，電子制御燃料噴射システムの採用を促し，現在では，50個以上のモータ，エレクトロニクスコントロールユニット（ECU），100個以上のセンサを搭載した車も量産されている。自動車エレクトロニクスが，車全体のコストの20%を占めるようになったともいわれている。

　今後，油圧式の多板クラッチに代わり電動式のPower-by-Wireシステム，車輪の転舵を自在に電子制御するSteer-by-Wireシステム，ブレーキ力をモータで制御するBrake-by-Wireシステムなどのx-by-Wireシステムが登場するものと思われる。1990年代に検討されたハイブリッドシステム，1970年代に開発された衝突警報用のレーダシステムも陽の目を見るものと思われる。

　これらを支える技術に，マイクロプロセッサ，パワー半導体などがある。マイクロプロセッサは，インベーダゲームなどによって大量生産され，MOSFET，IGBTなどのパワー素子は，冷蔵庫などのインバータドライブの普及で，低コストで供給できるようになった。これらが，グレードアップされ，−40から150度の温度の環境におかれる自動車エレクトロニクスの普及につながっている。今後，X-by-Wireの登場で，自動車半導体が，半導体アプリケーションの主役のひとつになることが予測される。

　このような状況の中で，半導体の市場において，自動車半導体が占める割合は，2000年代の初頭は8%程度であったが，2010年には30%程度に増加するものと見込まれている。半導体の世界マーケットシェアの上位3社の次に，自動車半導体も手がけている，Infineon Technologies AG，ルネサステクノロジ，ST Microelectronics，東芝，NECエレクトロニクス，Philips Semiconductors, Inc., Freescale Semiconductor，富士通などが名をつらねている。各社は，持ち味を生かして，今後，シェアの向上をねらってくるものと思われる。

　自動車においては，安全性，信頼性が最重要課題である。車載システムでは，自動車メーカー，部品メーカー，半導体メーカーの役割分担において，半導体自体の信頼性のほかに，システムを構成する各要素の信頼性，ソフトウェアの信頼性を横断的に検証する必要がある。本書が，次世代の車載半導体およびアプリケーションの発展に貢献できれば幸いである。

　本書をまとめるに際し，多くの方々に力添えをいただいた。執筆者を代表して深く感謝申し上げたい。

2007年10月

大山宜茂

普及版の刊行にあたって

本書は 2007 年に『自動車用半導体の開発技術と展望』として刊行されました。普及版の刊行にあたり，内容は当時のままであり加筆・訂正などの手は加えておりませんので，ご了承ください。

2013 年 6 月

シーエムシー出版　編集部

執筆者一覧

大山 宜茂	東北学院大学　工学部　非常勤講師（元㈱日立製作所）
鷲野 翔一	鳥取環境大学　環境情報学部　情報システム学科　教授
射場本 正彦	㈱日立ニコトランスミッション　本社　技術顧問（元㈱日立製作所）
山内 照夫	技術研究組合　走行支援道路システム開発機構　交流促進部　部長
相薗 岳生	㈱日立製作所　システム開発研究所　CIS システムソリューション分室　ユニットリーダー主任研究員（分室長）
小山 敏	㈱日立製作所　トータルソリューション事業部　ITS ソリューションセンタ担当部長
佐藤 孝	スタンレー電気㈱　研究開発センター　技術研究所　主任技師
栗原 伸夫	八戸工業大学　工学部　システム情報工学科　教授
金川 信康	㈱日立製作所　日立研究所　情報制御第三研究部　LSI ユニット　主管研究員
諸岡 泰男	筑波大学　先端学際領域研究センター　研究員
前島 英雄	東京工業大学　大学院総合理工学研究科　物理情報システム専攻　教授
藤平 龍彦	富士電機デバイステクノロジー㈱　電子デバイス研究所　所長
内藤 治夫	岐阜大学　工学部　人間情報システム工学科　教授
松平 信紀	（元）㈱日立製作所　自動車機器事業部　事業部長付
加藤 和男	技術コンサルタント
福島 E. 文彦	東京工業大学　大学院理工学研究科　機械宇宙システム専攻　准教授
嶋田 智	㈱日立カーエンジニアリング　電子設計本部　特別嘱託
大井 幸二	三菱マテリアル㈱　セラミックス工場　電子デバイス開発センター　主任研究員
野尻 俊幸	石塚電子㈱　営業統轄本部　特販課　課長
真山 修二	㈱オートネットワーク技術研究所　PDS 研究所　パワーネットワーク研究室　主任研究員

執筆者の所属表記は，2007 年当時のものを使用しております。

目 次

【第Ⅰ編】自動車エレクトロニクスの現状と今後の方向

第1章 次世代カーエレクトロニクスの展望　　鷲野翔一

1 まえがき ………………………………… 3
2 カーエレクトロニクスの歴史的概観 …… 3
3 社会の今後の動き ……………………… 4
　3.1 少子高齢化 ………………………… 4
　3.2 安全・安心と環境 ………………… 5
4 一つの提案 ……………………………… 9
5 おわりに ………………………………… 12

第2章 自動車エンジンの電子制御技術　　大山宜茂

1 火花点火エンジンの電子制御技術 ……… 14
　1.1 アナログからディジタルへの変遷 …… 14
　1.2 電子制御ユニット（ECU；Electronic Control Unit）の構成 ………………… 15
　1.3 燃料量の制御 ……………………… 16
　1.4 点火時期の制御 …………………… 17
　1.5 制御のタイミング ………………… 18
　1.6 制御システムの例 ………………… 19
2 ディーゼルエンジンの電子制御技術 …… 20
　2.1 燃料噴射システム ………………… 20
　2.2 エンジン制御システム …………… 21
3 予混合圧縮自着火の電子制御技術 ……… 23
4 二輪車用エンジン ……………………… 24
5 天然ガスエンジンの電子制御技術 ……… 24
6 ハイブリッドシステムの電子制御技術 … 26
7 自律分散制御 …………………………… 27
8 ECU（Electric Control Unit）の性能および構成 ……………………………… 29
　8.1 マイクロプロセッサの性能 ……… 29
　8.2 ガソリンエンジン用のECUのLSIの構成 ………………………………… 30
　8.3 フェイルセーフ機能 ……………… 32
　8.4 ECUと周辺デバイスとの接続例（ディーゼルエンジンの場合） ……… 32

【第Ⅱ編】自動車エレクトロニクスと半導体の使われ方

第1章　パワートレイン　　大山宜茂，射場本正彦

1　エンジン制御システム ………… 39
2　インジェクタのドライバ ……… 43
3　スロットルバルブの電子制御 … 43
4　点火システム …………………… 44
5　触媒のための尿素供給システム ………… 45
6　変速機 …………………………… 46
　6.1　オートマチックトランスミッション … 46
　6.2　無段変速機 CVT（Continuously Variable Transmission）………… 49
　6.3　自動化機械式変速機 …………… 50
7　駆動力制御 ……………………… 52
8　ハイブリッドシステム ………… 52
　8.1　シリーズハイブリッドシステム …… 53
　8.2　パラレルハイブリッドシステム …… 54
　8.3　省エネルギ制御 ………………… 55
　8.4　コントロールシステム ………… 57
9　電動アシストターボ …………… 59

第2章　安全走行支援システムの開発状況　　山内照夫

1　はじめに ………………………… 62
2　日本の状況 ……………………… 62
　2.1　相変わらず発生する交通事故 ……… 62
　2.2　国内車両メーカーが考える対策案 … 62
　2.3　内閣府が発表したIT改革戦略 …… 66
3　海外の状況 ……………………… 67
　3.1　欧米の政策的動向 …………… 67
　　3.1.1　欧米の路車協調取組み経緯と予算額の推移 ………… 67
　　3.1.2　各国政府の交通事故低減の目標 … 69
　　3.1.3　ITS関連のプロジェクト例 …… 70
　　3.1.4　ITS関連マーケット ………… 71
　3.2　米国の技術的活動の状況 ……… 72
　3.3　欧州の技術的活動の状況 ……… 79
4　おわりに ………………………… 84

第3章　車載情報システム　　相薗岳生

1　車載情報システムの構成 ……… 86
2　車載情報端末を活用したサービス ……… 88
　2.1　安全性の向上 ………………… 88
　　2.1.1　テレマティクスシステムを活用した緊急支援と遠隔診断サービス … 88
　　2.1.2　ナビゲーションシステムを使った危険の通知 ………… 89
　　2.1.3　車載制御機器との連携による安全支援 ………… 89
　　2.1.4　車載映像機器との連携による

		安全支援 …………………… 90

- 2.2 環境性能の向上 ………………… 90
  - 2.2.1 車載情報端末を活用した燃費向上 ………………………… 90
  - 2.2.2 テレマティクスシステムを活用した燃費向上 ………………… 90
- 2.3 利便性の向上 …………………… 91
  - 2.3.1 ナビゲーションの高度化 …… 91
  - 2.3.2 リアルタイムコンテンツの普及 …… 91
- 2.4 娯楽性の向上 …………………… 92
  - 2.4.1 テレマティクスシステムを活用した娯楽コンテンツの提供 ……… 92
  - 2.4.2 情報家電機器との連携による娯楽性向上 ………………… 92
  - 2.4.3 リアシートエンターテイメント … 93
- 3 車載情報端末に対する要件 ………… 93
  - 3.1 製品の分類とハードウエアの要件 … 93
    - 3.1.1 高機能ナビゲーションシステム … 93
    - 3.1.2 中低価格ナビゲーションシステム ………………………… 94
    - 3.1.3 PND ……………………… 95
    - 3.1.4 S＆S端末 ………………… 95
  - 3.2 他分野技術とのコンバージェンス …… 96

第4章　車両関係通信（ITS）　　小山　敏

- 1 はじめに ……………………………… 99
- 2 日本のDSRC ………………………… 99
  - 2.1 DSRCの標準化 ………………… 100
    - 2.1.1 日本における標準化の経緯 … 100
    - 2.1.2 5.8 GHzアクティブ方式DSRC … 100
    - 2.1.3 DSRCチップセット ………… 102
    - 2.1.4 セキュリティ ……………… 103
- 3 国際標準化 ………………………… 103
  - 3.1 ITU-R …………………………… 104
  - 3.2 ISO ……………………………… 104
- 4 次世代DSRC ………………………… 104
  - 4.1 日本の安全運転支援システム …… 105
  - 4.2 欧米の次世代DSRC ……………… 105
    - 4.2.1 欧州 ………………………… 105
    - 4.2.2 米国 ………………………… 105
- 5 おわりに …………………………… 107

第5章　照明（LEDヘッドランプなど）　　佐藤　孝

- 1 はじめに ……………………………… 109
- 2 LEDヘッドランプの動向 …………… 109
- 3 自動車用ヘッドランプに求められる要件 ………………………………… 110
  - 3.1 動作環境 ………………………… 110
  - 3.2 法規 ……………………………… 110
  - 3.3 配光 ……………………………… 111
- 4 LEDヘッドランプの構成要素と課題 …… 112
  - 4.1 光源 ……………………………… 112
    - 4.1.1 光束 ………………………… 112
    - 4.1.2 形状 ………………………… 112
    - 4.1.3 発光色と法規 ……………… 113

4.1.4 発光スペクトル ……… 113	曇りと融雪 ……… 116
4.2 光学系と配光形成 ……… 113	5 開発課題と改良点 ……… 116
4.3 回路 ……… 115	5.1 発光効率 ……… 116
4.4 熱マネジメント ……… 115	5.2 発光色 ……… 117
4.4.1 放熱 ……… 115	5.3 コスト ……… 117
4.4.2 アウターカバーレンズの	6 おわりに ……… 117

第6章　オンボード診断，信号処理とノッキング制御　　栗原伸夫

1 オンボード診断 ……… 119	2 信号処理とノッキング制御 ……… 127
1.1 オンボード診断システム ……… 119	2.1 ノッキング制御 ……… 127
1.2 失火検出 ……… 120	2.2 マルチ周波数スペクトル方式 ……… 128
1.3 三元触媒診断 ……… 123	2.3 ウェーブレットスペクトル方式 … 131
1.4 エバポリーク検出 ……… 124	

【第Ⅲ編】自動車車載半導体の要件と課題（材料含む）

第1章　半導体

1 車載ECU　　　　**金川信康** … 139	1.4 ECUの将来展望 ……… 144
1.1 ECUとは ……… 139	2 AD/DA変換　　　　**諸岡泰男** … 145
1.2 エンジンECUの機能 ……… 139	2.1 AD変換 ……… 146
1.3 ECUの仕様，規格 ……… 143	2.2 DA変換 ……… 148

第2章　マイクロプロセッサのアーキテクチャ　　前島英雄

1 はじめに ……… 153	3.4 マルチコア技術 ……… 156
2 マイクロプロセッサの動向 ……… 153	3.5 リコンフィガラブル・プロセッサ技術
3 高性能化技術 ……… 154	……… 157
3.1 パイプライン技術 ……… 154	4 低消費電力化技術 ……… 157
3.2 SIMD技術 ……… 154	4.1 スリープ・スタンバイ技術 ……… 157
3.3 ベクタ演算技術 ……… 154	4.2 マルチコア技術 ……… 159

4.3 リコンフィガラブル・プロセッサ技術 …………………………… 159	5.2 Cell Processor の構成 ………… 161
4.4 デバイス技術 ……………… 160	5.3 FR 1000 の構成 ……………… 161
5 マイクロプロセッサの実例 ……… 160	6 今後の課題 …………………………… 161
5.1 3次元高速演算回路内蔵マイクロプロセッサ ………… 160	6.1 高性能マイクロプロセッサの使途 …… 162
	6.2 高信頼化システムの実現 ……… 162

第3章 パワー半導体

1 車載用パワーデバイスの現状と今後の課題 …………………… 藤平龍彦 … 164	2.3.7 IPM ……………………… 183
1.1 はじめに …………………… 164	2.4 パワーデバイスの過渡現象の問題点 …………………………………… 183
1.2 IGBT モジュール ………… 164	2.4.1 スイッチング損失 ……… 183
1.3 パワー MOSFET ………… 167	2.4.2 デッドタイム ………… 183
1.4 パワー IC ………………… 170	3 インバータ ……………… 松平信紀 … 187
1.5 おわりに …………………… 173	3.1 はじめに …………………… 187
2 パワーデバイス ………… 内藤治夫 … 175	3.2 インバータ普及の背景 ……… 187
2.1 パワーデバイスの概要 …… 175	3.2.1 パワーデバイス ……… 187
2.2 ダイオード ………………… 175	3.2.2 モータ駆動方式 ……… 189
2.2.1 ダイオードの静特性 …… 175	3.2.3 インバータの歴史 …… 189
2.2.2 ダイオードの構造と高耐圧化 … 177	3.3 自動車用インバータへの要求特性 … 190
2.2.3 ダイオードの動特性 …… 178	3.3.1 電気品の設計要件 …… 190
2.3 トランジスタ ……………… 179	3.3.2 EV 用電気品の特徴 … 192
2.3.1 パワートランジスタ …… 179	3.3.3 電波雑音 ……………… 194
2.3.2 パワートランジスタのオン・オフ条件 …………… 179	3.3.4 電気品の将来動向 …… 195
2.3.3 パワートランジスタの過渡状態 … 180	3.3.5 リサイクル関係等 …… 195
2.3.4 MOSFET ………………… 180	3.3.6 電気品の機能, 性能検証 … 196
2.3.5 IGBT …………………… 182	3.4 インバータの構造と適用例 … 196
2.3.6 素子モジュール ………… 182	3.4.1 インバータの構造 …… 196
	3.4.2 インバータの適用例 … 196

第4章　電子回路およびネットワーク

1 センサ信号の高精度可変利得増幅と走査回路
　……………………………… 加藤和男 … 199
　1.1 はじめに ……………………………… 199
　1.2 センサのアナログ入力装置の発展過程
　　　と低レベル信号走査方式 ………… 199
　1.3 高S/N可変利得増幅器と信号走査回路
　　　の設計技術 ………………………… 202
　　1.3.1 高精度低レベル可変利得増幅器
　　　　　（±10 mV〜±5 V） …………… 202
　　1.3.2 同上の信号走査回路への適用 … 207
　1.4 ループバック技術による入出力回路
　　　システムの信頼性の向上 ………… 209
　1.5 まとめ ……………………………… 210
2 CAN（Controller Area Network）
　……………………………… 福島 E. 文彦 … 211
　2.1 CANとは …………………………… 211
　2.2 CANの規格 ………………………… 211
　2.3 CANの特徴 ………………………… 212
　2.4 CAN半導体デバイスの種類と要件 … 214
　2.5 今後の展望 ………………………… 215

第5章　センサ

1 MEMSと半導体センサ … 嶋田　智 … 216
　1.1 まえがき ……………………………… 216
　1.2 シリコンマイクロマシニング技術の
　　　基本プロセス ……………………… 221
　　1.2.1 バルクマイクロマシニングプロセス
　　　　　…………………………………… 222
　　1.2.2 表面マイクロマシニングプロセス
　　　　　…………………………………… 224
　　1.2.3 マイクロマシニングプロセスの動向
　　　　　…………………………………… 225
　1.3 MEMSを活用した
　　　車載用半導体センサの例 ………… 226
　1.4 MEMS技術とそれを用いた
　　　自動車用センサの動向 …………… 235
2 自動車用温度センサ ……… 大井幸二 … 238
　2.1 概要 ………………………………… 238
　2.2 カーエアコン用温度センサ ……… 238
　　2.2.1 エバポレータ（熱交換器）用センサ
　　　　　…………………………………… 239
　　2.2.2 外気温（アンビエント）センサ … 240
　　2.2.3 水温センサ ……………………… 240
　　2.2.4 車内温（インカー）センサ …… 241
　2.3 パワートレイン系制御用温度センサ … 241
　　2.3.1 水温センサ，油温センサ …… 241
　　2.3.2 吸気温センサ …………………… 242
　　2.3.3 HV, EV用温度センサ ………… 242
　2.4 ECU用温度センサ ………………… 243
3 自動車用サーミスタ ……… 野尻俊幸 … 245
　3.1 サーミスタについて ……………… 245
　　3.1.1 NTCサーミスタ ………………… 245
　　3.1.2 PTCサーミスタ ………………… 246
　　3.1.3 CTRサーミスタ ………………… 246
　3.2 自動車とサーミスタについて …… 247
　　3.2.1 ガソリンエンジンの自動車に対する

　　　　NTCサーミスタの応用 ……… 247
　3.2.2 ハイブリッド自動車及び電気自動車
　　　　へのサーミスタの応用 ……… 248
3.3 最近のガソリン自動車での環境に
　　やさしい制御技術のサポート例 … 252
3.4 車載用サーミスタの紹介 ……… 253
　3.4.1 ガラス封入タイプサーミスタ … 253
　3.4.2 樹脂封入タイプサーミスタ … 254
　3.4.3 プリント基板の表面実装タイプの
　　　　サーミスタ ……………… 255
3.5 今後の車載用のサーミスタについて
　　　　……………………………… 257

第6章　ワイヤーハーネス　　真山修二

1 ワイヤーハーネスの動向 ……… 258
2 半導体リレー活用の理由 ……… 259
　2.1 小型軽量化 ………………… 259
　2.2 接点耐久 …………………… 259
　2.3 静音性 ……………………… 260
3 インテリジェント・パワーデバイスの機能
　　　　……………………………… 260
4 IPD適用の要件 ………………… 262
　4.1 突入電流 …………………… 262
　4.2 負荷短絡 …………………… 263
　4.3 負サージ保護 ……………… 263
　4.4 逆接保護 …………………… 263
　4.5 暗電流 ……………………… 264
　4.6 ラッチ／非ラッチ ………… 265
5 インテリジェント・パワーデバイスの一例
　　　　……………………………… 265
6 半導体リレーの実装方法 ……… 265
7 ワイヤーハーネスにおける
　　半導体リレー活用の展望 ……… 267
　7.1 低ON抵抗化と低コスト化 …… 267
　7.2 高機能化 …………………… 268

第Ⅰ編

自動車エレクトロニクスの現状と今後の方向

第1章　次世代カーエレクトロニクスの展望

鷲野翔一*

1　まえがき

まず初めに，カーエレクトロニクスの歴史について述べ，いまや，カーエレクトロニクスが自動車単体のみにかかわる技術と言うよりも，社会というシステムに深い結びつきを持った，いわば，社会システムの一翼を担う技術の一つであることを示す。次に，日本21世紀ビジョンを引用して，少子高齢化と安全・安心と環境という視点からこれからの社会の動きを考える。さらに，この先のカーエレクトロニクスの発展と展望について私見を述べる[1]。

2　カーエレクトロニクスの歴史的概観[2]

表1は，カーエレクトロニクスの動向を，社会の動き，半導体電子技術（H/WとS/W）の動き，技術が自動車に導入された部位別に示したものである。自動車への電子技術の歴史は，1960

表1　電子技術の流れと自動車システムの搭載

		1960	1970	1980		1990		2000	2010
社会の動き			万博	第一次，二次石油ショック 乗用車排出ガス規制		バブル景気	円高 ディーゼル排出ガス規制		少子高齢化 コンパクトシティ
技術の動き	ハードウェア　DRAM 　　　　　　　CPU		4ビット	256Kバイト 8ビット	16ビット	1Mバイト 32ビット	16Mバイト 64ビット	64Mバイト	1Gバイト？
	ソフトウェア　言語		FORTRAN COBOL	PL/1		PASCAL ADA, C			
	OS			CP/M	MS-DOS	Windows 3.1	Windows 95		
	通信	列車公衆電話	データ通信開始 ディジタル通信化	自動車電話，FAX パケット通信		携帯電話	PHS	衛星通信	DSRC拡大
自動車への搭載部位	情報系					ナビゲーション	VICS	ETC	
	シャーシ系			サスペンション ABS　パワーステアリング		4WD 4WS　車間距離システム		HEV	EV
	エンジン系		ICイグナイタ	電子制御AT 電子制御燃料噴射システム		燃焼制御 バルブタイミング制御 気筒別ノック制御			
	ボディ系		間欠ワイパ	オートエアコン ドライブコンピュータ		キーレスエントリ			

*　Shoichi Washino　鳥取環境大学　環境情報学部　情報システム学科　教授

年代のICイグナイタへの導入から始まる。このICイグナイタによりシリコントランジスタの高信頼性が認識され，次第に半導体電子技術が自動車に導入されるようになった。60年代はICイグナイタに代表されるように機械部品の電子部品への置き換えの時代であった。

　70年代に入ると，μプロセッサが開発され，排気ガス浄化と省燃費という社会的ニーズを満足させるため，いわゆるエンジン電子制御システムが搭載されるようになった。つまり，まずは制御システムという形式でシステム化されたのである。この結果，センサ，制御器，アクチュエータ，制御対象という，いわゆる，制御システムの形がはっきりと出来上がったのである[1]。従来のキャブレタのように空気流量センサとアクチュエータと制御器が一体になったものから，空気流量センサと制御器とインジェクタからなる制御システムとしてシステム化されたことがよく分かる。

　80年代に入ると，エンジン制御が高度化するとともに，ABSアンチロックブレーキ制御システム，4WS（4 Wheel Steering），4WD（4 Wheel Drive）など各種の制御システムが搭載されるようになった。

　90年代に入ると，情報化が促進され，ナビゲーションシステムが開発され，96年にはリアルタイム交通情報提供システムであるVICS（Vehicle Information & Communication System）のサービスが開始された。

　2000年代に入るとITS（Intelligent Transport Systems）の声が大きくなり，わが国でもETC（Electronic Toll Collection system）が市場導入されるに至った。

　このようにカーエレクトロニクスは個別部品単体の代替に始まり，自動車単体でのシステム化，そして社会の情報と結びついたシステム化へとその動きを加速させてきた。

3　社会の今後の動き[3]

　日本の社会は，諸外国も経験したことのないスピードで少子高齢化が進んでいる。そしてそのことは各方面に多くの懸念を抱かせている。高齢者の事故の問題や年金の世代の負担などもその例である。この節では特に少子高齢化と，交通事故の問題を取り上げたい。

3.1　少子高齢化

　図1に日本における人口推移と高齢者の割合を示す。

　2010年で総人口はピークになり以降は減少し続ける。それと共に2050年以降は3人に一人が高齢者となる高齢化社会になることは間違いない。こうなると後述するように，高齢者の交通事故の増大や，家計貯蓄率の低下を通じて経済成長率が押し下げられるなど，うれしくない予想が

多くなるが，21世紀ビジョンでは高齢化をベースに次のような提言をしている。「少子高齢化が進む中で活力ある社会を構築するには，生産性の向上がかぎとなる。一人一人の人間力を引き出すと共に，グローバル化を生かし，「企業と人材を誘致する」ことにより生産性を高めることができる」としている。

3.2 安全・安心と環境[4,5]

近年，マスコミに頻出している事柄の一つに，高齢者の交通事故がある。筆者にとっては，本来高齢者は事故を起こす割合が高いから高齢者の事故数が増えたのか，それとも，高齢者が増えたため高齢者の事故数が目立つようになったのか分からないが，図2に示すように，交通事故に

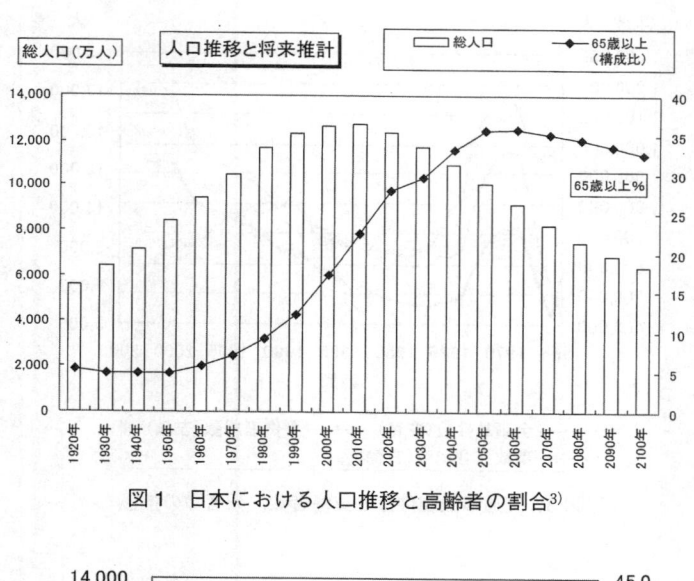

図1 日本における人口推移と高齢者の割合[3]

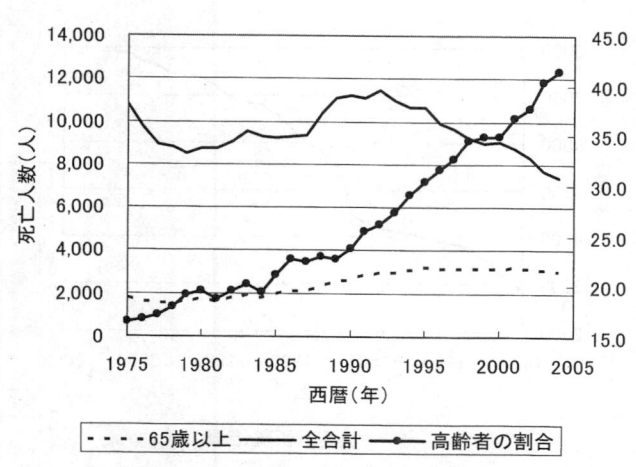

図2 死亡事故における高齢者の割合の推移

よる高齢者の死亡者数の全体に示す割合が増えているのは事実である。

さて，図2は交通事故のデータとしてはきわめて断片的なデータである。死亡事故だけでなく，負傷事故も含めてデータを示し，交通事故の様相を振り返る。

図3は負傷事故や死亡事故の推移を示している。同図から次の二つの特徴が見られる。

(1) 2000年以降，負傷事故件数と負傷者数は共に70年代の第1次交通戦争時代よりも多くなっている。

(2) 事故後24時間以内の死者数は漸減しており，近年は7千人台になっている。これは死者数が漸減傾向であることを示すものではあるが，事故死者の絶対数が7千人台であることを示すものではない。事実，事故後一年以内に死亡される人の合計は，現在でも1万人近くおられる

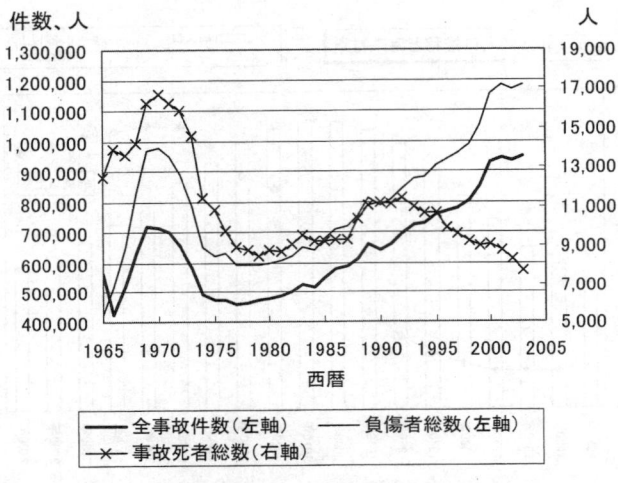

図3 交通事故総件数と負傷者数，死者数の推移

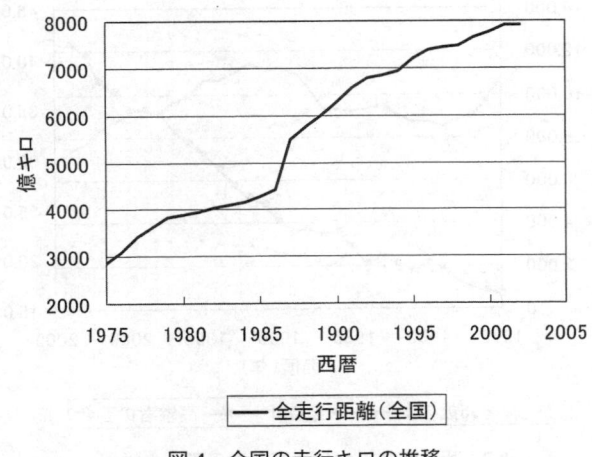

図4 全国の走行キロの推移

第1章　次世代カーエレクトロニクスの展望

ことを忘れてはならない。

ではなぜ最近負傷者が増えているのかについて考える。そこで，負傷者数＝億走行キロ×（事故総数/億走行キロ）×（負傷者数/事故）にわけて，それぞれ，図4，図5，図6に示した。これらのことから，走行キロの増大，走行キロ当たりの事故数の増大，さらに，1事故あたりの負傷者数の増大が負傷者数の増大を招いていることが分かる。

これに対し，死亡者数は，走行キロ当りの死亡事故と1事故あたりの死亡者数の減少で，全体も減少していることが分かる。

そしてこれらの減少には，衝突安全装置の普及，緊急医療体制の整備，緊急自動車の現場への早期出動態勢の整備の充実などが考えられる。高齢者の場合は事故後早期に死亡される可能性を

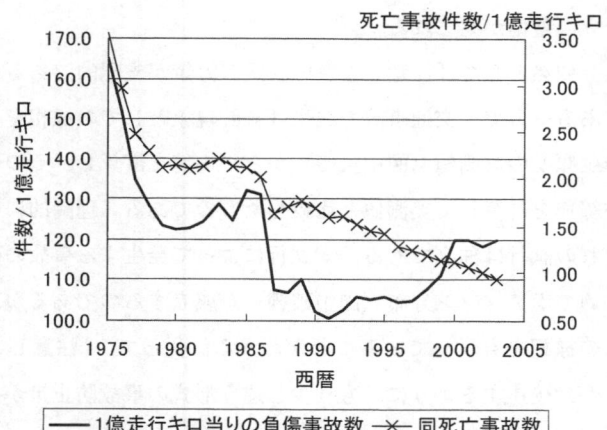

図5　死亡事故率と全事故率

図6　事故1件あたりの死者数と負傷者数

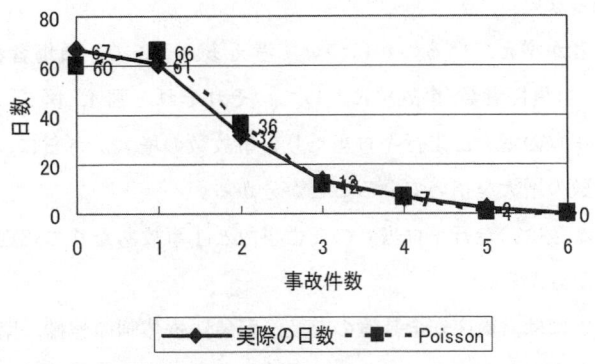

図7 交通事故発生頻度とポアッソン分布

考慮すると，いっそうの整備が望まれる。

　交通事故防止には，依然として「注意しなさい」式の方策が支配的であるように思う。負傷事故が年間100万件もある一方で，交通事故の発生は統計現象としての様相を呈している。図7は，東京都の交通事故発生頻度の実測値（図中実線）から平均値を計算し，その平均値を用いてポアッソン分布（図中破線）を計算して実測値と比較したものである。理論的には，①多数の試行があること，②それぞれの試行は独立である，③試行によって発生する事故の確率は小さい，の三条件がそろってはじめてポアッソン分布（図中破線）が成立するのであるが，図7は既に事故が統計的現象であるとの様相をも示していることがわかる。従って，「注意しなさい」形式の事故防止も必要ではあるが，後述するように，もう少し違う形式の事故防止策が提案されてしかるべきであろう。

　この節を終えるにあたって，事故と環境，特に，自動車からのCO_2発生について述べる。交通事故は交通渋滞を招くことは明らかである。渋滞はいわゆる「のろのろ運転」を生じ，無駄なアイドル走行を発生させる。それによるガソリンの無駄遣いとCO_2発生には無視できないものがある。

　交通事故防止には，コンパクトシティとISAの組み合わせのように社会のシステムを変革することと，ドライバ特性を交通心理学的に熟知した上での事故低減策も必要である。なぜなら，松永も言っているように，ドライバが楽になればなるほど事故が起こりやすくなるからである。最近，地球温暖化に絡んでエコドライブが叫ばれているが，あるデータによるとエコドライブを推進すると交通事故も減少する。この効果も交通心理学によって説明できる。したがって，ISAのような車外部からの強引な事故対策以外に，ドライバ特性を交通心理学的に熟知した上でドライバに働きかける車載のドライバ支援対策も必要である[6]。

第1章　次世代カーエレクトロニクスの展望

4　一つの提案[7,8]

　大都市では最近さらに人口が集中する様相を呈している一方で，地方都市では少子高齢化と共に，過疎化が進み，かつての中心都市部でさえ，寂れつつあるのが現状である。結果として，移動を望まない高齢者が寂れた旧都市部に残り，郊外にある病院にも通えない状況である。

　日本の地方の多くが上記に近い状況で，地方では，文化的な生活を享受しているとは決して，言えない現状がある。また，環境の視点から見ても図8に示すように，人口（密度）の減少はCO_2排出量の増大を招く。過疎化により，公共交通が縮小され，自動車交通に頼らざるを得ず，それがさらにCO_2排出量を増やすという悪循環をも起こしているのが現状である。そのため，モビリティは確保できてもアクセシビリティは下がることになる。

　モビリティとは人や社会の特性ないしはポテンシャルである。どこかにいきたいという要求に交通手段で応えることであり，移動する能力であり移動した結果でもある。

　一方，アクセシビリティとは場所や都市が持つ特性ないしはポテンシャルである。ある時間内で，ある場所に，どれくらいの人が到達できるかという可能性をあらわすのがアクセシビリティである。都市においては，車に依存したモビリティの増大はアクセシビリティをむしろ悪くする。なぜなら，車の占有面積が大きいからである。したがって，自動車によるモビリティの確保は，アクセシビリティを減らすものである。

　このモビリティとアクセシビリティを両立させ，都市部を再活性化させ，人口を集中させ，結果として，健康で文化的な生活を取り戻そうという動きにコンパクトシティがある。この動きはもともとヨーロッパで始まったものだが，この動きとITS（Intelligent Transport Systems）の技術を重ね合わせると大幅なCO_2排出削減も可能となり，まさに一石二鳥の効果がある。

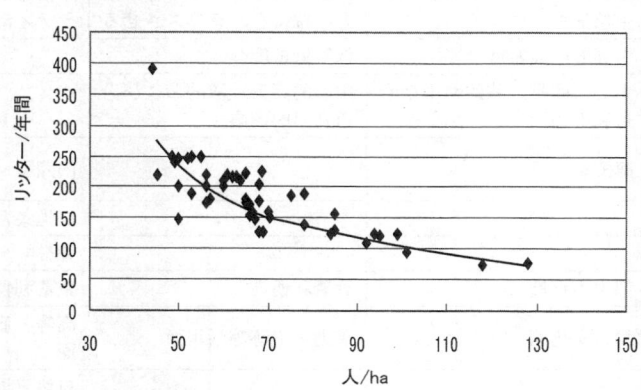

全国所要都市のDID人口密度と一人当りのガソリン消費量
（資料：国勢調査、家計調査から筆者作成）

図8　人口密度とガソリン使用量

たとえば、図9に示すように、青森市では中心都市部（Inner City），中間部（Mid-City），外側部（Outer City）の三つに分け，表2に示す土地利用方針に従って，コンパクトシティの構築を進めている。表2のInner Cityの交通キーワードは，徒歩，自転車，公共交通とあるが，も

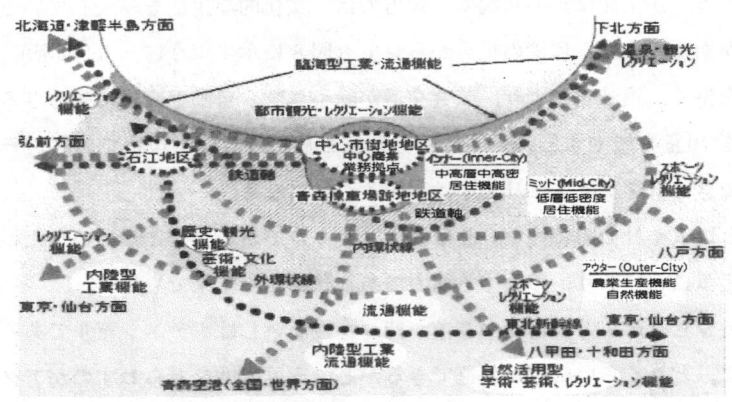

図9　青森市のコンパクトシティ構想

表2　土地利用配置の方針

		市　街　地		Outer-City
		Inner-City	Mid-City	
(1)		都市の中枢性を高める商業・行政機能と都市の近接性を生かした居住性を配置し，土地の高度利用などを進め，コンパクトシティの中核部を形成する	ゆとりある居住機能やそれを支える近隣的商業機能を配置し，都市の魅力の一つである「住み心地」の向上により都市つくりと都市活力の維持をバランスさせる	豊かな自然，おいしい水などを守るため農業・自然機能を配置するとともにそれらを維持するために必要な集落を配置し，コンパクトシティ形成を広報から支援
(2)	居住機能	中高層中高密度	低層低密度	
	商業機能	中心的商業近隣的および沿道利用的商業	中心的商業近隣的および沿道利用的商業	
	工業・流通機能	臨海型		内陸型
(3)	農業生産			農地集落
	自然機能			森林
	行政機能	都市中枢性	近隣利便性	集落利便性
	教育・文化機能	総合文化面	芸術・史跡等活用面	高等・産業教育面芸術文化面
	観光・レクリエーション機能	都市観光面		自然・温泉等・スポーツレクリエーション面
	交通キーワード	徒歩・自転車・公共交通	鉄道等の公共交通・サイクルアンドライドなど	公共交通と自家用自動車

第1章　次世代カーエレクトロニクスの展望

っとも基本的なキーワードは徒歩と考えてよい。言い換えればコンパクトシティの距離の基本単位は人間が無理なく歩ける距離になっている。よって，後述する小型EVを導入すれば，大きなコンパクトシティを構成できるのである。それゆえ人間が無理なく歩ける距離について考えてみよう。

　ベルージャの結果によると，200m：誰もが歩く，600m：50%が歩く，1000m以上：20%しか歩かない，ということが分かっている。また，それほど無理なく歩ける距離として，ヨーロッパでは400m，東南アジアでは暑さのため100～200mとも言われている。日常生活圏の大きさとして公共交通指向開発では600m，伝統的近隣開発では400m，英国のアーバンビレッジでは800m，アーバンルネッサンスでは500mを設定している。今後の高齢化を考えると徒歩から，図11に示すような小型EVをベースにすると日常生活圏の大きさは画期的に大きくすることができる。かつ，CO_2排出量も少ない。しかもこのような小型EVなら，モビリティとアクセスビリティの双方を同時に確保することができる。

　このような小型EVに対して，ISA技術を適用すると，衝突事故は起こっても，その相対速度が小さいため乗員が負傷しないようにすることも可能である。

　このようなコンパクトシティの構築を積極的に進めるには，第3期科学基本技術計画にも提案されているように，産・学・官・金の連携で開発を行い，官においても従来の縦割り行政ではなく，横割り行政が必要である[9]。時代は，縦割りで行政を進めるのも必要ではあるが，横割りのメリットを生かして早期に行政の効果を挙げる施策も要求しているのではなかろうか。

　今後の社会システムの一翼を担うカーエレクトロニクスとしては上記のような開発スタイルが必要な時期に来ているものと考えられる。今後のカーエレクトロニクスのマップを書くと図12

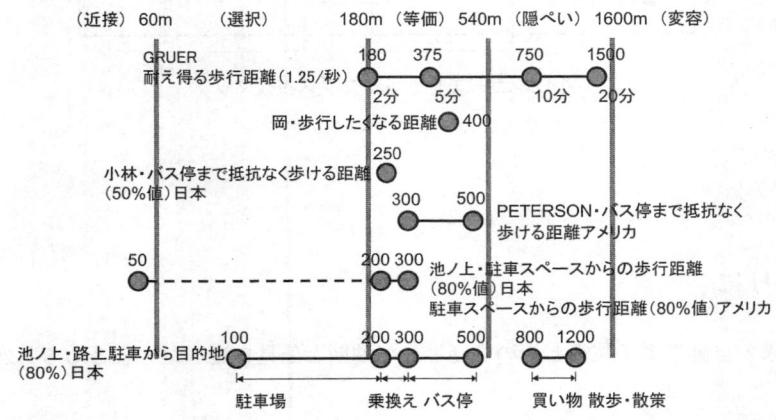

図10　人間の歩行距離

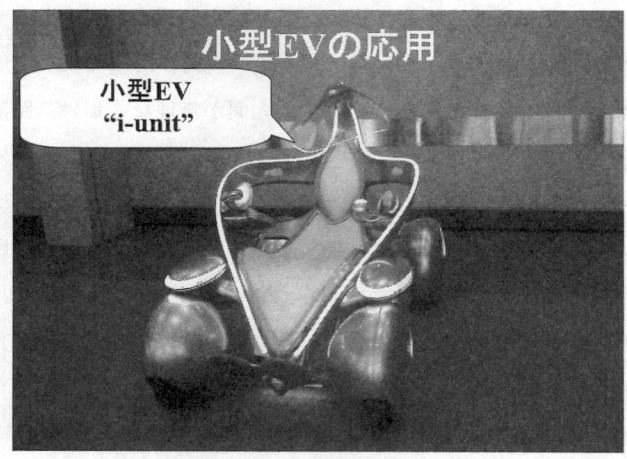

図11 小型電気自動車（EV）

図12 カーエレクトロニクス技術マップ

が得られる。

5 おわりに

以上，将来の自動車電子技術とその課題として独断と偏見を述べた。まとめると次のようになる。

①自動車電子技術は自動車の中の個別部品半導体への置き換えから，社会システムの一翼を担う電子技術として発展してきた。

第1章　次世代カーエレクトロニクスの展望

②今後の日本の社会は，少子高齢化による安全・安心そして環境を重視する方向に進む。
③カーエレクトロニクスの進むべき方向への一つの提案として，コンパクトシティとITS技術が結合した社会システムの構築のあることを示した。

文　　　献

1) 鷲野翔一，「将来の社会システムの一翼を担う自動車電子技術と課題」，GIAフォーラム
2) 鷲野翔一，「次世代カーエレクトロニクスに置けるセンサの動向」，2006自動車用半導体センサ技術大全第1編，第4章，pp. 46-48（2006）
3) 長多光温，「都市における人の住まい方」，電子情報通信学会ITS研究会ワークショップ講演資料（2004）
4) 鷲野翔一，「交通管理指標に関する一考察」，信学技報，ITS 2004-90, pp. 7-12（2005）
5) 鷲野翔一，「交通の高度化と環境貢献」，レスポンス・SSK共催特別セミナ資料，pp. 87-123（2004）
6) S. Washino, "A Proposal of both a Concept and a Prototype of a Driver Secure System" Selected Papers of the 1 st International Symposium, SSR 2003, pp. 537-540（2005）
7) 鷲野翔一，「コンパクトシティ」，自動車技術会「ITSと環境フォーラム」テキスト pp. 11-14（2006/5）
8) 海道清信，「コンパクトシティ」，学芸出版社 pp. 197-198（2001）
9) 柘植綾夫，「国づくりに結実する科学技術創造を目指して」，中国地域産学官・クラスターコラボレーションシンポジューム資料（2006）

第2章　自動車エンジンの電子制御技術

大山宜茂*

1　火花点火エンジンの電子制御技術

1.1　アナログからディジタルへの変遷

アクセルペダルの踏み込みでドライバがエンジンにパワーを要求する。この要求するトルクに対して，燃料量を決定し，シリンダの空気量を考慮して，燃料量を制御する。また，エンジン速度，空気量に応じ，点火，着火時期を制御するのがエンジン制御の基本である。燃料量を電子的に制御する方式としては，当初アナログ方式が使用された。燃料量は，後で述べるインジェクタ（燃料噴射弁）の開弁時間（噴射継続時間）T_pで制御される。1960年代のアナログ方式では，図1に示すごとく，カム軸の信号（Cam Mark）で，のこぎり波（Saw Wave）を立ち上げる。この電圧がマニフォルド絶対圧力（MAP；Manifold Absolute Pressure）の電圧と一致するまで，燃料噴射を続ける。このとき，噴射継続時間T_pは，MAPに比例する。すなわち，燃料量は，吸気圧力（吸入空気質量にほぼ比例）に比例することになる。のこぎり波発生回路と，比較器があれば，燃料噴射の電子制御が達成できた。このようなアナログ方式は，電磁的ノイズに弱く，パトカー等が搭載している無線機などの強力な電波発生源の近くで誤動作する等の事例が米国で報告されていた。

現在は，ディジタル方式でもって，マイクロプロセッサで噴射継続時間T_pが演算される。当

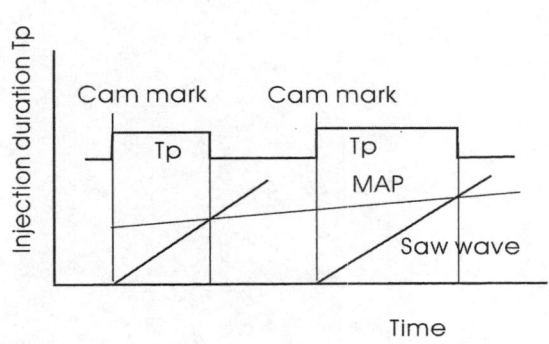

図1　アナログ方式の燃料噴射システムの動作原理

---

*　Yoshishige Ohyama　東北学院大学　工学部　非常勤講師（元㈱日立製作所）

第2章　自動車エンジンの電子制御技術

初は，空気量を吸気圧力で推定するスピードデンシティ（Speed Density）方式或いは，スロットルバルブの開度とエンジン回転数から空気量を推定するスロットルスピード（Throttle Speed）方式が用いられていた。いずれも図2に示すように，二次元のテーブルに，噴射量の補正値を記憶して，噴射量を決定している。前者は，エンジン制御に排気還流が付加された場合の空気量の推定に難点があり，後者は，スロットルバルブ開度が小さいときの精度が低く，現在は，空気流量センサで空気量を直接測定して，マイクロプロセッサで，演算して噴射量を決定する方式が主流になっている。

1.2　電子制御ユニット（ECU；Electronic Control Unit）の構成

　図3に示すように，エンジン制御のECUは，中央演算ユニット（CPU；Central processing unit），メモリ（memory），入出力（I/O；Input, output interface），周辺制御プロセッサ（Peripheral control processor），ディジタル信号プロセッサ（Digital signal processor）等から構成されている。

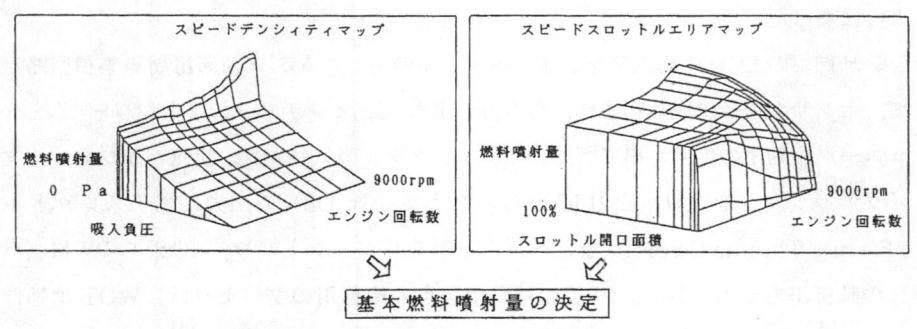

図2　ガソリンエンジンにおける二次元マップによる燃料噴射量の決定

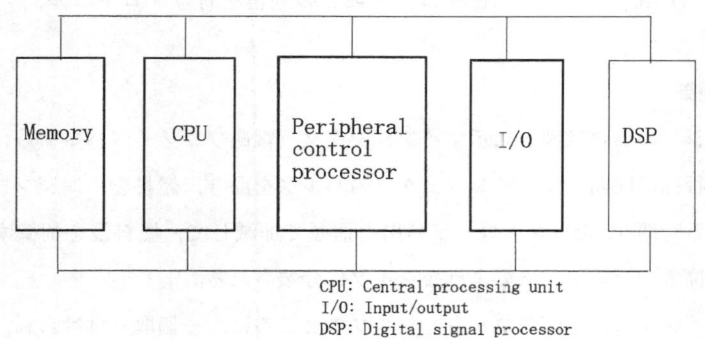

図3　ECUの基本的構成

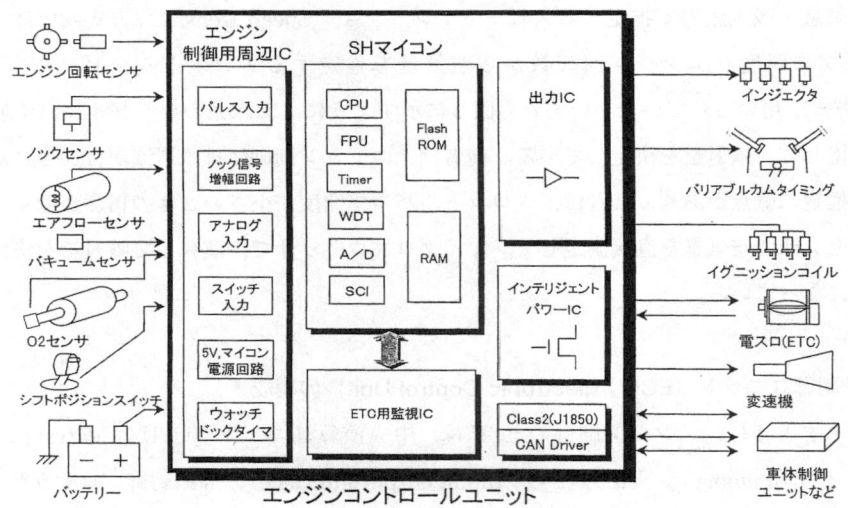

図4 エンジン制御ECUの構成例（日立製作所のカタログから）

1970年代は8ビットのプロセッサが用いられていたが，最近は32ビットのプロセッサも用いられるようになった。

エンジン制御用のECUの構成例を図4に示す。左の方のエンジン制御用周辺集積回路（IC）を介して，センサの信号が取り込まれ，右の方の出力IC，インテリジェントパワーICを介して，アクチュエータ駆動用の出力が出て行く。インジェクタ，吸気バルブ，排気バルブのカムタイミング，イグニッションなどは，出力ICからオンオフ（On-Off）の出力，電子スロットル制御（ETC；Electric Throttle Control）などへは，インテリジェントパワーICからPWM（パルス幅変調）の制御出力が出て行く。FPUは浮動小数点の演算用のプロセッサ，WDTは動作監視用のWatch Dog Timer，A/Dはセンサのアナログ信号をディジタル信号に変換するAnalog Digital Converter，SPIはシリアルペリフェラルインタフェース，Flash ROM，RAMはメモリである。Class 2（J 1850），CAN Driverは，外部との通信を行うプロトコル，デバイスである。

1.3 燃料量の制御

ガソリンエンジンの場合は図5に示すインジェクタ（電磁ソレノイドバルブ）に一定圧力の燃料を導き，吸気行程に同期して，インジェクタのバルブを開き，燃料をエンジンに供給する。バルブが開いている時間T_pをコントローラの出力信号で加減して，燃料量を制御する。インジェクタの取り付け位置の違いで，次のようなタイプに分類される。

(1) 単点噴射：インジェクタがスロットルバルブのところに，一個取り付けられ，吸気管の導入空気と一緒に燃料がシリンダに分配される。

第 2 章　自動車エンジンの電子制御技術

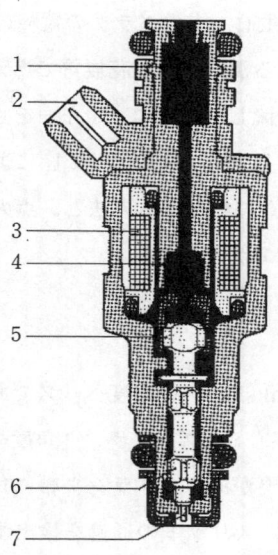

1. 燃料入り口（Fuel inlet）
2. 電気接続（Electric connection）
3. ソレノイド巻線（Solenoid winding）
4. 閉じスプリング（Closing spring）
5. ソレノイド電気子（Solenoid armature）
6. バルブニードル（Valve needle）
7. ピントル（Pintle）

図 5　ガソリン噴射インジェクタ

(2) 多点噴射：インジェクタが，各シリンダの吸気バルブのところに取り付けられ，燃料がバルブの傘上面に衝突し，気化するように配置される。

(3) 直接噴射：インジェクタがシリンダに取り付けられ，燃料はシリンダ内に直接噴射される。

いま，空気流量を G_a（kg/s），エンジンの回転速度を N とすると，開弁時間 T_p は

$$T_p = kG_a/N$$

となる。ここに，k は定数。吸気行程中に燃料が噴き終わらなければならないので，T_p は ms のオーダーである。

1.4　点火時期の制御

図 6 に示すように，点火コイルの一次側の電流の通電，遮断をパワートランジスタで制御する。

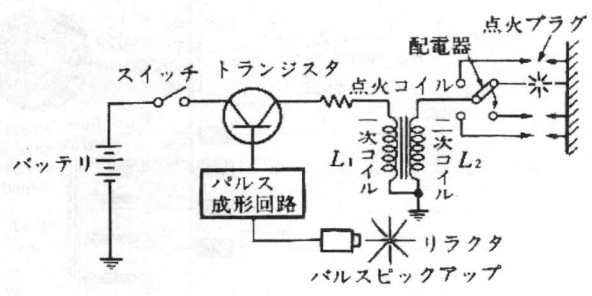

図 6　点火システム

トランジスタで電流を遮断すると，2次側に高電圧が発生し，点火プラグの電極の間に火花放電が発生する。これにより点火プラグの電極の間に存在する混合気が火花放電で燃え出す。トランジスタを遮断する前，ある時間1次側のコイルに電流を流し，点火エネルギーを点火コイルに蓄える。このトランジスタにおける通電を開始する時間と遮断する時間がECUによって制御される。2次側の高電圧を，配電器で，それぞれの点火プラグに配電する方法と，点火プラグごとに点火コイルを備え，配電器を不要にしたプラグトップシステムがある。

1.5 制御のタイミング

　エンジンの制御動作は基本的には，クランク軸（Crankshaft）の角度ベースである。燃料噴射のインジェクタが開くタイミング，点火コイルの通電タイミングもクランク角度ベースである。したがって，クランク角度の情報をECUに入力する必要がある。クランク軸に角度センサ，たとえば，10度ごとにスリットが切られた円盤で光学的にスリットの通過を検出するセンサが取

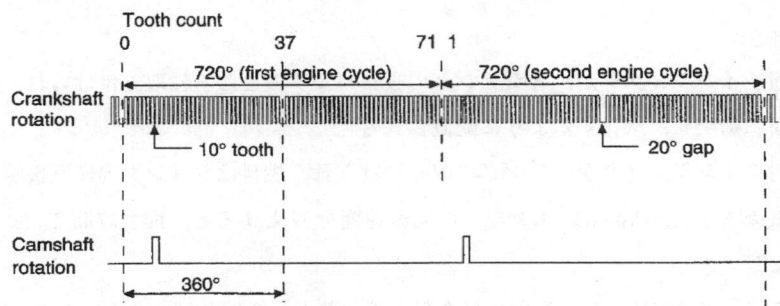

図7　エンジン制御のためのカムシャフト，クランクシャフトの角度情報

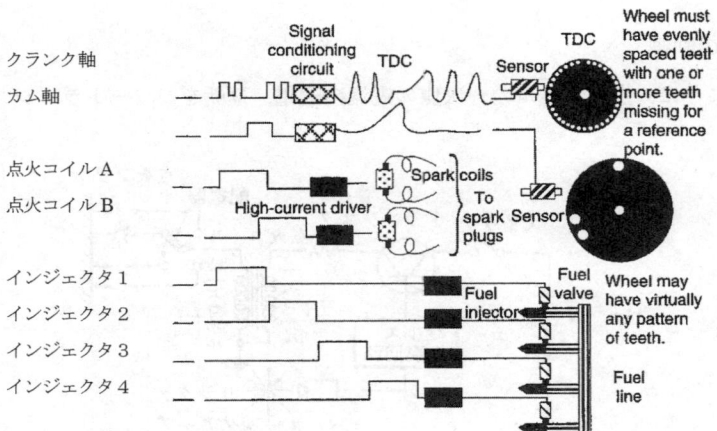

図8　インジェクタと点火コイルの動作タイミング

第2章 自動車エンジンの電子制御技術

り付けられる。このクランク角度センサで，図7に示すごとく，クランク角度の360度繰り返しの情報が得られる。しかし，4ストロークの場合，1サイクルは2回転で，720度であり，吸気行程の始め，圧縮行程の終りの情報を得るには，カム軸（Camshaft）の角度の情報も必要である。カム軸に取り付けられた電磁ピックアップ等で，カム軸の角度の情報が得られる。これにより，吸気行程始めの情報等，エンジンのサイクルベースの情報がECUに与えられる。これをベースに，図8に示すように，各シリンダの燃料噴射，点火のタイミングが制御される。

このようなタイミングの制御にメインのCPUを使うのはCPUの負荷を増大させるので，周辺制御プロセッサ（peripheral control processor）の1つであるタイミングプロセッサユニット（timing processor unit）が用意されている場合がある。

1.6 制御システムの例

シリンダ空気量は，エンジンの出力に直接関係するので，アクセルペダルと接続されている，スロットルバルブで制御される。シリンダ毎スロットルバルブが配置されるときと，数個のシリンダをまとめて1個のスロットルバルブが設けられる場合がある。アクセルペダルにワイヤでつながれ，ドライバがペダルを踏むとスロットルバルブが開くようになっている。ペダルから足を離すと，ばねで自動的にバルブは閉じられる。自動速度制御装置（Auto cruise control）付きのときは，スロットルバルブはモータで自動的に動かされる。発進時のタイヤのすべりを防止するトラクション制御（traction control）付きのときもバルブはモータで動かされる。最近は，ワイヤによる機械的な連結に替わり，モータでスロットルバルブの開度を制御する，電子スロットル制御が普及してきた。

最近のガソリン筒内噴射システムの構成例を図9に示す。エアフローセンサ（Air flow sensor）でエンジンに入る空気量を検出し，エンジン制御ユニット（Engine control unit）ECUで，燃料噴射量を決定し，インジェクタ（Injector）から，筒内に燃料を噴射する。これによって，シリンダ内に成層混合気を形成，希薄燃焼を行うことで，熱効率を高め，ポンピング損失を低減する。電子制御スロットルバルブ（Electric throttle body）は，モータで動かされる。排気システムには，三元触媒（3 way catalyst），リーンNO_x触媒（Lean NO_x catalyst）が装着されている。リニア空燃比センサ（Linear A/F sensor）で空燃比を制御し，NO_xセンサで，リーンNO_x触媒の吸，脱着を制御する。燃料は，高圧ポンプ（HP pump）で100 bar程度に高められ，燃料圧力センサ（Fuel pressure sensor）で，圧力レギュレータ（Relief valve）を電子制御し，噴射圧力を閉ループ制御する。点火プラグは，プラグトップコイル（Plug top coil）方式である。

混合気のシミュレーション（Mixture simulation）によって，フラットピストンあるいは浅ざらピストン（Flat piston or shallow piston）のタンブル流動（Tumble motion）が調べられ，噴

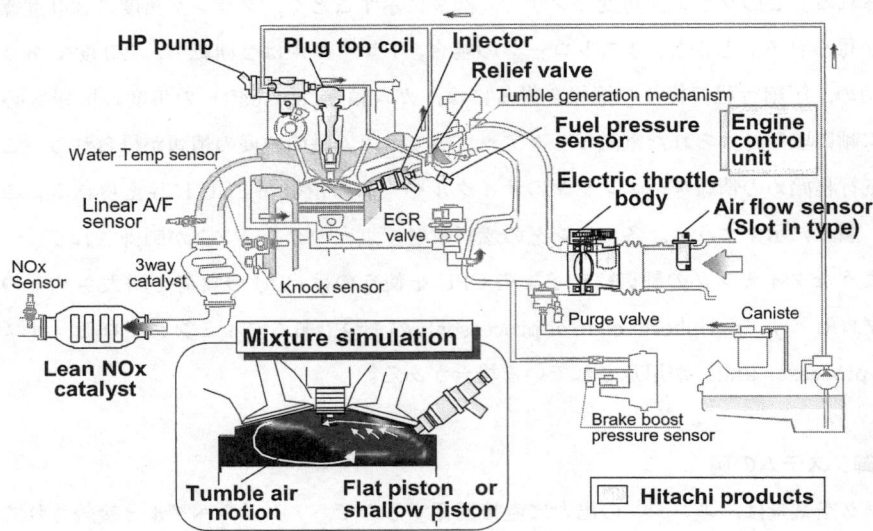

図9 ガソリンエンジンの制御システムの構成例（日立製作所のカタログから）

射タイミングの決定が行われる。

2 ディーゼルエンジンの電子制御技術

2.1 燃料噴射システム

燃料がシリンダ，すなわち燃焼室に直接短時間で噴射されるので，燃料圧力は100気圧以上と高圧である。最近は，燃料圧力が2000 bar程度まで高めたものも使用されている。したがって，燃料ポンプとしては，ピストンポンプ（プランジャ）式の燃料ポンプが使われている。システムを大別すると，

(1) シリンダごとにプランジャーポンプを有するユニットインジェクションシステム
(2) 一個のポンプで生成した高圧の燃料を配管で各シリンダに分配する，共通配管式，あるいは
　　コモンレール（Common rail）インジェクションシステム

がある。

ユニットインジェクションでは，ピストン（プランジャー）のストロークを変えて，燃料量を制御するのは機構的に複雑になるので，電磁バルブで余分な燃料を燃料タンクに戻すスピル方式で，燃料量を制御するものが多い。噴射開始の時期はピストンを駆動するカムの位相を変えて制御される。

コモンレールインジェクションシステムでは，ガソリンエンジンのように燃料ポンプで生成し

第 2 章　自動車エンジンの電子制御技術

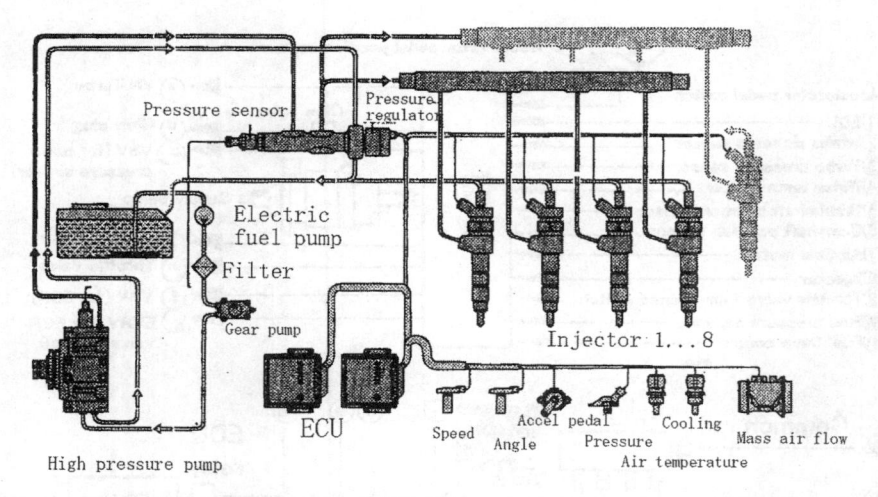

図 10　ディーゼルエンジンの燃料噴射システム（Bosch のカタログから）

た高圧の一定圧力の燃料をインジェクタに導き，インジェクタのバルブの開いている時間を制御して，燃料量を制御する。図 10 にシステムの具体的な構成例に示す。

図 10 は，V 型 8 シリンダのディーゼルエンジン用の燃料噴射システムで，左右バンクに 4 本づつ，インジェクタ（Injector）が配置されている。共通配管の圧力は，圧力センサ（Pressure sensor）の信号をベースに電気制御式の圧力レギュレータ（Pressure regulator）によって一定に維持される。高圧ポンプ（High pressure sensor）の入り口側にギアポンプ（Gear pump）を配置し，燃料を高圧ポンプに押し込む。ECU は，冗長性を高めるため，2 つ用意されている。空気量（Mass air flow），冷却水温度（Cooling temperature），空気温度（Air temperature），アクセルペダルの踏み込み量（Accel. Pedal pressure），クランク角度（Angle），速度センサ（Speed）の信号が，ECU に入力される。

2.2　エンジン制御システム

最近のディーゼルエンジンの制御システム[1]は，ターボ過給，排気還流（EGR）が付加されているので，ECU の機能もガソリンエンジンの ECU 並みに高機能化している。図 11 に示すごとく，エアフローメータによって，エンジンに入る空気量を検出し，温度，圧力の変化に応じて変動する空気量に見合った燃料量の上限を決定し，すすの発生を防止する。VN Turbo は，可変ノズルターボ（Variable Nozzle Turbo）である。燃料噴射のタイミング，開弁時間は外付けの電子ドライバユニット EDU によって制御される，Cco は触媒コンバータ（Catalytic converter）である。

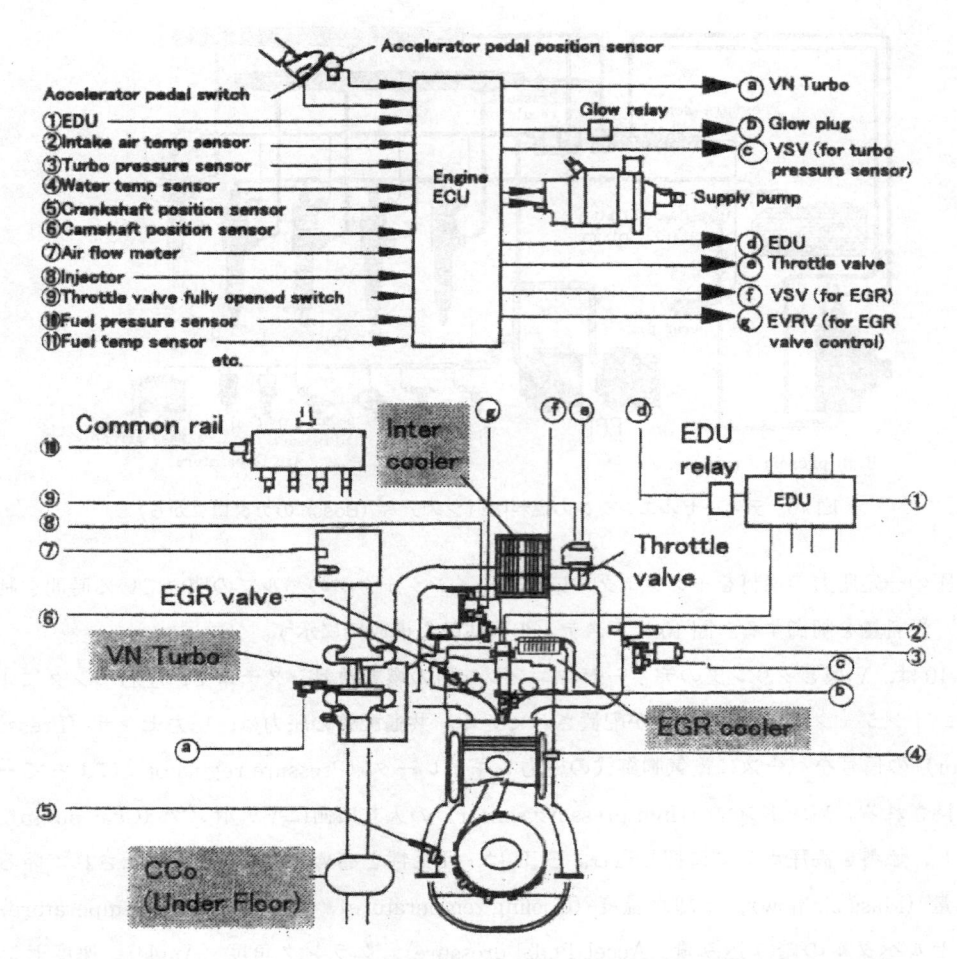

図11 ディーゼルエンジンの制御システムの例（トヨタ自動車のカタログから）

図11においてECUへの入力は

アクセルペダル位置センサ	Accelerator pedal position sensor
アクセルペダルスイッチ	Accelerator pedal switch
①EDU	EDU（Electronic device unit）
②吸気温度センサ	Intake air temperature sensor
③ターボ圧力センサ	Turbo pressure sensor
④冷却液温度センサ	Water temperature sensor
⑤クランク軸位置センサ	Crankshaft position sensor
⑥カム軸位置センサ	Camshaft position sensor
⑦空気流量センサ	Air flow sensor
⑧インジェクタ	Injector

第2章　自動車エンジンの電子制御技術

⑨スロットルバルブ全開スイッチ	Throttle valve fully opened switch
⑩燃料圧力センサ	Fuel pressure sensor
⑪燃料温度センサなど	Fuel temperature sensor, etc.

図11において，ECUからの出力は，

燃料供給ポンプ	Supply pump
ⓐ可変ノズルターボ	VN turbo
ⓐⓑグローリレー，グロープラグ	Glow relay, Glow plug
ⓒターボ圧力センサ用信号	VSC（for turbo pressure sensor）
ⓓEDU	EDU（Electronic Driver Unit）
ⓔスロットルバルブ	Throttle valve
ⓕEGRのための信号	VSC（for EGR）
ⓖEGRバルブ制御のための信号	EVRV（for EGR valve control）

エンジンの制御システムにEGR，ターボ過給，可変動弁が組み合わさると，吸気圧力，吸気温度による従来の制御では，空気量の推定が難しくなる。噴射量を空気量の変化に応じて補正しないと，空燃比がすす限界の所定の値より小さくなり，すすが発生しやすくなる。これを防止するため，空気量を直接測定する方法が採用されている。制御のパラメータを空燃比センサで補正する場合もある。EGRの量が増加すると，エンジンの充填空気量が減少し，噴射量を補正しないと，すすを発生しやすくなる。過度に燃料量を小さくすると，エンジンの出力が低下するので，すす限界のぎりぎりまで，燃料量を増すのに，空燃比センサで，空燃比を診ながら，燃料噴射量を制御することが行われる。

3　予混合圧縮自着火の電子制御技術

最近，ガソリンエンジン，ディーゼルエンジンの分野では，燃焼で発生するNO_xを低減するため，可変動弁システムを使用した，大量排気残留ガスによる均一給気圧縮着火（HCCI；Homogeneous Charge Compression Ignition）燃焼，予混合圧縮自着火（Premixed Compression Auto Ignition）燃焼が試みられている。

図12において，早期排気バルブ閉じ方式（EARLY EVC；Exhaust Valve Closing）では，排気バルブを排気行程の途中で閉じる。これによって既燃ガスの一部がシリンダ内に閉じ込められる。遅い吸気バルブ開き方式（LATE IVO；Intake Valve Opening）で吸気行程の途中で，吸気バルブを開き，残留既燃ガスと新気を混合する。これによって，混合気の温度が高まり，点火

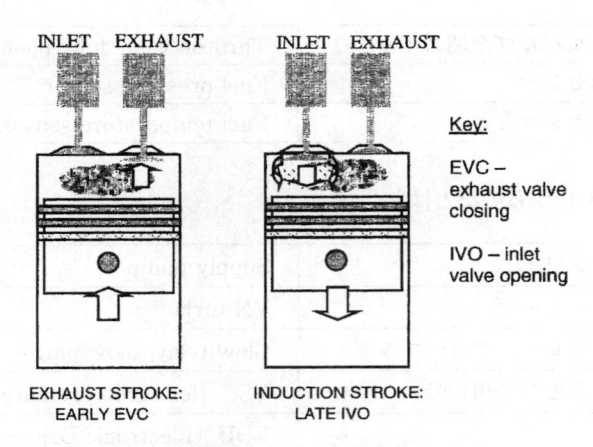

図12 可変動弁による予混合圧縮自着火

プラグ無しに，混合気が自着火し，NO_x が低く，すす無しの燃焼が可能になる。

ディーゼルエンジンの場合は，NO_x とすすなし燃焼を実現するため，40％程度の大量のEGRによって，燃料の早期の自着火を抑え，空気との混合を促進する部分予混合燃焼が試みられている。圧縮比が高すぎると予混合気が形成される前に着火してしまうので，運転状態に応じて，有効圧縮比を変えるのに，吸気バルブの遅閉じが試みられている。

エンジン制御システム自体は，ガソリンエンジン，ディーゼルエンジンの場合と類似している。

4 二輪車用エンジン

最近，二輪車用の小型のエンジンでも，気化器にかわり，燃料噴射システムが採用されるようになってきた。方式としては，吸気圧力で空気量を推定する，スピードデンシティ（Speed-Density）方式が用いられている。図13において，P/R は圧力レギュレータ（Pressure regulator,）FIV はファーストアイドルバルブ（Fast idle valve），MAP はマニフォルド絶対圧力センサ（Manifold Absolute Pressure sensor），AICVsol は，エアインジェクション制御バルブソレノイド（Air injection control valve solenoid）である。このバルブは，排気システムの触媒の酸化作用のために供給する二次空気を制御するために使用される。

5 天然ガスエンジンの電子制御技術

一般的には，ガソリンエンジンの場合と同じく，吸気ポート噴射が用いられているが，次のように筒内直接噴射方式[2]も開発されている。燃料噴射量は，スピードデンシティ（Speed den-

第 2 章　自動車エンジンの電子制御技術

図 13　二輪車エンジン用のエンジン制御システム（ホンダのカタログから）

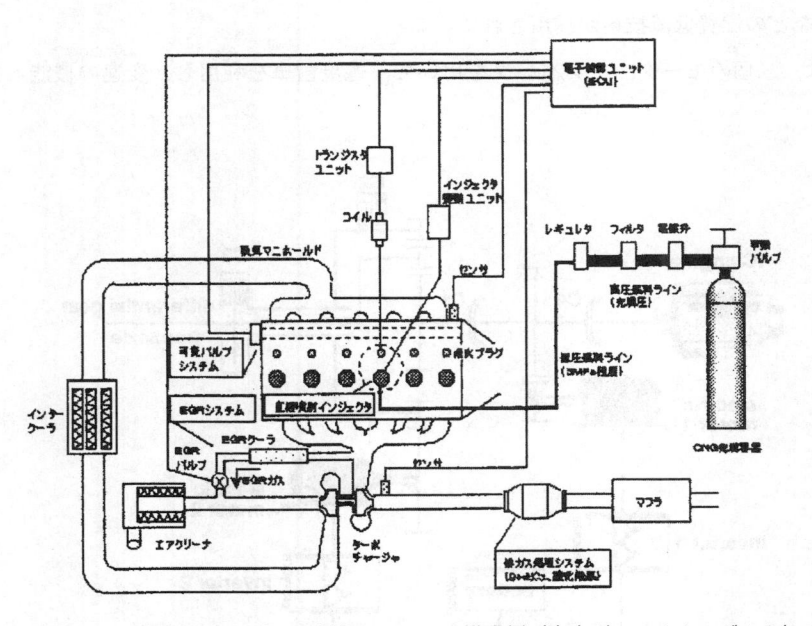

図 14　天然ガスエンジンの制御システムの構成例（東京ガスのカタログから）

sity）方式で決定される。

　図14は天然ガスエンジンの直接噴射システムの構成例[2]である。仕様は，貨物車両用でエンジン出力98 kW，燃料噴射圧20～25 MPaである。EGRクーラを具備し，低温のEGRをエンジンに供給し，充填効率の低下を防止している。その他の構成は，燃料の配管系を除き，ガソリンエンジンとほぼ同じである。天然ガスはガソリンのような液体燃料より密度が低いので，インジェクタの噴孔の径を大きくする必要があり，インジェクタには高応答が要求される。

6　ハイブリッドシステムの電子制御技術

　最近，低速，低負荷時のパワーをバッテリ，モータで供給するハイブリッド自動車が登場してきた。ハイブリッドシステムに関しては，古くから，種々の方式が提案されている。バッテリとエンジンとの分担をどうするかという，エネルギーマネージメント，パワーマネージメントが種々検討されている。1994年に，下記のようなユニバーサルハイブリッドシステム（Universal Hybrid System）[3]が提案されているが，似たようなハイブリッドシステムが量産化されたのは，最近である。ハイブリッドシステムでは，エンジンを用いて，バッテリを充電するので，エンジン自体の効率を高くする必要がある。したがって，エンジン自体で，低負荷時に6気筒のうち3気筒停止する方式，吸気バルブの早閉じ，遅閉じで，ポンピング損失を低減するアトキンソンサイクル方式などの燃費低減技術が採用されている。

　図15では，二個のモータ，インバータを用いて，遊星歯車を利用し，変速の機能も持たせている。

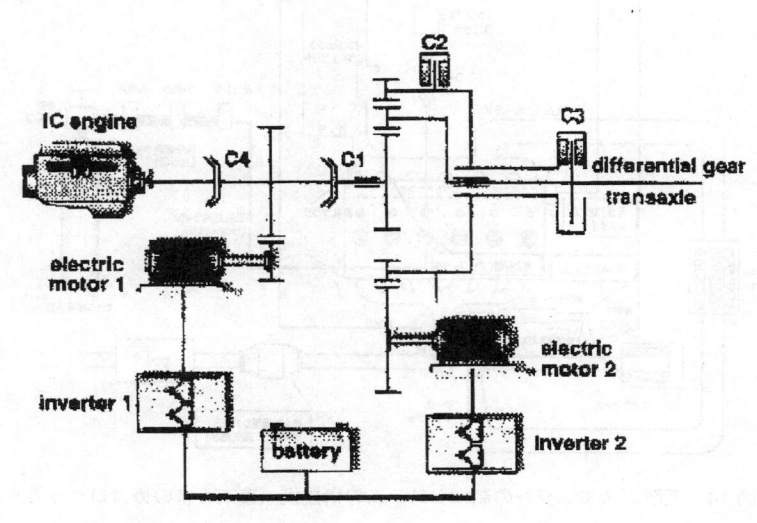

図15　ユニバーサルハイブリッドシステムの構成例

第2章　自動車エンジンの電子制御技術

(1) クラッチC4を切断するとエンジンはアイドリング状態になる。
(2) クラッチC4を接続しクラッチC1を接続すると，モータ1が内燃（IC）エンジンで駆動され，発電機として動作し，インバータを介して，バッテリに充電する。
(3) クラッチC3が接続し，クラッチC1が切断している場合は，遊星歯車とリング歯車が一体で動き，リング歯車のブレーキがオフの場合は，モータ2が，差動機側から駆動され，発電機として動作し，制動エネルギーを回生する。
(4) クラッチC3を切断すると，ブレーキがオフ，クラッチC1，クラッチC4が接続されている場合，遊星歯車は，ICエンジンとモータ2によって駆動され，出力軸の回転速度は，エンジンとモータ2の速度に依存する。モータ2の回転速度を変えて変速を行う。
(5) クラッチ4を切断し，クラッチ1を接続した状態では，モータ1とモータ2によって，出力軸が回転する。

制御システムとしては，エンジン制御システムのほかに，モータ，発電機の制御システム，バッテリの制御システムが付加される。これらの制御システムは，ネットワークで情報を交換し，協調制御を行う。

7　自律分散制御

最近のエンジン制御，変速機制御などの車載電子制御機器の増大に伴い，自律分散制御方式が検討されている。図16に示すごとく，従来のセンサ，アクチュエータがハードウェアで中央のコントローラにぶら下がっている集中アーキテクチャ（Centralized）[4]はフォールトトレラントアプリケーションに適していない。分散アーキテクチャ（Distributed）は，ローカルコントローラ間の協調のため，通信を頻繁に行うことができる高速の通信バスを必要とする。階層アーキテクチャ（Hierarchical）は，両者の良い点を受け継ぐ。

しかし，階層アーキテクチャには，コスト，故障モードマネージメント，通信ネットワーク帯域，ロバスト性，負荷，サプライヤーとの関係の問題が重くのしかかってくる。このため，異なる機能を，それぞれのコントローラに配置し，コントローラハードウェアを低減することが行われる。ハードウェアアーキテクチャは分散しているが，機能アーキテクチャは階層化されている。フォールトトレラント（Fault tolerant）に適した，図17に示した，次のような特徴を有する自律分散プラットフォームが提案されている[5]。

(1) スケーラビリティのための標準データインターフェース：Standardized data interface for scalability
(2) 時間トリガー自律動作：Time-triggered autonomous action

自動車用半導体の開発技術と展望

(3) 各ノードの自律モニタリング：Autonomous monitoring of each node
(4) 信頼性のための自律バックアップ：Autonomous backup for dependability

等の機能を有する。センサ，アクチュエータは，自律的に動作する。これによって，フォールトトレラント（Fault tolerant）に対応することができる。

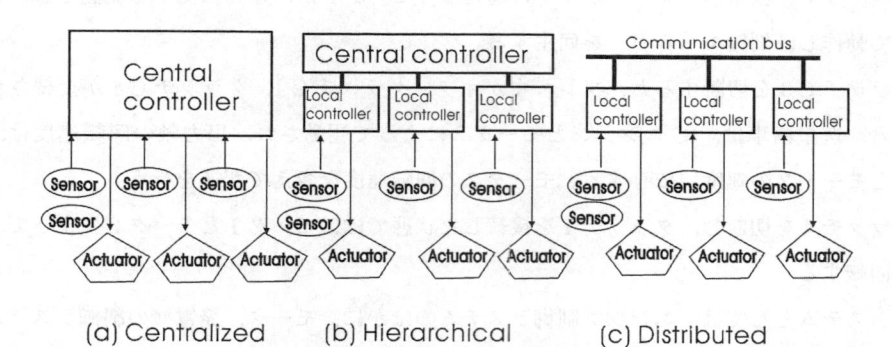

図16 自動車の制御システムの構成

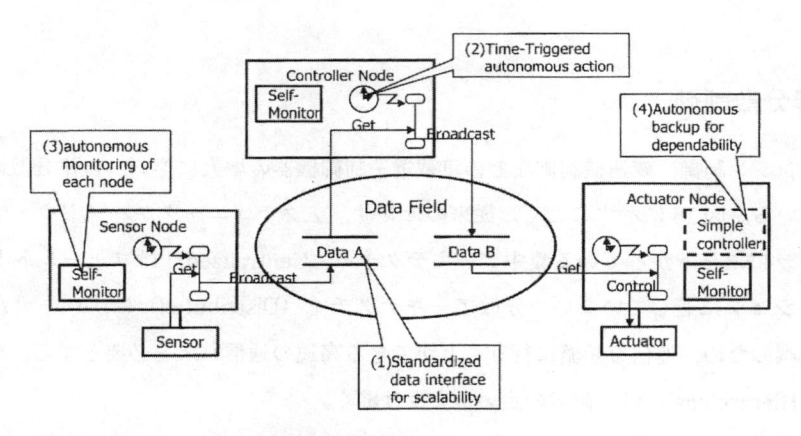

図17 自律分散制御のプラットフォーム[5]

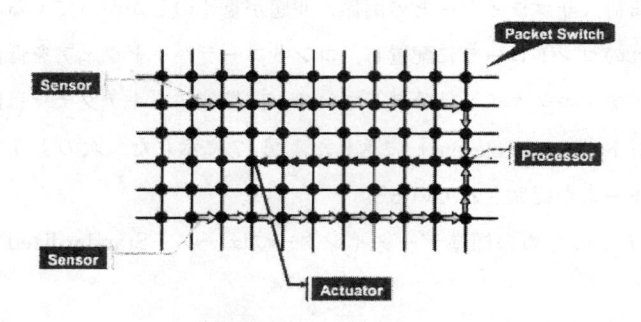

図18 スイッチファブリック分散制御システム[6]

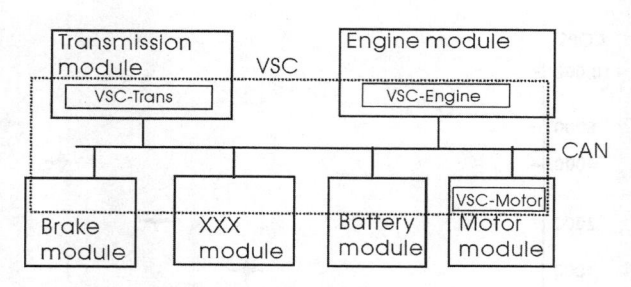

図19　モジュール構成の分散制御システム[7]

　図18に示すような分散制御システムも提案されている[6]。センサ，アクチュエータ，プロセッサは，ファブリク（Fabric：分散された要素を一緒に接続するためのパケットベース，メッシュタイプのネットワーク）の中のコミュニケーションスイッチノード（communication switch node）に接続される。これによって，通信の容量をアップすることができる。また，通信リンクの一箇所が故障しても，他のリンクを介して通信を行うことができるので，冗長性が高まる。また，フォールトトレラント（Fault tolerant）に対応することができる。

　図19の分散アーキテクチャ[7]では，車両安定制御（VSC；Vehicle Stability Control）のソフトウェアも，中央制御装置（Central controller）ではなく，それぞれのモジュールの中に配分される。たとえば，エンジン制御モジュール，変速制御モジュールの中に，VSCの一部の機能が埋め込まれる。VSC Motor moduleの中に，VSCの一つの機能である車速とアクセルペダルから要求トルクを求めるなどの基本単位が配分される。このデータがネットワーク上にのせられ，エンジン制御，変速機制御にも利用される。

8　ECU（Electric Control Unit）の性能および構成

8.1　マイクロプロセッサの性能

　エンジン制御等のソフトウェアは現在，車の価値の4％程度であるが，2010年には13％に増大することが予測される。図20に示すごとく，マイクロプロセッサのメモリ，一秒あたりのコンピュータの動作回数（COPS）は，年々増大している。

　最近の状況では，仕様には次のようなものがある。

(1) NEC：40 MHz, 55 million instructions per second（一秒間あたりの命令実行回数），256 k byte flash + 16 k byte RAM, 16 bit 16 channel（チャネル）AD（アナログディジタル変換器），価格 $10

(2) Philips：32-bit, 60 MHz, 256 k byte flash（フラッシュ），4 channel AD, CAN,（ネットワ

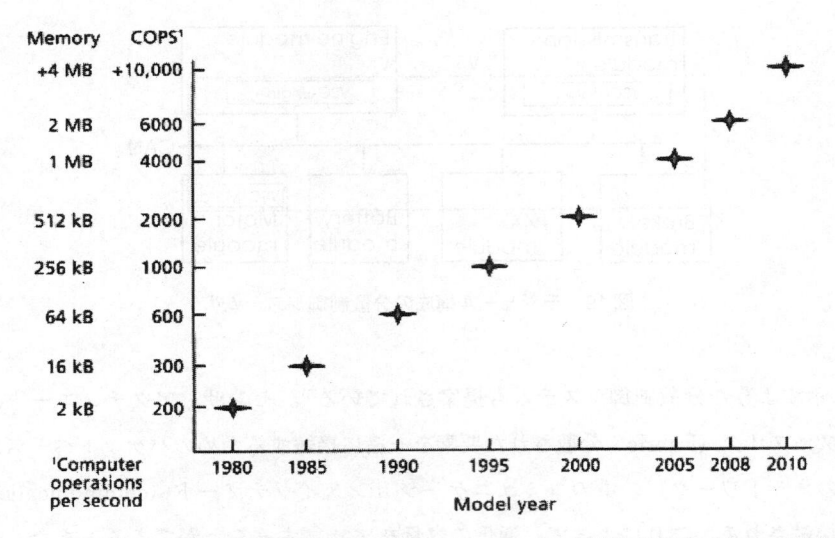

図20 パワートレイン制御用のマイクロプロセッサのメモリと動作速度（GMの資料）

ーク）114 pin，1.8 V，0.18 μ line（チップ線幅），価格＄5.5
(3) Motorola：300 MHz，128 k byte SRAM（スタテックランダムアクセスメモリ），4 M byte flash，CAN（ネットワーク），DSP（ディジタルシグナルプロセッサ），interrupts（割り込み）504
(4) Microchip Technology：DSP（ディジタルシグナルプロセッサ）＋micro controller 16 bit，多重センサとコントロール入力からのデータをキャプチャし，車速とステアリング角度の周期的なサンプルを得るための，周期的なサービス割り込み機能

8.2 ガソリンエンジン用のECUのLSIの構成
ガソリンエンジン制御用のECUのLSIの構成例[8]を図21に示す。次のようなLSIから構成されている。
(1) パワー供給（Power supply）LSI
バッテリの電圧を12 Vから，3.3 V，或いは2.5 Vに降圧して，LSIに供給する。最近は，電気的な損失を低減するため，スイッチングレギュレータが用いられている。
(2) マイクロコントローラ（Micro controller）
センサの信号をベースに，インジェクタ，イグナイタ，スロットルバルブ等の制御変数を演算する。
(3) サブマイクロコントローラ（Sub-micro controller）
マイクロコントローラの動作を常時モニターして，フェイルセーフ動作を行う。

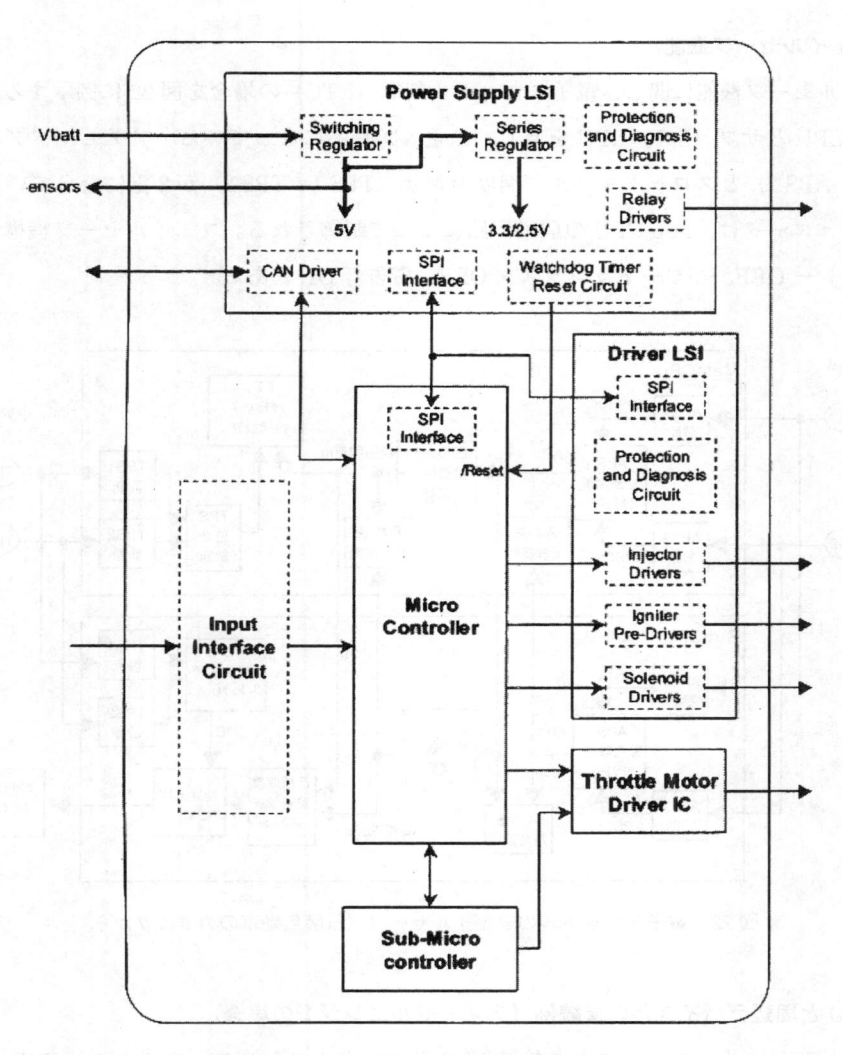

第 2 章　自動車エンジンの電子制御技術

図 21　エンジン制御用 ECU の LSI の構成[8]

(4) インプットインターフェイスユニット（Input interface circuit）
センサとのインターフェイス
(5) ドライバ（Driver）LSI
インジェクタ，点火の駆動用のハードウェア
(6) スロットルモータ駆動（Throttle motor driver）
電子スロットルバルブのモータの駆動用のハードウェア

　それぞれの LSI はシリアル周辺インターフェイス（SPI：Serial Peripheral Interface）で信号の伝送を行う。

8.3 フェイルセーフ機能

フェイルセーフ機能に関し，電子スロットル制御（ETC）の場合を図22に例示する。メイン（Main）CPU とサブ（Sub）CPU を有し，二重，冗長系になっている。アクセルペダルセンサ（APS 1，APS 2）とスロットルバルブ開度センサ（TPS 1，TPS 2）が2重になっている。ETC のアクチュエータは，Sub CPU の駆動回路によって制御される。フェイルセーフ機構としては，モータリレー OFF，パワートランジスタ OFF，警告灯 ON がある。

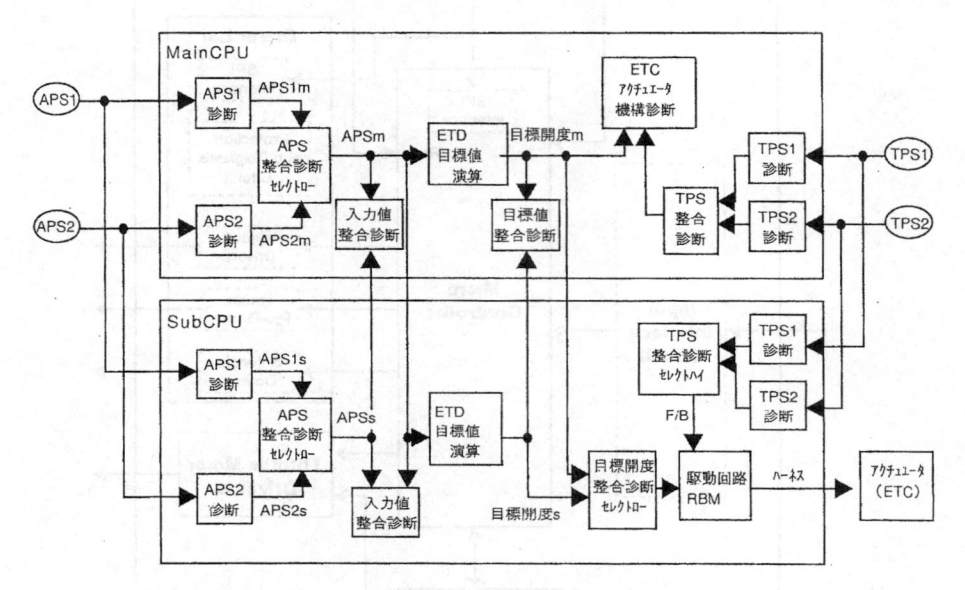

図22 電子スロットルのフェイルセーフ（日産自動車のカタログから）

8.4 ECU と周辺デバイスとの接続例（ディーゼルエンジンの場合）

図23に ECU と周辺デバイスとの接続例[9]を示す。多くのセンサ，デバイスが ECU に接続されている。

1 バッテリ（Battery），2 エンジンコンパートメント内のフューズボックス（Fuse box in engine compartment），3 キーコンタクト（Contact of key），4 オルタネータ（Alternator），5 車室フューズパネル（Cabin fuse panel），6 結合インストルメント（Combined instruments），7 診断パッケージ（Diagnostic package），8 グロープラグパッケージ（Glow plug package），9 エンジン温度指示計（Engine temperature indicator），10 インテリジェントサービスボックス（Intelligent service box），11 2重リレーボックス（Double relay box），12 クラッチコンタクト（Clutch contact），13 ブレーキコンタクト（Brake contact），14 補助ヒータリレー（Additional heater relay），15 補助ヒータプラグ（Additional heater plug），16 慣性コンタ

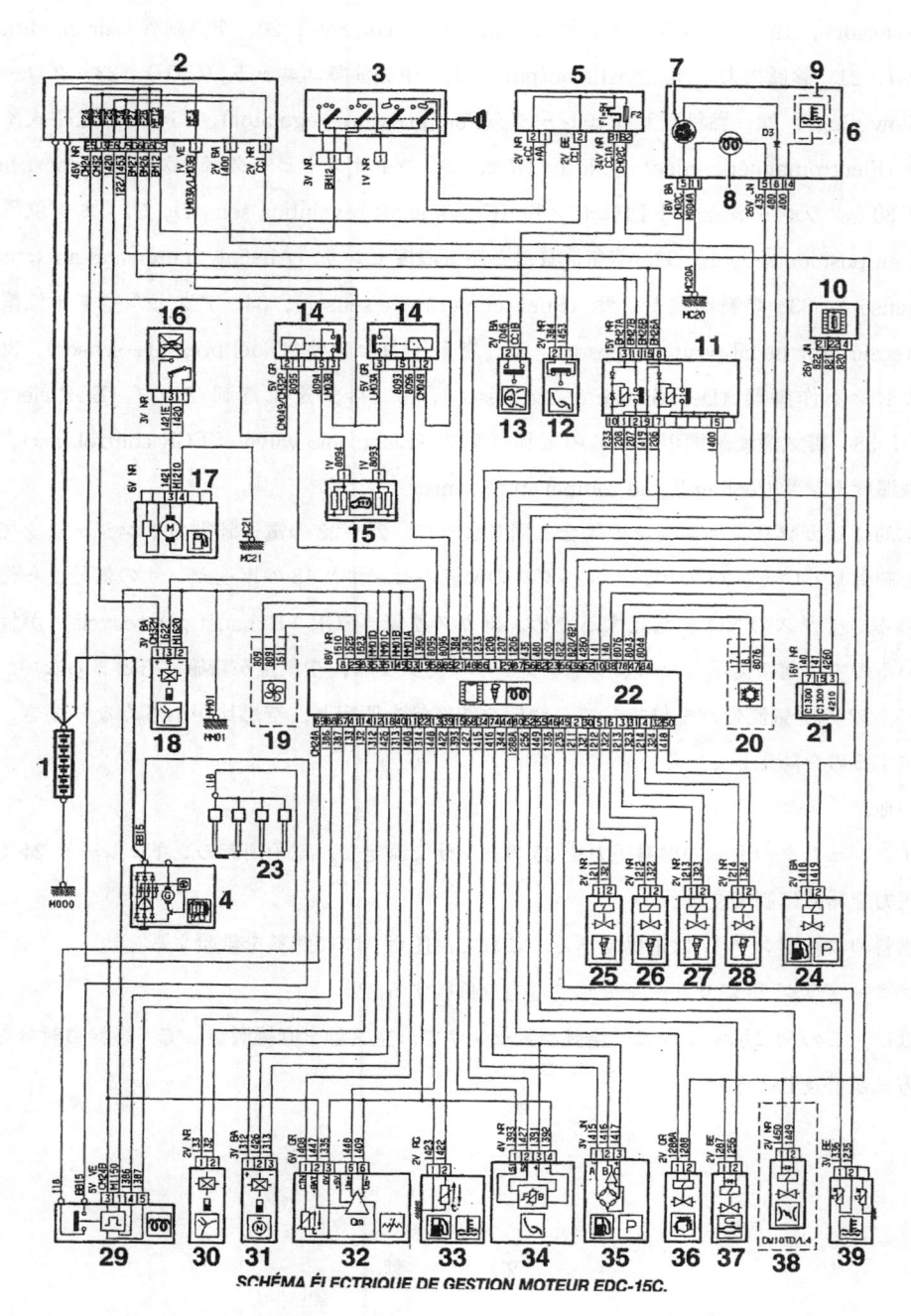

第2章 自動車エンジンの電子制御技術

図23 ECUの構成例（ディーゼルエンジンの場合）[9]

クト（Inertia contact），17　燃料供給ポンプ（Fuel feed pump），18　車両速度センサ（Vehicle speed sensor），19　エンジンファン制御（Engine fun control），20　空調制御（Air conditioning control），21　診断出力（Diagnostic output），22　中央演算ユニット（CPU），23　グロープラグ（Glow plug），24　燃料圧レギュレータ（Fuel pressure regulator），25～28　電磁式インジェクタ（Electromagnetic injector）No 1～No 2，29　プレポストヒータボックス（Pre-post heater box），30　クランクシャフト回転センサ（Crank shaft revolution sensor），31　カム位置センサ（Cam position sensor,）32　空気流量計と空気温度センサ（Air flow meter and air temperature sensor），33　燃料温度センサ（Fuel temperature sensor），34　アクセルペダル位置センサ（Accelerator pedal position sensor），35　燃料圧力センサ（Fuel pressure sensor），36　第3ピストン不作動器（Deactivator of 3rd piston），37　排気還流電制バルブ（EGR electronic valve），38　排気還流制御ボックスの電制バルブ（Electronic valve of EGR control box），39　冷却液温度センサ Cooling liquid temperature sensor）

　基本的にはガソリンエンジンの場合と同じように，25～28 の電子制御のインジェクタで，燃料量を制御している。34 のアクセルペダルの位置のセンサと 18 の車速センサの信号から燃料量を決める。排ガスの NO を低減するため，排ガス還流（EGR：Exhaust gas recycle）が付加されているので，前に提示したスピードデンシティ方式では，空気量が精確にもとまらない。したがって，32 の空気流量計を付加して，精確な空気量を測定し，空燃比が小さくなりすぎ，すすが発生するのを防止している。

　その他，
(1) インジェクタの上流の燃料圧力を 35 のセンサで測定し，電子制御のレギュレータ 24 で，燃料圧力を精確に制御する。
(2) 燃料の供給ポンプ 17 は電動である。これで高圧ポンプに燃料を供給する。
(3) グロープラグ 23 にリレーを介して電力を供給する。

　最近は，この例に示すように，空気流量センサで，空気量を直接測定して，燃料噴射量を決定する方式が普及してきた。

文　　献

1) M. Kawai, *et al.*, IEEE Transactions on Industrial Electronics, Vol. IE-32, No. 4（Nov. 1985）pp 289-293

2) ㈳日本ガス協会，平成 13-15 年研究開発
3) W. Kriegler, *et al.*, ISATA Paper No. 94 EL 073, 27 th ISATA, P（Oct. 31-Nov. 4, 1994）
4) P. Mishra, *et al.*, SAE Paper 2005-01-1279, 2005 SAE World Congress（April 11-14, 2005）
5) K. Yoshimura, *et al.*, SAE Paper 2005-01-1527, 2005 SAE World Congress（April 11-14, 2005）
6) Fehr, SAE Paper 2005-01-0022, 2005 SAE World Congress（April 11-14, 2005）
7) Philips, D. *et al.*, Proceeding of the 2004 American Control Conference（June 30-July 2, 2004）pp 4698-4703
8) K. Yoshimura, *et al.*, SAE Paper 2004-01-0709, 2004 SAE World Congress（April 8-11, 2004）
9) AUTO-VOLT MAI 2000, NO 767, Peugeot 206 HDI, EDC-15 C

第Ⅱ編

自動車エレクトロニクスと半導体の使われ方

第1章　パワートレイン

大山宜茂[*1]，射場本正彦[*2]

1　エンジン制御システム

　最近は，50 cc クラスの小型エンジンにも電子制御の燃料噴射装置が搭載されるようになり，図1に示すように，クランク角度センサ（Crank Angle Sensor），吸気圧力センサ（Intake Pressure Sensor），スロットル開度センサ（Throttle Position Sensor），吸入空気温度センサ（Intake Air Temperature Sensor），冷却液温度センサ（Coolant Temperature Sensor）などの信号をエレクトロニックコントロールユニット（ECU；Electronic Control Unit）に入力し，燃料インジェクタ（Fuel Injector），燃料ポンプ（Fuel Pump），点火プラグ（Spark Plug），PCV ソレノイドバルブ（Positive Crankcase Ventilation Solenoid）を制御する。

　図2にエンジン（パワートレイン）の制御システムの構成を示す。各種センサの信号は，信号調整部を介して，パワートレイン制御に入力される。パワートレイン制御部のLSIの電圧は，

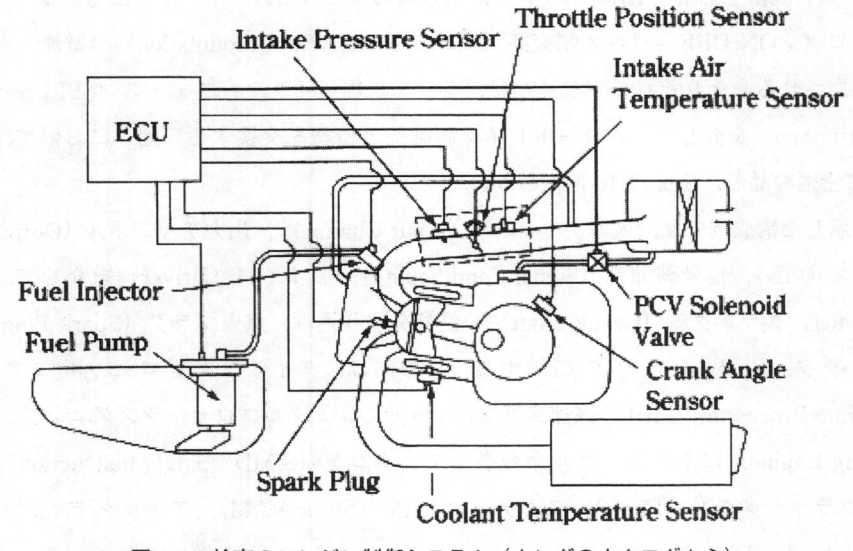

図1　二輪車のエンジン制御システム（ホンダのカタログから）

---

*1　Yoshishige Ohyama　東北学院大学　工学部　非常勤講師（元㈱日立製作所）
*2　Masahiko Ibamoto　㈱日立ニコトランスミッション　本社　技術顧問（元㈱日立製作所）

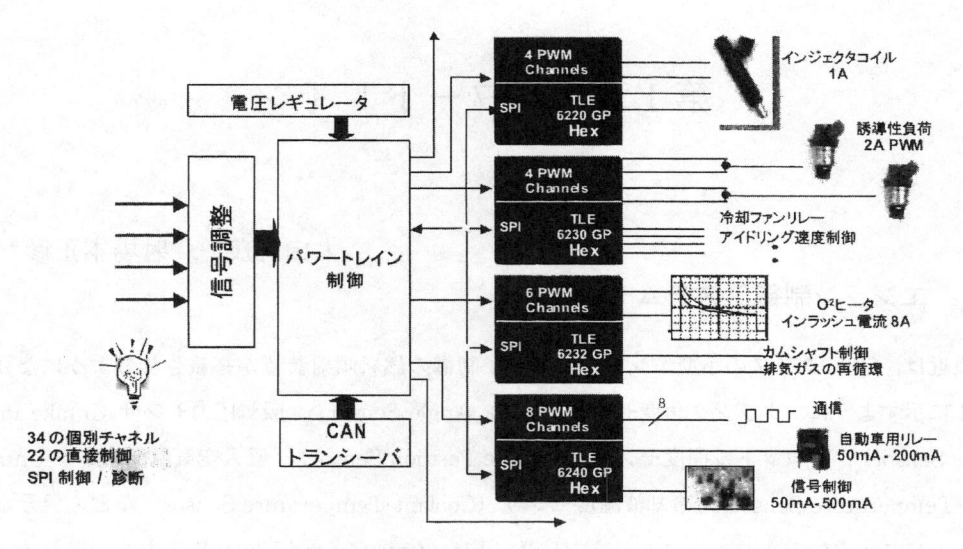

図2　エンジン制御システムの構成（富士通のカタログから）

電圧レギュレータによって，3.3V，あるいは，2.5Vに制御される。また，ネットワークから，CANトランシーバを介して，車輪速度などの信号を取得する。インジェクタコイル，誘導性負荷，冷却ファンリレー，アイドリング速度制御，O_2（酸素センサ）ヒータ，カムシャフト制御，排気ガスの再循環，通信，自動車用リレー，信号制御などの出力サイドは，出力ドライバを介して，アナログ，ON-OFF，パルス幅変調（PWM；Pulse Width Modulation）の電流，あるいは信号に変換される。それぞれのドライバは，シリアル周辺インターフェイス（SPI；Serial Peripheral Interface）を介して，パワートレイン制御部と情報を交換する。図2において，略号の，TLEは富士通の品名，Hexは16進である。

図3に示した構成例では，入力チャンネル（Input Channel），出力チャンネル（Output Channel），ピン（PIN），信号調節部（Signal Conditioning），ドライバ（Driver）を介して，カム軸（Cam Shaft），クランク軸（Crank Shaft）の信号を取り込み，点火プラグ（Spark Plug），燃料インジェクタ（Fuel Injector）を制御する。制御部は，タイミングプロセッサコア（eTPU Core；Time Processing Unit），高速演算プロセッサのシングルプロセッシングエンジン（Single Processing Engine）によるシングル命令多重データコア（SIMD；Single Instruction, Multiple Data），フラッシュメモリ（Flash），スタティクRAM（Static RAM），アナログディジタル変換器（AD；Analog Digital Converter），通信（Communication）から構成されている。ノック処理などを，2ビット固定長，PowerPC（Freescaleの商品名）命令セットを32/16ビット混合命令セットで実行可能にする。タイマーカウンタ24ビット，チャネル数64本を有し，点火タイミング，燃料噴射量の調節をマップ方式からダイナミック演算の制御へと発展，マップ領域が不要，

第1章　パワートレイン

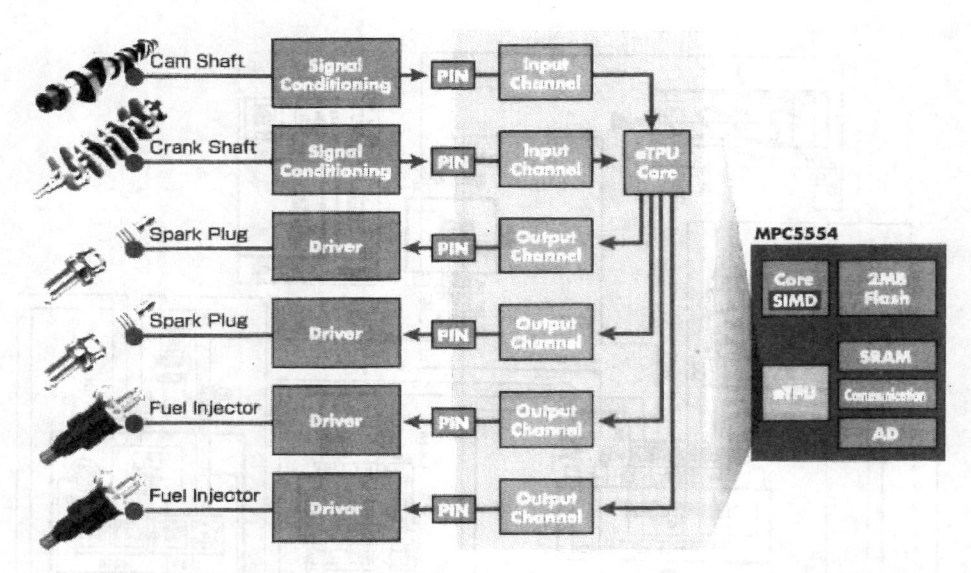

図3　エンジン制御システムの構成例（Freescale Semiconductor のカタログから）

2 Mbt の Flash を高度な制御プログラムの格納に使用することができる。

　図4には，ECU の実際の構成例を示す．図4において，1　バッテリ（Battery），2　キーコンタクト（Key contact），3　エンジン室のフヒューズボックス（fuse box in engine compartment），4　車室ヒューズパネル（Cabin fuse panel），5　中央演算ユニットなど（CPU etc.），6　2重リレーボックス（Double relay box），7　インテリジェントサービスボックス（Intelligent service box），8　慣性コンタクト（Inertia contact），9　燃料ポンプ（Fuel pump），10　複合計器盤（combined instruments），11　診断コネクタ（Diagnostic connector），12　点火コイル（Ignition coil），13　スロットルバルブヒータ抵抗（Throttle valve heater resistance），14　車速センサ（Vehicle speed sensor），15　酸素センサ（O_2 sensor），16　キャニスタパージ電子制御バルブ（Canister purge electronic valve），17　パワーステアリングスイッチ（Power steering switch），18　吸気圧力センサ（Intake pressure sensor），19　冷却液温度センサ（Cooling liquid temperature sensor），20　吸入空気温度センサ（Intake air temperature sensor），21　スロットルバルブポテンシオメータ（Throttle valve potentiometer），22　エンジン回転速度および位置センサ（Engine speed and position sensor），23　ノックセンサ（Knock sensor），24　アイドル速度コントローラ（Idle speed controller），25〜28　インジェクタ（Injector）No. 1〜4，29　右左空調パルス制御（Right and left air conditioning pulse control）（From AUTO-VOLT, Engine Peugeot TU 5 JP/L 3, Control unit, Bosch MP 7.2）

　図4において，慣性コンタクト8は，車両が衝突，転倒した場合の燃料ポンプの動作を停止す

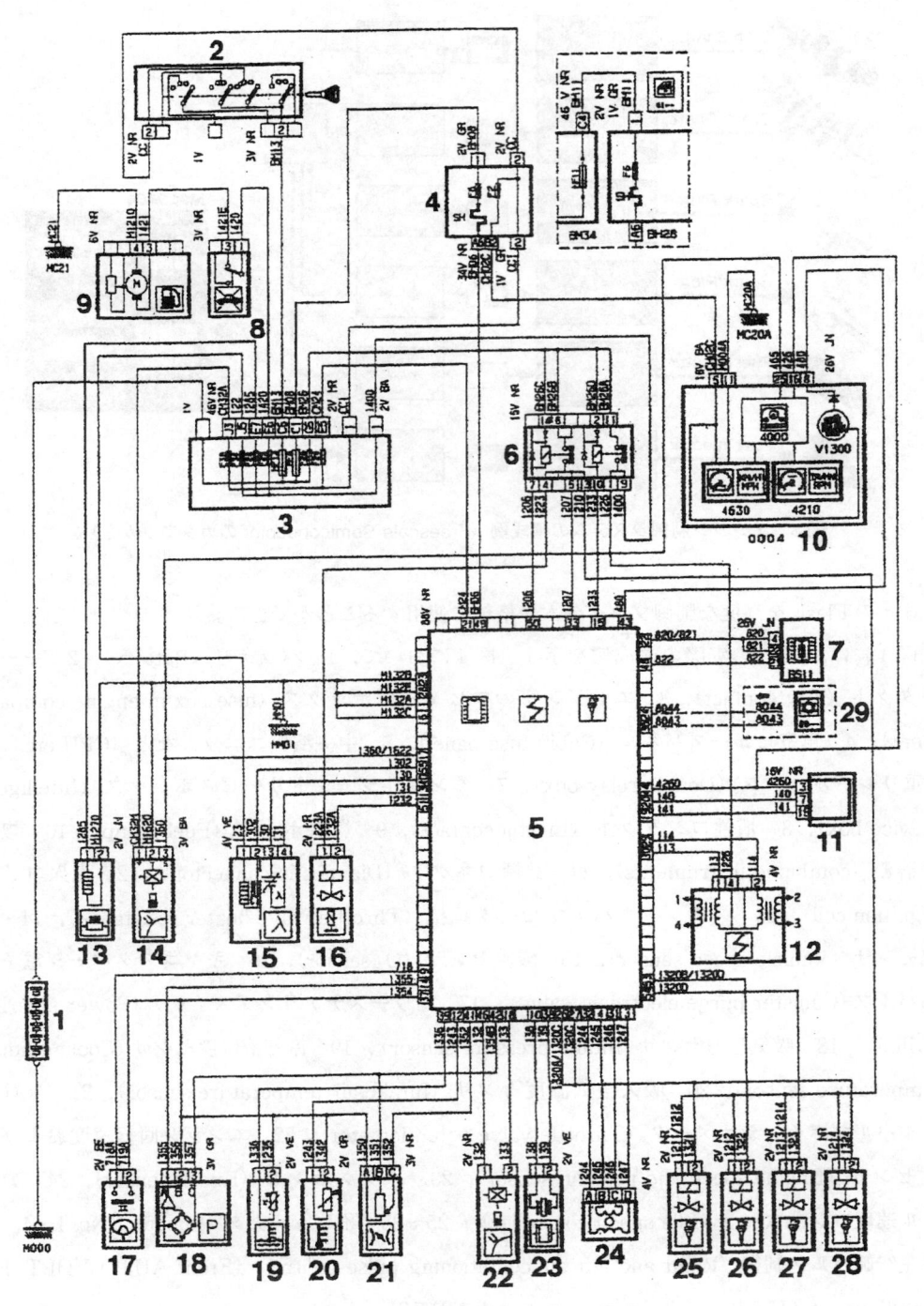

図4 エンジン制御ECUの構成例

るために使用される。キャニスタパージ電子制御バルブ 16 は，燃料蒸気を蓄える活性炭のパージを制御するものである。図 4 においては，CPU 5 のピンの数は，43 個であるが，シリンダの数が増加し，センサ，アクチュエータの数が増加すると，100 個を超える場合もある。シリンダが 12 個の場合は，左右バンクにそれぞれ ECU が配置される場合もある。

2 インジェクタのドライバ

図 5 に，ガソリン直接噴射方式のインジェクタのドライバを例示した。GPTA は，General Purpose Timer Array である。DC/DC コンバータの 100 V 程度の高電圧によって最初，コイルに大電流を流し，インジェクタの応答性を高める。バルブが開いたら，12 V のラインに切換，バルブ保持に必要な電流まで下げる。インジェクタのコイルに流れる電流を抵抗 R_{sense} で検出し，スレッシホールド（Threshold）電圧 S 4 と比較し，S 3 の信号を取得する。S 3 によってバルブが開いたことを検出し電源を切り替える。図 5 において，TriCore は，Infineon の商品名である。

3 スロットルバルブの電子制御

図 6 にスロットルバルブの電子制御を例示する。モータ（Motor），モータドライバ TLE 6209（Infineon の商品名），周辺コントローラ（pC C 164 Cx, Infineon の商品名），電圧レギュレータ（Voltage Regulator），信号調節部（Signal Conditioning），巨大磁気抵抗センサ（GMR；Giant Magneto Resistance），アナログディジタル変換器（ADC；Analog Digital Converter），位置センサ（Position Sensor）から構成されている。直流モータを正逆転駆動するのに，4 つのパワー

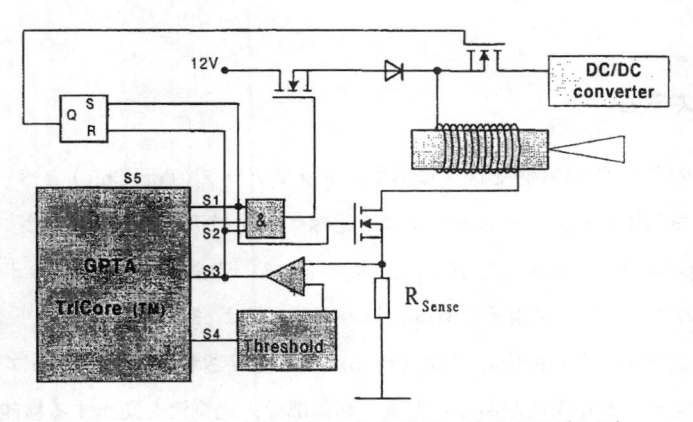

図 5 インジェクタのドライバ（Infineon のカタログから）

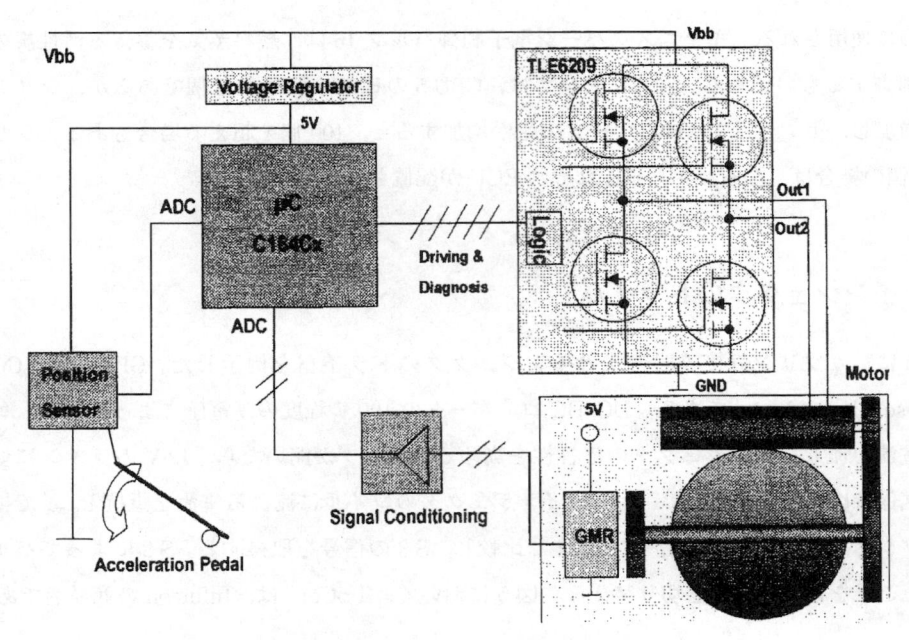

図6　スロットルバルブの電子制御[1]

トランジスタを使用している。モータドライバとコントローラの間は，ロジック（Logic）で，ドライビングと診断（Driving & Diagnosis）の情報をやり取りする。

(1) アクセルペダルの中の位置センサ（ポテンショメータ）で，セットポイントを検出する。
(2) GMRセンサで実際にバルブの開度を検出し，コントローラ（マイクロコントローラ）で制御する。
(3) 最終の制御要素は，モータを駆動するパワーブリッジである。パルス幅変調の周波数は20 kHzである。電圧12Vの場合の，電流値は，数アンペアである。

4　点火システム

点火システムのドライバの例[2]を図7に示す。トップチップ（Top Chip）とベースチップ（Base Chip）から構成されている。ベースチップは，絶縁ゲートバイポーラトランジスタ（IGBT；Insulated Gate Bipolar Transistor）を有し，点火コイルの一次コイルの電流のオン，オフを行う。IGBTは高電圧のスイッチング素子である。トップチップは，電流フィードバック（Current feedback）と保護，制限部（Protection, Limitation）から構成されている。トップチップの動作は，マイクロコントローラと互換性がある。保護，制御部は，過電流を防止する機能を有する。

第1章　パワートレイン

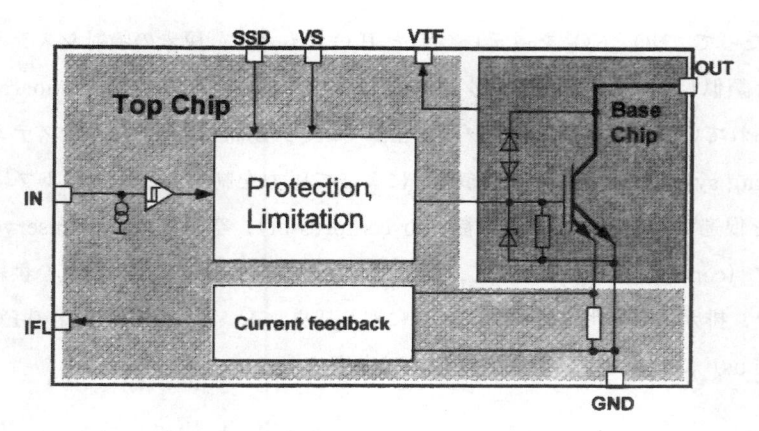

図7　点火システムのドライバ[2]

5　触媒のための尿素供給システム

大型のディーゼルエンジンでは，燃焼で生じる NO_x を還元するため，選択性触媒還元（SCR-KAT：Selective Catalytic Reduction）が用いられる。図8において，排気システムは，酸化触媒（OXI-KAT）とSCR-KAT，排ガス温度センサ（exhaust gas temp. sensor），排ガスセンサ（exhaust gas sensor）からなり，クリーンな排ガス（cleaned exhaust gas）に浄化される。SCR-KATの上流から，注入バルブ（dosing valve）によって，尿素が排ガス中に噴射され，アンモ

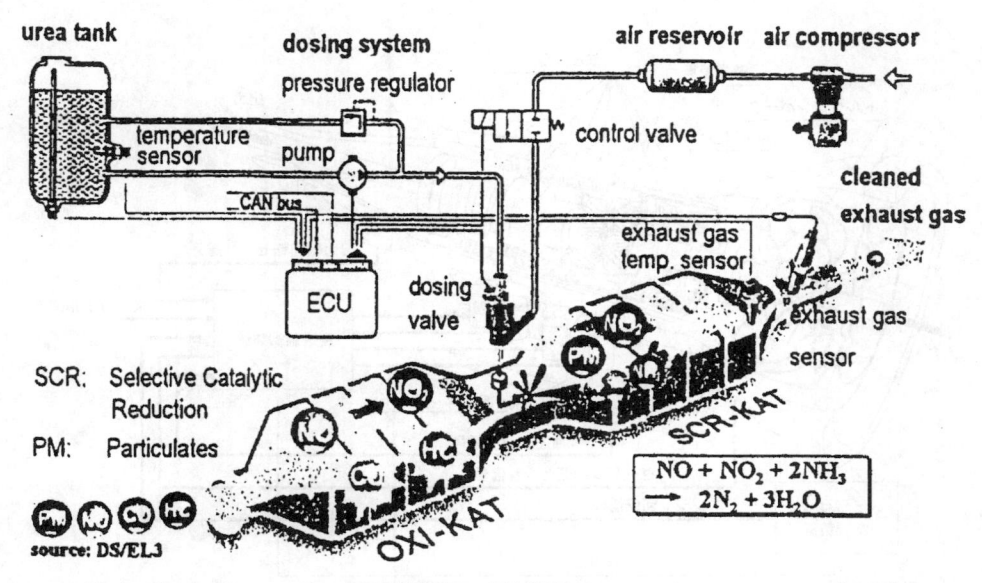

図8　ディーゼルエンジンの触媒還元用の尿素供給システム（Boschのカタログから）

ニア NH_3 となって，NO，NO_2 を還元し，N_2 と H_2O にもどす。尿素の噴射システムは，燃料噴射システムと類似している。尿素タンク（urea tank）には，温度センサ（temperature sensor）が取り付けられている。尿素は，ポンプ（pump）によって加圧され，注入システム圧力レギュレータ（dosing system pressure regulator）によって圧力を制御し，注入バルブに供給する。尿素の気化を促進するため，空気圧縮機（air compressor），空気貯め（air reservoir），コントロールバルブ（control valve）を用いて，注入バルブの先端に微粒化用の空気を供給する。排ガス温度センサ，排ガスセンサの信号は，ECU に取り込まれる。この尿素制御用の ECU は，CAN バス（CAN bus）で，エンジン制御用の ECU と通信を行う。

6　変速機

6.1　オートマチックトランスミッション

　図9に一般にオートマチックトランスミッションと呼ばれる有段変速機の構造と制御システムを示す。図は FR 車（後輪駆動車）の例であるが，入力軸にはエンジンが接続され，出力軸は後輪のデファレンシャルギアに接続される。エンジン出力はトルクコンバータ（Hydraulic Torque Converter）を介して遊星歯車（Planetary Gear）に伝えられる。遊星歯車は3軸よりなるギアであるが，二つの遊星歯車の各軸と変速機入出力軸が複数の油圧クラッチ（Hydraulic Clutch）を介して接続されている。油圧クラッチのいずれかに油圧を印加して締結すると，遊星歯車の伝

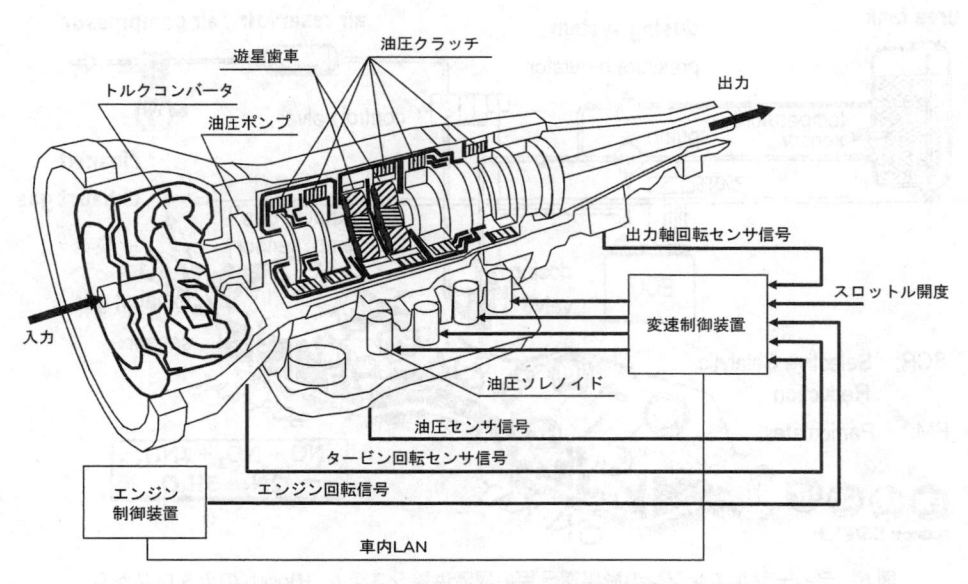

図9　オートマチックトランスミッション（有段変速機）の制御システム

第 1 章　パワートレイン

達経路が切換えられて変速比（Transmission Ratio）が決まる。変速するには現在のクラッチ油圧を低減しつつ次段のクラッチ油圧を増加させる，いわゆるクラッチ掛け替え制御（Clutch to Clutch Control）を行う。このために変速 ECU（変速制御装置）は，各クラッチに設けられた油圧ソレノイド（Hydraulic Solenoid Valve）を制御して，変速ショックが生じないよう滑らかに，かつ素早くギア比を切り換える。

　変速 ECU は各部の回転数や油圧等のセンサ信号を入力し，油圧ソレノイドを駆動して変速比を制御する。変速 ECU の一例を図 10 に，そのシステム構成を図 11 に示す。駆動回路はパワーIC として集積化されている。油圧ソレノイドは作動時に大きい電流が必要であるが，保持するには半分程度の電流でよい。このためソレノイド駆動のパワー IC は，図 12(b) に示すようなパルス幅のゲート信号（Gate Control Signal）を発生して，(c)のような波形の電流を流すようになっている。

　変速 ECU の CPU には数多くのデータテーブル（Data Table）があり，車速とスロットル開

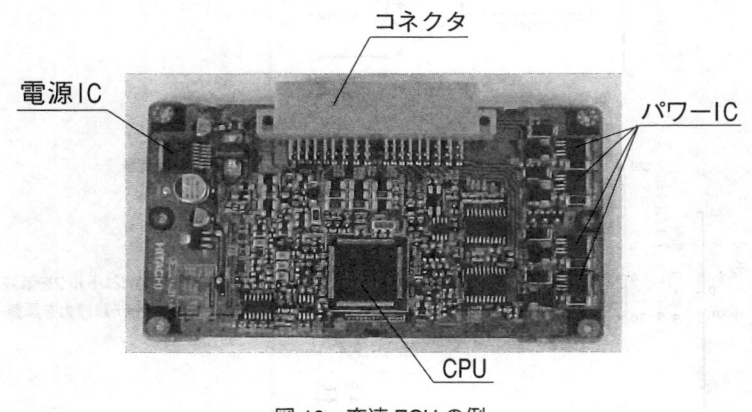

図 10　変速 ECU の例

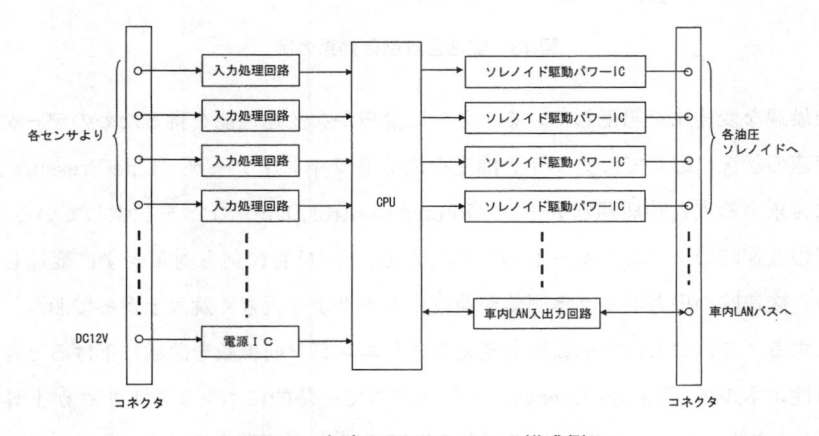

図 11　変速 ECU のシステム構成例

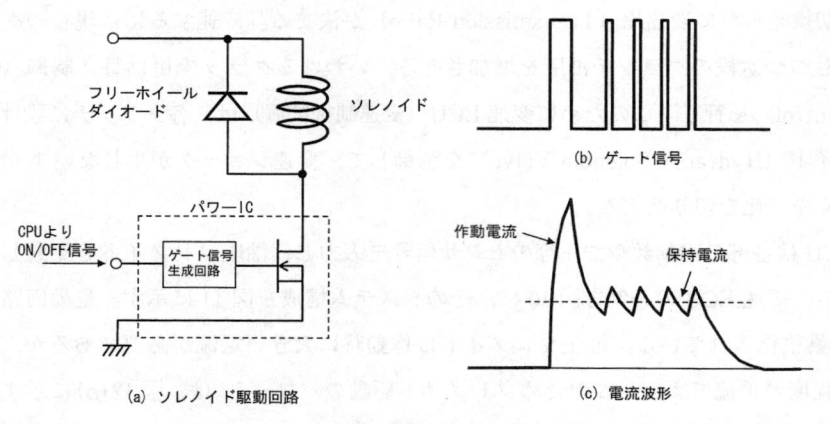

図12　ソレノイド駆動回路および電流波形の例

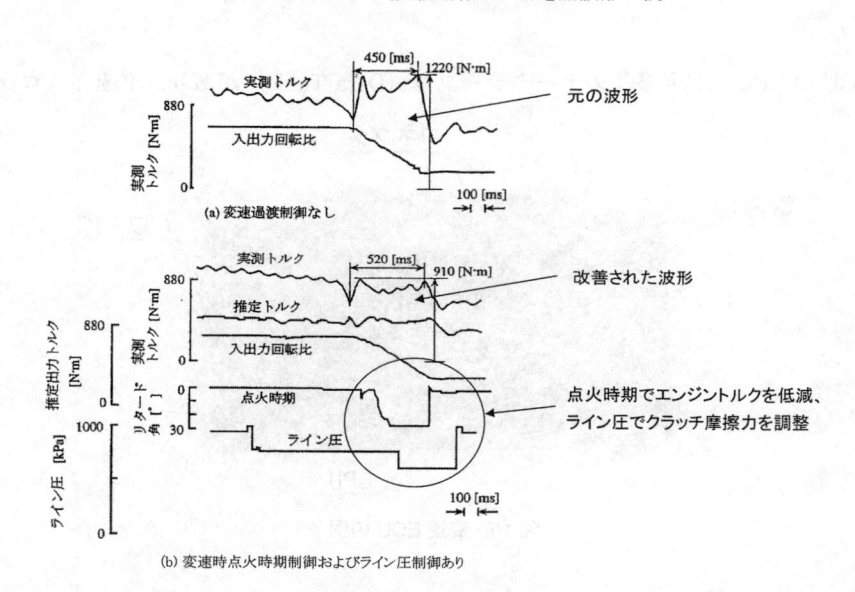

(a) ソレノイド駆動回路
(b) ゲート信号
(c) 電流波形

図13　変速過渡制御効果の例

(a) 変速過渡制御なし
(b) 変速時点火時期制御およびライン圧制御あり

度に応じた最適な変速比を記憶している。さらに滑らかな変速性能を得るためのデータテーブルがあり，変速の状況に応じて，クラッチ油圧を決めるライン圧データ（Line Pressure Data）やエンジンに要求する点火時期遅延データ（Retard Control Data）などを記憶している。図13は有段変速機の変速時のタイムチャートの一例である。(a)は特に何も対策せずに変速した場合の波形である。変速時の出力トルク実測値が前段のトルクより大きく跳ね上がっており，変速ショックが発生する。これは入出力回転比を変えようとエンジン回転数を急激に下げるとき，エンジンの持つ慣性エネルギ（Inertia Energy）が放出されて一時的にエンジントルクが上昇するためである。(b)は変速ショック対策として，変速期間中に点火時期を遅らせて（Retard Control）

エンジントルクを低減すると共に，変速終了時のライン圧を下げて次段クラッチが急激に締結しないように制御したものである．これらのリタード量やライン圧低減量は，変速段ごとにスロットル開度に応じて最適値を決める必要があるので，例えば1→2変速用に，スロットル開度9データ（0.5/8,1/8～8/8）に対応するライン圧と点火時期の最適値を決めるには，数十回の走行実験を繰り返すことになる．全部の変速条件（各段のアップシフト，ダウンシフト，キックダウン等）についてチューニングを行うと数百回の走行実験が必要になり，膨大な工数を注ぎ込んで新型車が開発される．

6.2 無段変速機 CVT（Continuously Variable Transmission）

図14に無段変速機の構成と制御システムを示す．図14はベルト式の例で，将棋の駒に似た鋼製ブロックを並べてスチールベルトで束ねた金属ベルトを，二つの可変溝幅プーリの間に掛けてある．エンジン出力はトルクコンバータおよび前後進切替機構を経てプライマリプーリに伝えられる．プライマリプーリの油圧ピストンの圧力を上げるとプーリ溝幅が狭くなり，金属ベルトはプーリの外側に移動して巻き付け半径が大きくなるのでHigh側に変速する．これに伴い，セカンダリプーリではプーリ溝幅が広がり，金属ベルトが内側に移動するので巻き付け半径が小さくなる．

図14のシステムでは，変速ECUからの変速比指令はステッピングモータ（Stepping Motor）

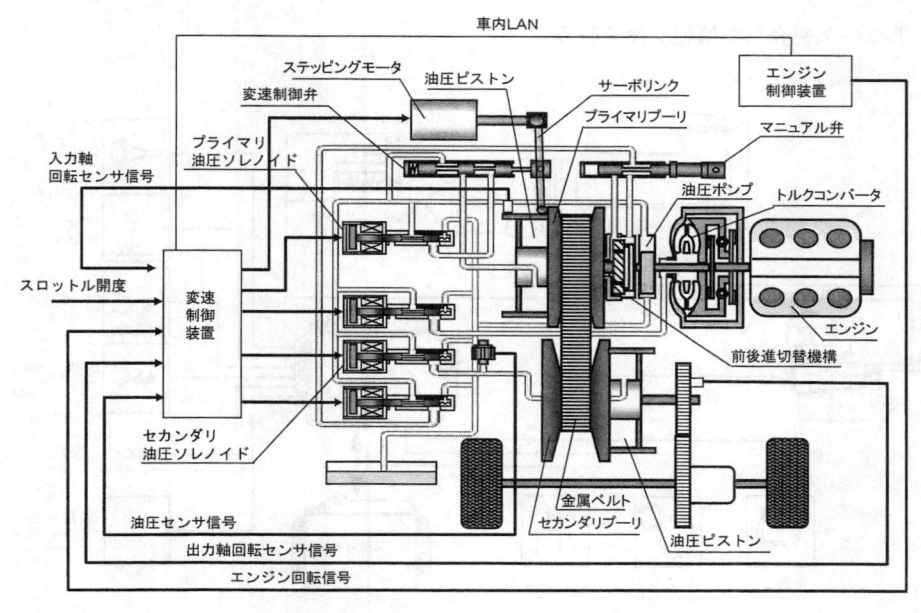

図14 無段変速機（CVT）の制御システム

に与えらる。ステッピングモータによりサーボリンク（Servo Link）の先端が移動すると，変速制御弁（Ratio Control Valve）が開いてプライマリプーリのピストンの圧力を変える。これによりプライマリプーリが指令位置まで移動すると，サーボリンクにより変速制御弁が閉じるという，メカニカルなフィードバックサーボ系（Feedback Servo Control System）が構成されている[3]。

一方，変速ECUはセカンダリ油圧ソレノイドを制御して，セカンダリプーリの油圧ピストンにエンジントルクに比例した油圧を送り込む。これによってベルトが滑らないように，それでいて摩擦が大きくなり過ぎて発熱しないように，ベルトの押し付け圧を最適に制御する。この油圧ソレノイドは有段変速機のものとは異なり，比例電磁弁（Linear Solenoid）を用いるので，駆動電流も図12(c)のような電流パターンを発生する必要はなく，油圧センサで検出したセカンダリプーリ圧が指令値になるようにフィードバック制御すればよい。

6.3 自動化機械式変速機

乗用車の変速システムに関しては，米国，日本では，オートマチックトランスミッション，欧州では，マニュアルトランスミッションが広く用いられている。最近，図15に示した，自動化機械式変速システムも，欧州で使用され始めた。図15のシステムは，マニュアルトランスミッションのクラッチ，歯車列の切り換えを，油圧シリンダで行うものであるが，小型の車両では，モータで直動するものもある。変速機ECUにプログラム変速レバー，アクセルペダル，エンジン回転速度，車速の情報が入力され，適正な変速比が選択される。変速ECUは，エンジンECUとネットワークを介して情報交換を行う。

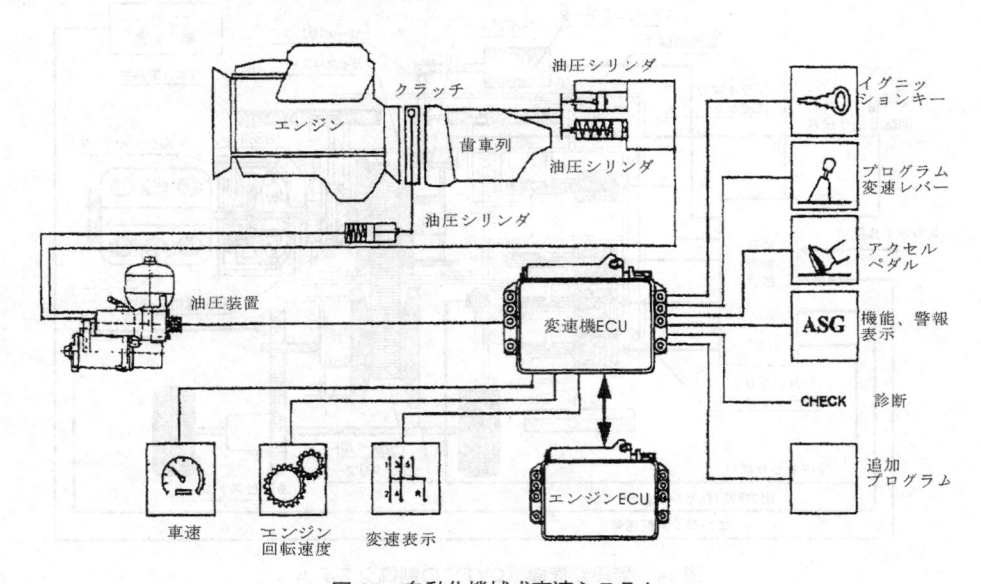

図15 自動化機械式変速システム

第1章　パワートレイン

　このシステムでは，クラッチを切って変速比を変えるのでエンジンの駆動力が車輪に伝達されるのが切り換えの間瞬断される。これを回避するため，図16に示すように，標準クラッチと湿式クラッチの2つのクラッチを設け，一方のクラッチを接続しておいて，他方の開放されているクラッチに接続されている歯車を切換るシステムが古くから提案されている。すでに1980年以前にこのようなシステムが検討されているが，欧州の一部の車に装着されたのは数年前である。

　図17にコントローラの構成[4]を示す。システムは，ドライバインターフェイスモジュール（DIM；Driver Interface Module）サブシステム（Sub-system），シフトサブシステム（Shift Sub-system）から構成されている。電気レバー（Electric Lever）の変速指令信号を，3重モジュール冗長性（TMR；Triple Module Redundancy）で，DIMコントローラ（DIM Controller）に入力する。DIMコントローラは，2重系になっている。コントローラの出力は，時間トリガープロトコル（TTP；Time Triggered Protocol）でTTPネットワークに送出される。この信号を，シフトサブシステムのシフトバイワイヤ（SBW；Shift-by-wire）コントローラ（Controller）で，TTPを介して取得する。SBWコントローラは，変速アクチュエータであるモータ（Motor）を制御する。SBWコントローラ，モータは2重系になっている。モータの位置は，センサ（Sensors）で検出し，TMRでもって，コントローラに入力し，閉ループ制御を行う。SBWコントローラが故障した場合は，SBRコントローラの助けを借りずに，TTPのリモートピンボーティング（RPV；Remote Pin Voting）機能でモータの動作を停止する。

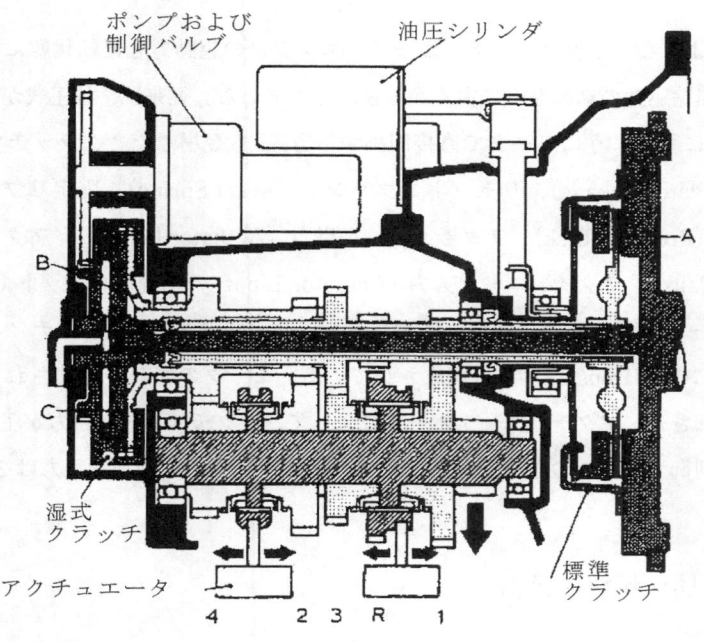

図16　2つのクラッチを有する自動化機械式変速システム

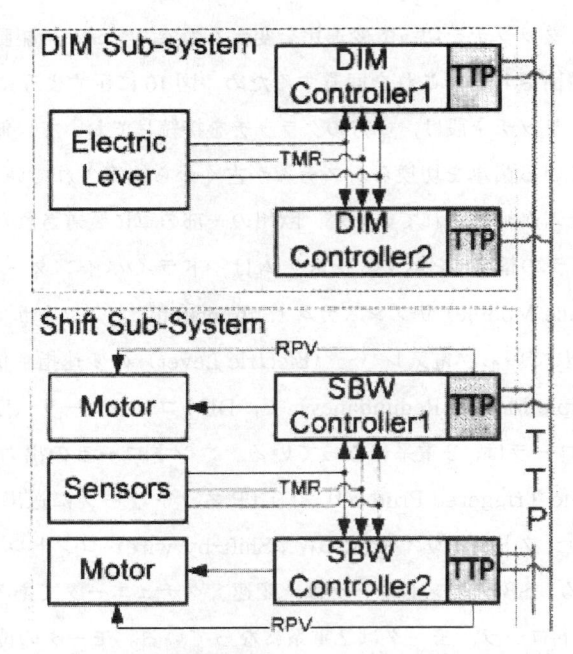

図17 自動化機械式変速システムのコントローラの構成

7 駆動力制御

図18に示すような，多板クラッチによって，エンジンの駆動力を運転状態に応じて制御するシステムは，四輪駆動の車両などに古くから使用されている。従来は，油圧式が主流であったが，最近は，図18に示すようにモータで直接制御する方式[5]も登場した。クラッチプレートパッケージ（Clutch Plate Package），リセットスプリング（Reset Spring），固定リブ（Fixation Rib），圧力ディスク（Pressure Disk），アクチュエータ出力（Actuator Output），アクチュエータボール（Actuator Balls），アクチュエータ入力（Actuator Input），減速歯車セット（Reduction Gear Set），電動モータ＋ブレーキ（Electric Motor＋Brake(Optional)），圧力ディスク（pressure Disk），ハウジング（Housing）から構成されている。モータの回転が減速されて，アクチュエータ入力を回転させ，アクチュエータボールによって，アクチュエータ出力が圧力ディスクを押し，駆動力を制御する。この際のモータのピーク電流は12A，平均消費電力は22Wである。

8 ハイブリッドシステム

エンジンのほかに，モータで駆動力を得るハイブリッドシステムは，古来数多く提案されてい

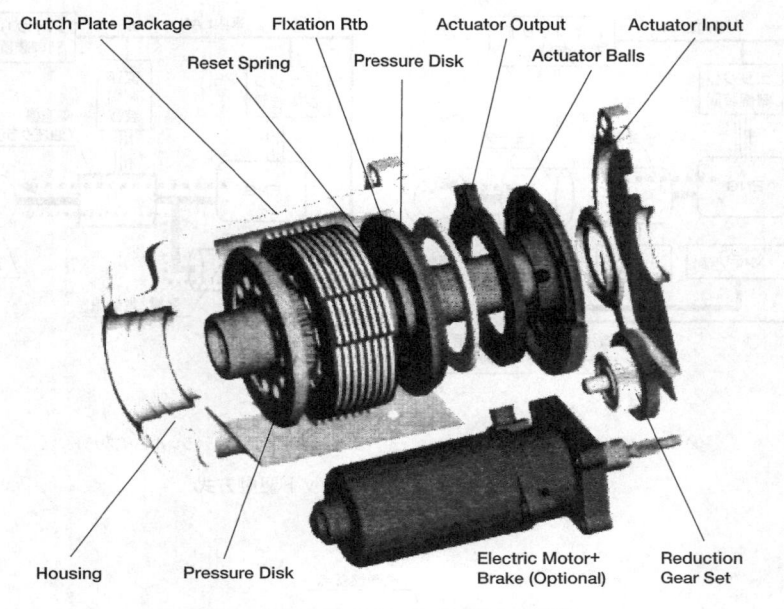

図18　多板クラッチによる駆動力の制御

るが，大きく分けるとシリーズハイブリッド（Series Hybrid System）とパラレルハイブリッド（Parallel Hybrid System）に二分される。

8.1　シリーズハイブリッドシステム

図19(a)に示すシリーズハイブリッドは，エンジン出力を全て電気エネルギに変換し，モータで走行するものである。したがって発電機・モータと各インバータは全てエンジンと同じ容量のものが必要であり，大型大重量で高価なシステムになる。エンジンの動作は車速に関係ないので，図20の（回転数 n1，トルク t1）の点として示される最適燃費点で運転して，最大の効率を引き出すことができる。しかしエンジン出力が何度も変換されて車輪に伝わるので，例えば発電機とモータの効率が91％，インバータの効率が95％，終段ギア効率が95％あるとしても，エンジンから車輪までの伝達効率は，91％×95％×95％×91％×95％＝71％に落ちてしまう。このため最近では乗用車用として検討されることはほとんどなくなった。また車速が変わってもエンジン回転数が変わらないので，音の点で違和感があることも乗用車に使われない理由のひとつである。

鉄道では「ディーゼル電気機関車（Diesel Electric Locomotive）」として実用化されているが，その理由は，大出力エンジンでパラレルハイブリッドを構成しようとしても，自励振動(Self-Excited Vibration)の発生を防ぐためにトルクコンバータまたは流体継手（Fluid Couplings）を必

図19 (a) シリーズハイブリッド　(b) パラレルハイブリッド

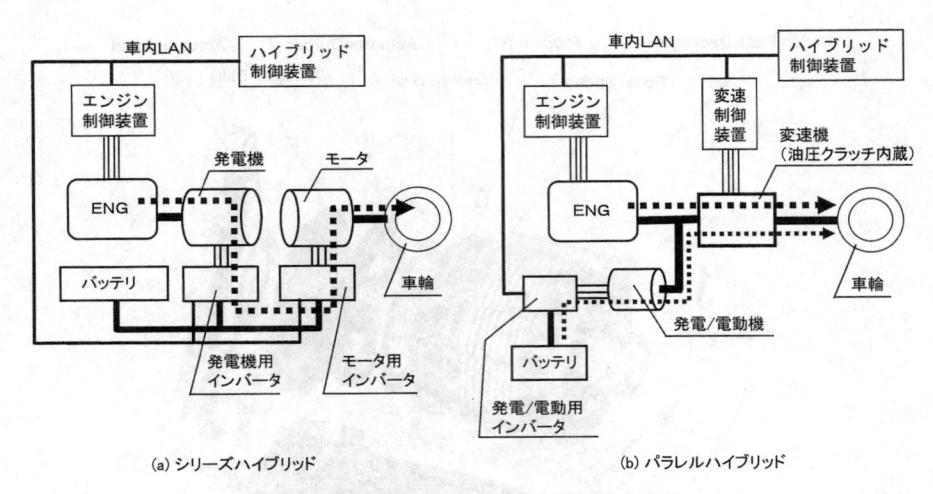

図19　代表的なハイブリッド駆動方式

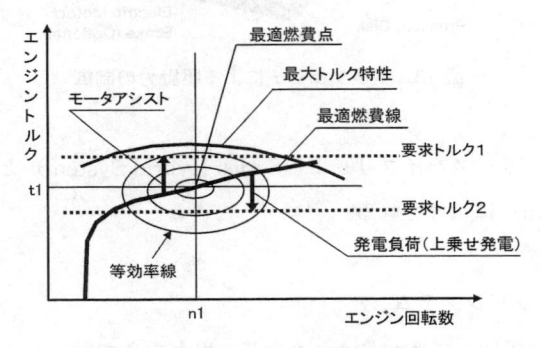

図20　エンジンの最適燃費線運転

要とするので，シリーズハイブリッドより伝達効率が低くなってしまうからである。

しかしシリーズハイブリッドはモータが車輪に直接結合されているので回生効率が良い。終段ギア効率95%，発電効率91%，インバータ効率95%，バッテリ効率92%を含めた回生効率は，95%×91%×95%×92%＝76%が得られる。

8.2　パラレルハイブリッドシステム

図19(b)に示すパラレルハイブリッドは，一般的なオートマチックトランスミッションの入力軸にモータを結合した例である。出力軸にモータを結合する方法もあるが，モータ回転数が全車速範囲をカバーする必要があるので，乗用車用にはあまり用いられない。変速機入力軸に結合すると，入力軸回転数がエンジンの許容回転範囲に収まるように変速するので，モータにとっても回転数仕様がワイドレンジにならず設計が楽になる。

第1章　パワートレイン

　パラレルハイブリッドではエンジン出力は変速機を通って車輪に直接伝達され，モータはアシスト駆動力や回生制動力を並列に印加するだけであるので，モータ容量をエンジン容量と等しくする必要はなく，エンジン容量の半分以下に設計されることが多い。モータが小さい分インバータもバッテリも小容量になるので，全体に軽量で安価なシステムとなり，乗用車に適している。乗用車のエンジンは定格回転数が高くて脈動も小さく，フライホイールとダンパにより自励振動の発生を充分抑制できるので，トルクコンバータを用いる必要はなく，エンジンから車輪までの伝達効率は，変速機ギア効率95％，終段ギア効率95％としても総合効率は90％以上になり，大きな燃費改善効果が得られる。ただし，回生時の伝達効率はシリーズハイブリッドより低い。終段ギア95％，変速機ギア95％，発電効率91％，インバータ効率95％，バッテリ効率92％とすると，回生効率は95％×95％×91％×95％×92％＝72％となる。

8.3　省エネルギ制御

　有段変速機の場合，エンジン回転数は車速とギア比で決まるので，常に図20に示す最適燃費点（回転数$n1$，トルク$t1$）でエンジンを運転することはできない。無段変速機の場合には原理的には車速が変わっても最適燃費点で運転できる筈であるが，変速比の範囲が限定されているので，実際には実現できない。しかし，有段変速機でも無段変速機でも最適燃費線上で運転することはできる。エンジン回転数は車速と変速比で決まってしまうが，エンジントルクを最適燃費線上に調整することはできる。すなわち図20に示すように，変速機への要求入力トルクが最適燃費線より高い場合はモータでアシストし，要求入力トルクが最適燃費線より低い場合は発電負荷を掛ける（上乗せ発電と呼ぶ）ことで，エンジントルクは最適燃費線上に保ったまま要求入力ト

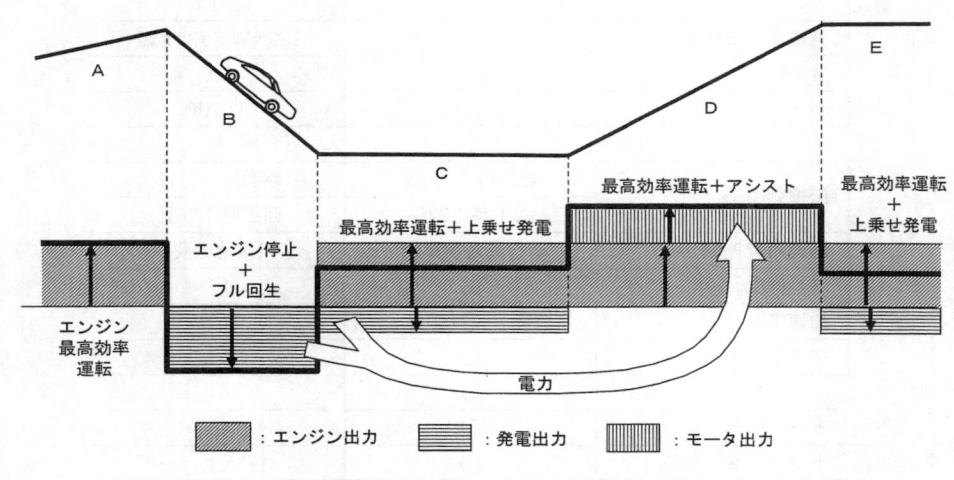

図21　回生とアシストによる省エネルギ運転

ルクを満足させる運転が可能である。

　例えば図21に示す道路を走行する場合，区間Cのような要求トルクが低い平坦路で上乗せ発電して電力を蓄え，その電力を使って区間Dのような要求トルクが高い登坂路をモータでアシストすれば，エンジンとしては全行程を燃費最適で運転したことになる。また，区間Bのような下り坂で回生制動を使えば，ブレーキで発熱させていたエネルギを回収してさらに燃費を向上することができるが，このときエンジンブレーキを併用する方式と，エンジンを切り離して全運動エネルギを回生するフル回生方式がある。フル回生方式ではエンジンと変速機の間にクラッチが必要である。

　両ハイブリッド方式の特徴を表1にまとめて比較した。コストが低くて燃費改善効果が大きいパラレルハイブリッド方式が，乗用車には適していることがわかる。シリーズハイブリッド方式は鉄道車両のほか，大出力エンジンを用いて走行駆動すると共に作業用の電力を必要とし，頻繁に回生を行う大型作業車，例えば大型クレーン車や港湾コンテナ作業車などに適している。

　この表のパラレルハイブリッドシステムにおけるアシスト効果を図22に示す。130 kWのエンジンのみで走行する場合の駆動力を太い実線で，50 kWモータによるアシスト駆動力を細い実線で，総合駆動力を太い破線で示す。最高出力時のモータトルクは原理的には回転数に反比例するので，ギア比を変えてもモータによる駆動力は変わらず一本の双曲線で表される。各変速段において1.5倍程度のアシスト効果が得られるが，低速段でモータ回転数の低い部分を使うのでアシスト効果が大きく，トルクコンバータを使った場合と比べても遜色ない駆動力特性が得られる。

表1　ハイブリッド駆動方式の特徴比較

		パラレルハイブリッド	シリーズハイブリッド
	エンジン	130 kW	130 kW
	発電機／モータ	50 kW　1台	130 kW + 130 kW
	変速機	4速	—
	バッテリ	5.5 Ah	11 Ah
コスト		小	大
伝達効率		駆動時：90%	駆動時：71%
		回生時：72%	回生時：76%
	最適燃費運転	△（最適燃費線）	○（最適燃費点）
	フル回生	○	○
	加速アシスト	○	○
	アイドルストップ	○	○
燃費		◎	○
	モータ走行	○	○
	トラクション制御	○	○
	最適応用例	乗用車	産業車両

第1章　パワートレイン

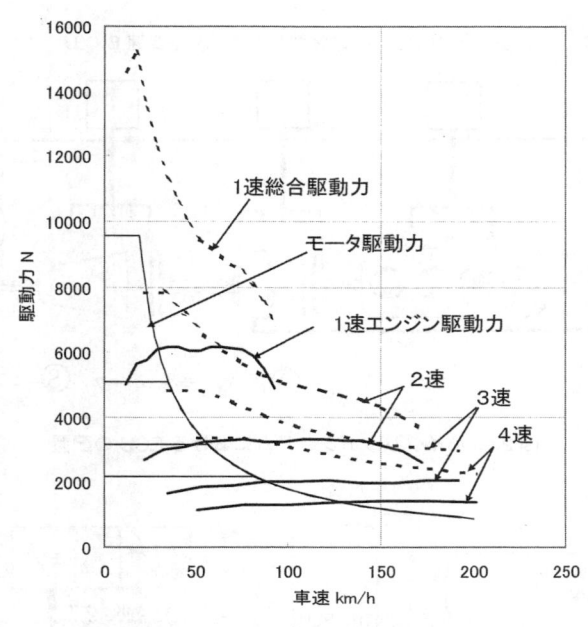

図22　パラレルハイブリッドのアシスト効果

8.4　コントロールシステム

　ハイブリッドシステムにおいてCPUが制御する対象は，エンジン，インバータ，変速機，ブレーキなど多岐に渡るが，それぞれが制御装置（ECU）を持っており，各ECU間をCANなどの通信回線で結んで信号をやり取りする方法が用いられる．インバータについては大掛かりな電子制御装置であり，章を改めて述べるのでここでは説明を省略する．

　図23の場合は，バッテリECU，電気機械（モータと発電機）ECU，変速ECU，ブレーキECUのそれぞれに，センサ，アクチュエータが接続され，バス（Bus）を介して，それぞれのECUは，情報交換を行い，協調制御を行う．

　図24では，バッテリECUをエンジンCPU，ハイブリッドCPUを有するTHS（トヨタの商品名）-ECUに集約してコスト低減を図っている．バッテリには，バッテリ冷却ファンが付加されている．インバータボックスには，モータCPU，昇圧コンバータ，インバータが組み込まれており，フロントモータ，リアモータ，発電機を制御する．ブレーキアクチュエータは，ブレーキ制御ECUによって制御される．シフトポジション，アクセル開度，バッテリ電圧，バッテリ電流，バッテリ温度，エンジン状態の情報は，THS-ECUに入力される．車輪速センサ，ブレーキペダルストロークの情報は，ブレーキ制御ECUに入力される．THS-ECUとブレーキ制御ECUは，ネットワークを介して，ブレーキ要求トルク，実力ブレーキトルクの情報を交換する．通信

図23 ハイブリッドシステムにおける ECU の配置

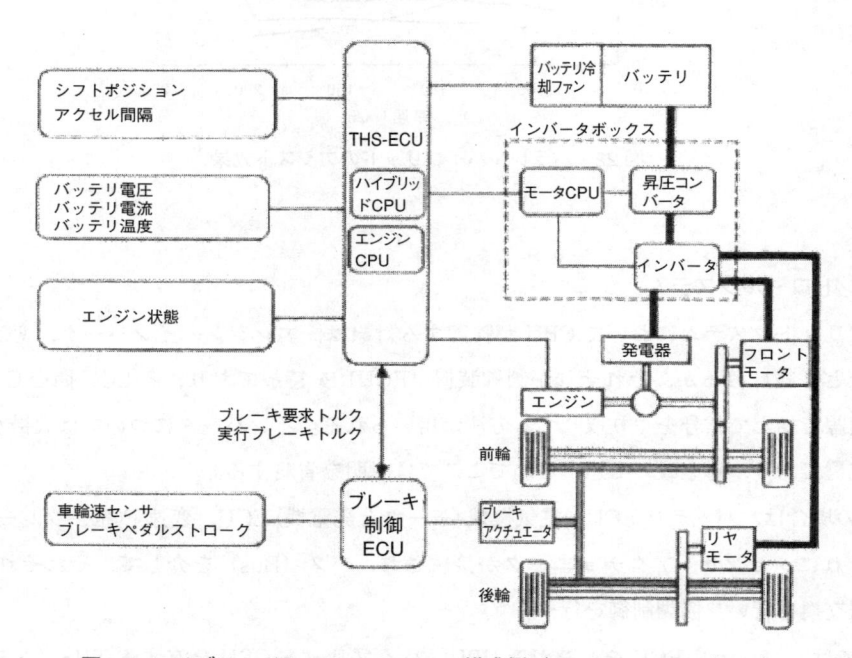

図24 ハイブリッドシステムの ECU の構成例（トヨタのカタログから）

は，CAN バス，シリアル通信ライン（Serial Communication Line）を介して行われる。その他，ネットワークには，オンボード診断Ⅱ（OBD-Ⅱ；Onboard Diagnosis Ⅱ）の信号を取り出す規格である，データリンクコネクタ3（Data Link Connector 3）が配置されている。

　図25は，ハイブリッドシステムにおける，変速機主体のモジュールである。変速コントロールユニット（TCU；Transmission Control Unit），モータコントロールユニット（MCU；Motor Control Unit），ジェネレータコントロールユニット（GCU）が，変速コントロールモジュール

第1章　パワートレイン

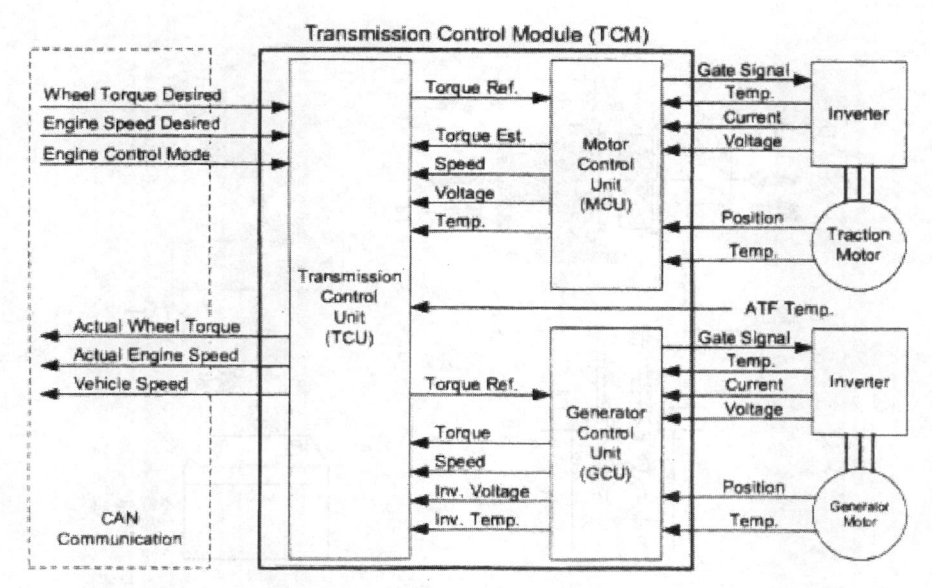

図25　ハイブリッドシステムのECUの構成例（アイシン精機のカタログから）

（TCM；Transmission Control Module）としてモジュール化されている．別置のエンジンECUとの通信はCAN（CAN Communication）で行う．車輪トルク要求（Wheel Torque Desired），エンジン速度要求（Engine Speed Desired），エンジン制御モード（Engine Control Mode）をエンジンECUから取得する．実際の車輪トルク（Actual Wheel Torque），実際のエンジンの速度（Actual Engine Speed），車速（Vehicle Speed）をエンジンECUの方に返す．

　TCM内では，トルク参照値（Torque Ref.），トルク推定値（Torque Est.），速度（Speed），電圧（Voltage），温度（Temp.），インバータ電圧（Inv. Voltage），インバータ温度（Inv. Temp.）の情報がやり取りされる．また，外部から，オートマチックトランスミッション液体温度（ATF；Automatic Transmission Fluid Temperature）の情報が入力される．トラクションモータ（Traction Motor）とインバータ（Inverter），ジェネレータモータ（Generator Motor）とインバータ（Inverter）とは，モータの位置（Position）と温度（Temp.），インバータの温度（Temp.），電流（Current），電圧（Voltage）の情報がTCMに入力される．TCMからは，ゲート信号（Gate Signal）が，インバータに渡される．

9　電動アシストターボ

　自動車の燃費低減に関しては，軽量化が有効である．このため，エンジンの小型化が進められている．パワーの減少を補うため，ターボ過給が採用されているが，エンジン回転速度が低いと

59

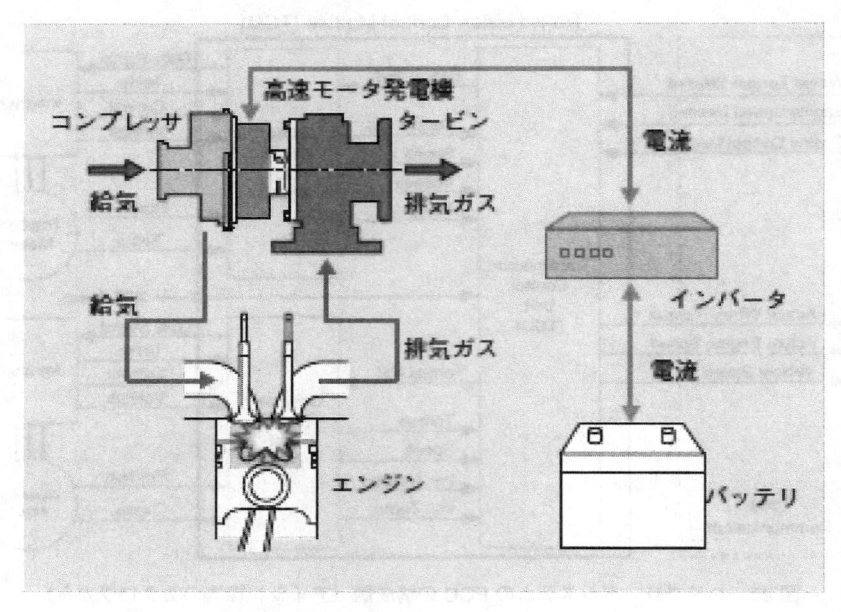

図26 ハイブリッドターボシステム[6]

きの排ガスエネルギーが不足して，加速性向上の隘路になっている．これを解決するため，モータでアシストするシステムが古くから提案されているが，普及するまでに至っていない．

図26のハイブリッドターボシステム[6]は，低速では，高速モータ発電機でコンプレッサの回転を支援し，高速では，タービンの余剰パワーで高速モータ発電機によって発電し，バッテリに電力を戻すものである．タービン，コンプレッサは，10万rpm程度の高速で回転するので，擬似電流型インバータを用いて，永久磁石モータ発電機を駆動している．2Lクラスのディーゼルエンジンでの，電力は2kW程度である．

文　　　献

1) A. Pechlaner, et al., SAE Paper 2001-01-0984, SAE 2001 World Congress（March 5-8, 2001）
2) C. Preuschoff, SAE Paper 2001-01-1220, SAE 2001 World Congress（March 5-8, 2001）
3) 山森隆宏，柴山尚氏，雨宮泉，オートマチック・トランスミッション"構造・作動・制御"，p. 190，山海堂，2005年9月27日
4) S. Kim, et al., AVEC 060074, Proceedings of AVEC '06（August 20-24, 2006），Taipei, Tai-

wan
5) T. Gassmann, *et al.*, SAE Paper 2004-01-0866, 2004 SAE World Congress（March 8-11, 2004）
6) 茨木ほか，三菱重工技報，**43**（3）（2006）

第2章　安全走行支援システムの開発状況

山内照夫*

1　はじめに

　日本の交通事故件数は年々増加しており，2006年は年間110万件を越えた。死傷者数は低減してはいるが，特に幼児，老齢者が関係する事故死が多発している。これに対して，わが国政府は2006年初頭にIT (Information Technology) 新改革戦略計画を発表した。これによると，2013年までに事故件数，死傷者数を大幅削減することを公約している。交通事故は多くの人命を奪い，経済的，環境的にも影響を及ぼし，社会的，文明的疾病であることから早急に低減する必要がある。一方，欧米においても交通事故に関しては日本と同じ傾向にあり，交通事故削減は世界的に急務事項になっている。先進国は，開発途上国が遭遇する利便性の高いモータリゼーション到来に対し，負の課題を踏襲することなく安全でかつ快適な移動を実現できる交通技術を早急に提示し，地球規模で住み良い環境を維持すべき努力を行う義務がある。ここでは，道路と走行する車両が協調することで交通事故削減に絶大なる効果が期待できる「安全走行支援システム」に関して，日本および欧米の安全走行支援技術の開発状況について報告する。

2　日本の状況

2.1　相変わらず発生する交通事故

　図1[1)]は日本の交通事故件数，死傷者数の2002年までの10年間の推移を示す。これによると，死亡者数は年々減少する傾向にあるが，事故件数は増加の一途を辿っている。事故原因を分析してみると，図2[1)]の左側円グラフに示すように，ドライバーの認知遅れ，操作，判断のミスによる事故が大半で，同図の右図に示すように，自動車同士の衝突事故と歩行者を巻き込む事故件数が多くなっている。

2.2　国内車両メーカーが考える対策案

　交通事故低減に関して，車両メーカーは種々の車載安全装置を開発，製品化しており，その成

---

　*　Teruo Yamauchi　技術研究組合　走行支援道路システム開発機構　交流促進部　部長

第2章　安全走行支援システムの開発状況

交通事故死者数・死傷者数・人身事故件数
（日本）

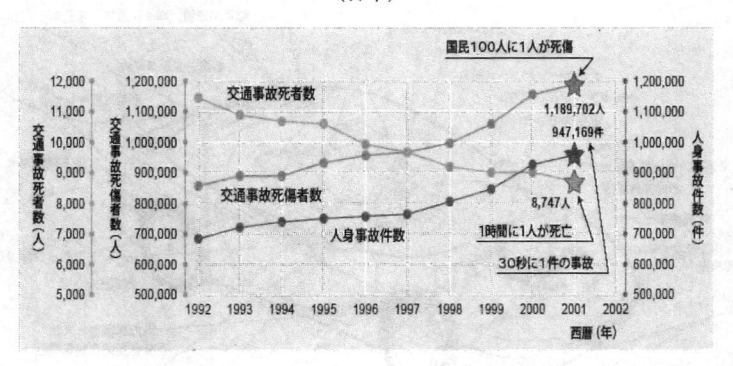

図1　相変わらず発生している交通事故（1）

交通事故分析結果（2005年）

・事故原因
（大半がドライバ側のミス）
認知ミス：54%　操作ミス：30%　判断ミス：16%

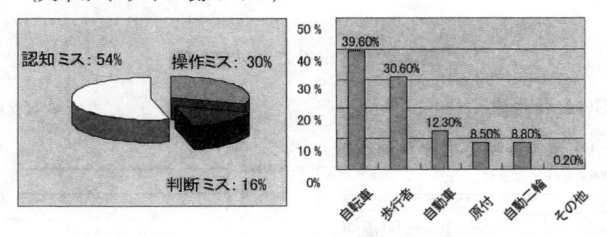

・死亡事故の割合
自転車 39.60%　歩行者 30.60%　自動車 12.30%　原付 8.50%　自動二輪 8.80%　その他 0.20%

図2　相変わらず発生している交通事故（2）

表1　国内自動車メーカーが考える対策案（2）

主な ASV 技術の装着状況調査結果

主な ASV 技術	2000 年	2001 年	2002 年
カーブ警報装置	8,106	10,720	10,335
ブレーキ併用式定速走行装置	3,389	9,619	24,102
車線維持支援装置	—	947	422
ナビ協調シフト制御装置	193	203	192
居眠り警報装置	8,032	10,737	48,334
前後輪連動ブレーキ（2輪車）	15,012	18,465	24,102

果として死者数の減少に多大に貢献している。表1[3)]に製品化している安全対策装置の代表的なものを年次ごとに示した。居眠り防止や操作技術が要求されるカーブ走行時の逸脱防止用の警報システムなどがある。図3[2)]に車載安全機器のイメージ図を示す。

これらのシステムはいずれもドライバの走行支援に関する車両搭載システムである。また，日

自動車用半導体の開発技術と展望

先進安全自動車（ASV）のイメージ

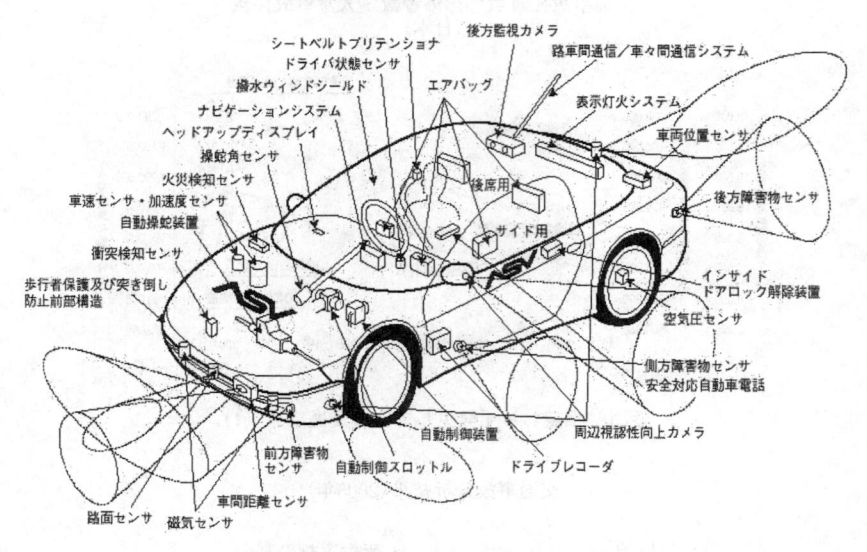

図3　国内自動車メーカーが考える対策案（1）

日本のITS市場について（例）

ETCの出荷台数　　　　　　　　　　　カーナビの出荷台数

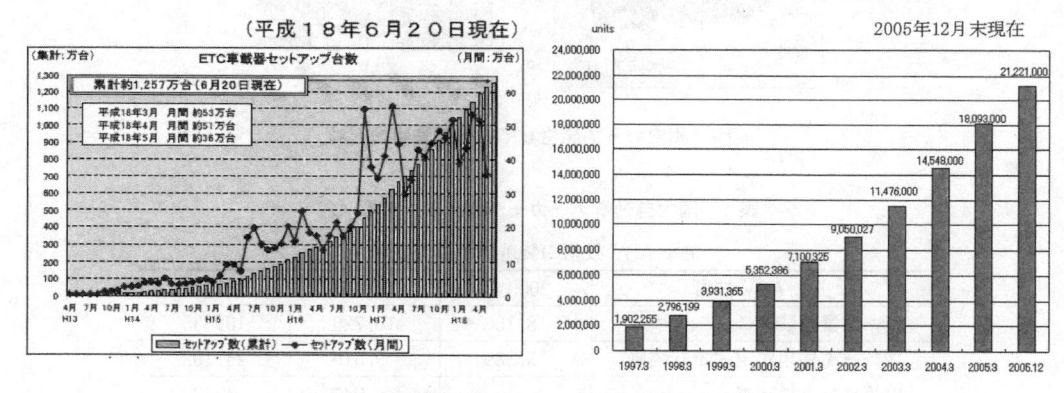

図4　国内自動車メーカーが考える対策案（3）

本においてはITSの普及により車両の改造に加えて，インフラ側の情報提供による安全確保の概念が出てきており，料金徴集の自動化（ETC），VICSナビ，地図情報技術の進展に伴い，道路・車両間の通信，車両の所在報知等の情報により渋滞緩和が実現され，また車載地図に現時点の交通情報を書き加える事で安全地帯への誘導や渋滞緩和策が実現できる新しいナビゲーションシステムが市販されている。図4[3)]に現在のETC（自動料金徴集システム），ナビゲーションシステムの出荷台数を示した。

第2章　安全走行支援システムの開発状況

安全対策を施した車両の普及によって，3割強の事故削減が達成できるデータが示されている。（図5[4]参照）。しかしながら，事故件数の低減は十分ではなく，図6[5]に示すように，車両単独での事故削減には限界があることから，車両側の努力に加えて，路側の支援・協力により一層の事故低減を目指すシステム作りがユーザー側の要請として出ている。

ITS搭載自律型車両の事故回避効果

・死亡事故の37％が削減可能　　　　　　　　　・重傷事故の36％が削減可能

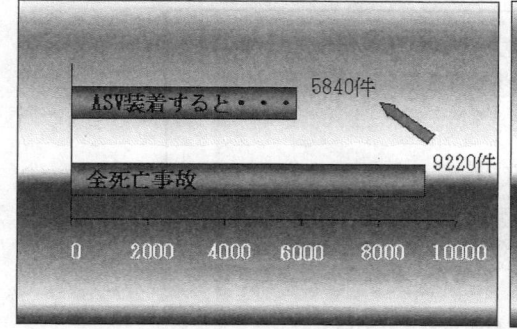

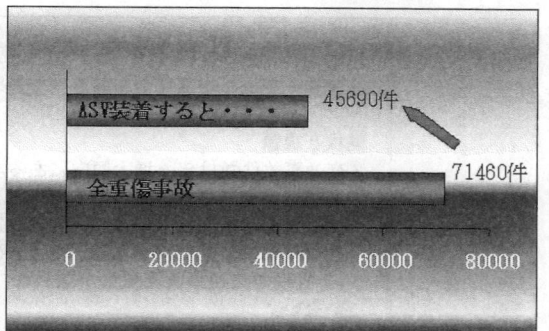

ASV装着すると・・・　5840件　　　　　　　　ASV装着すると・・・　45690件
全死亡事故　9220件　　　　　　　　　　　　　全重傷事故　71460件

死亡事故件数　　　　　　　　　　　　　　　　重傷事故件数

図5　国内自動車メーカーが考える対策案（4）

●自律型車両だけでは事故は減らない　→　インフラ協調の必要性

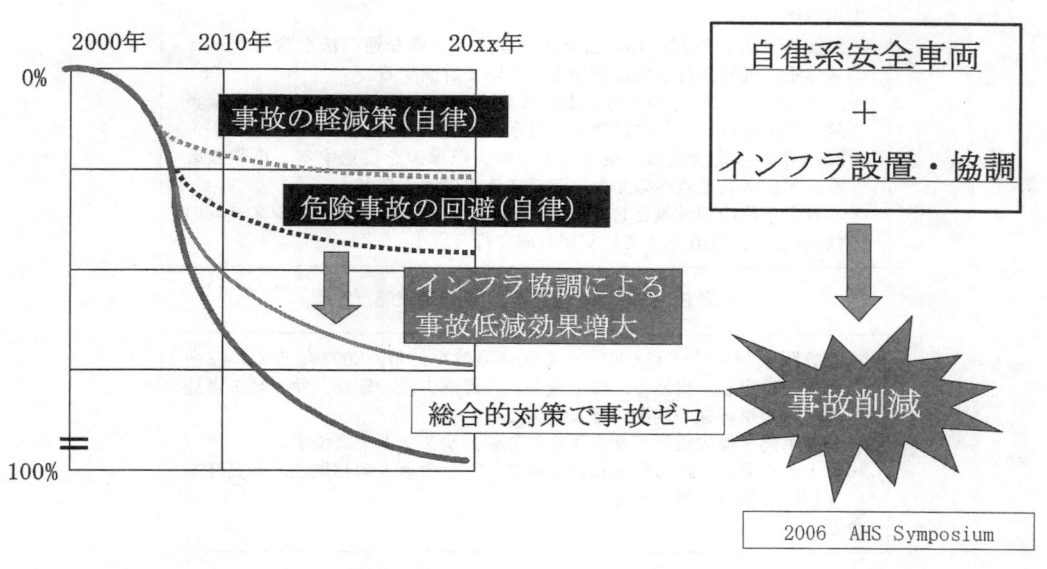

事故の軽減策（自律）
危険事故の回避（自律）
インフラ協調による事故低減効果増大
総合的対策で事故ゼロ

自律系安全車両
＋
インフラ設置・協調
↓
事故削減

2006　AHS Symposium

図6　国内自動車メーカーが考える対策案（5）

2.3 内閣府が発表したIT改革戦略

図7～9はわが国政府・内閣府が示したIT改革戦略の内容である。この特徴は世界一安全な交通社会を作ること，交通事故死者数を2013年までに5000名以下の社会を創るとしている。具体的には，

・インフラ―車両の協調による安全運転支援システムの実用化
・事故発生時の伝達方法のスピーディ化

などが挙げられる。この日本政府の安全政策は欧米のそれとほぼ同じ内容であるが，特徴として

IT改革戦略（2006年1月内閣府発表）

◇世界一安全な交通社会を創る（交通事故死者数5000名以下の社会）

現状と課題
・交通事故件数は年々増大傾向にある。
・高齢者の交通事故遭遇が増えている。
・交通事故の原因はドライバーの認知遅れ，判断ミス，誤操作が多い。
・日本特有の事故形態がある。交差点事故が多発（歩行者巻き込み）。
・IT活用の交通事故低減策が謳われているが，系統だった方策が出ていない。
・関係省庁の連携，官民一体のITS実現が求められている。

図7　内閣府が発表したIT改革戦略（1）

目標：
・インフラ―車両協調による安全運転支援システムの実用化
・事故発生時の伝達方法のスピーディ化

実現方法：
・2006年1月に官民一体の会議体を創設。多様な通信法を含むサービス体系，近将来行う実証実験法について計画する。
・2008年までに特定の公道において安全運転支援システムの大規模実験・デモを行い，その評価まで行う。
・2010年から安全運転支援システムの実際導入を促進する（車載機普及，事故多発地点へのインフラシステムの導入など）
・歩行者事故の削減策として歩行者，道路，車両の相互通信システムの技術開発を2010年までに官民共同で行う。

図8　内閣府が発表したIT改革戦略（2）

・救急医療がスピーディに行える交通環境を作る。2007年までに技術仕様を確定し，自治体，医療機関との連携方法の確立，サービス実施のための車載機の開発，普及を図る。
・緊急車両を優先走行させる優先信号制御システムを構築する。
・以上の提言に対する評価指標を確立し，社会導入の利便性，必要性を客観的に解析，評価する。
など

図9　内閣府が発表したIT改革戦略（3）

第2章 安全走行支援システムの開発状況

は道路，車両双方で得た最新の情報を共有するため，通信を介在させて実時間情報を路車双方で交換，共有するシステム作りが明記されている点である。次に，具体的に欧米の路車協調に関する開発状況について説明する。

3 海外の状況

3.1 欧米の政策的動向
3.1.1 欧米の路車協調取組み経緯と予算額の推移

路車間協調に関するプロジェクトの取組みの経緯を図10に示す。日本は1995年から車両メーカーが中心になって，自動運転を目標に路車協調による安全運転に関するコンセプト検討がなされ，継続して研究・開発を実施している。1996年には路車協調のシステムを研究するAHS研究組合（技術研究組合走行支援道路システム開発機構）が発足し，2000年に実証実験，デモの実施，その後に社会実験を企画し，現在，走行支援の仕様作成に続いて検証・評価を行っている。グラフ中，破線で示す取組み内容が路車協調のプログラムに相当する。

これに対して，アメリカではカリフォルニア州立大学UCバークレー校にあるPATH（Partners for Advanced Transit and Highways）という交通研究コンソーシアムが，自動運転に関する研究をアカデミックな立場で進められた。その後，IVI（Intelligent Vehicle Initiative）という，アメリカ政府の政策的戦略プログラムの出現もあって，車車間（自律型）の情報交換が中心

日米欧の路線協調プロジェクト取組み経緯

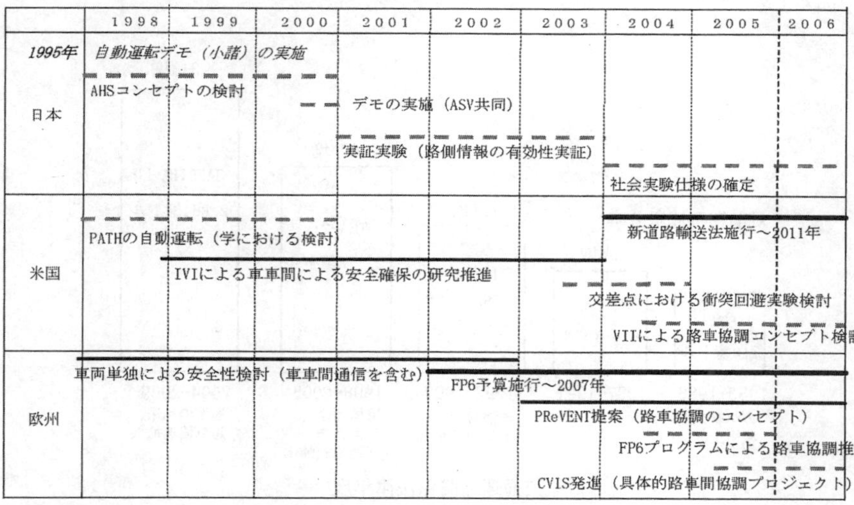

	1998	1999	2000	2001	2002	2003	2004	2005	2006
日本 1995年	自動運転デモ（小諸）の実施								
	AHSコンセプトの検討			デモの実施（ASV共同）					
				実証実験（路側情報の有効性実証）					
							社会実験仕様の確定		
米国	PATHの自動運転（学における検討）						新道路輸送法施行～2011年		
			IVIによる車車間による安全確保の研究推進						
							交差点における衝突回避実験検討		
							VIIによる路車協調コンセプト検討		
欧州	車両単独による安全性検討（車車間通信を含む）				FP6予算施行～2007年				
							PReVENT提案（路車協調のコンセプト）		
							FP6プログラムによる路車協調推進		
							CVIS発進（具体的路車間協調プロジェクト）		

図10 プロジェクトの取組み経緯

となった安全確保の研究が推進された。交差点における衝突回避方法の開発については日本がリードしてきた路車協調による支援が必須であることに気づき，2003年から協調システムが国際会議等でも取り上げられる様になり，具体的には新道路輸送法施行の時期（グラフの太い黒線で示した）に合わせて，提言されたVII（Vehicle Infrastructure Integration）プロジェクトの中に路車協調のコンセプトがはっきり盛り込まれて研究開発の推進されることとなった。

欧州では長年，車両メーカーが中心になって車単独（自律）によるポジティブな安全装置の開発が先行した。具体的には，FP 6（Framework Program 6）による予算執行期間は2007年までであり，2003年のマドリッドITS世界会議において，PReVENT（予防安全）という総括的なプロジェクト（この期に数多いプロジェクトが統合された）が提案され，その中に，交通情報をドライバー，運転管理者等が授受する通信を含む路車協調のコンセプトが盛り込まれた。実際には2004年にスタートした路車協調による運転支援プロジェクト（ADASE Project）で推進されている。もう一つはCVIS（Cooperative Vehicle Infrastructure System）プロジェクトの発足があり，ここでも協調のためには通信の介在が重要であることが謳われている。CVISプロジェクトについて，詳細は後述する。

交通に関する米国政府の予算額の推移を図11[6]に示した。2005年に成立した新法案SAFETEA法では前TEA 21法に比べて31%増の予算額になる。この増額の特徴は通信を利用した安全と路車協調の拡大のためと推察する。

一方，図12[7]に欧州のITS関連予算額の1984～2013年までの推移を示した。FP 1から始まり，2006年末にはFP 6が終わる。15カ国で形成したEC連合加盟国数が2007年から始まるFP 7のプログラムでは，25カ国に加盟国家が増加する。加盟国の増加に伴い事故件数も増加し，年間4

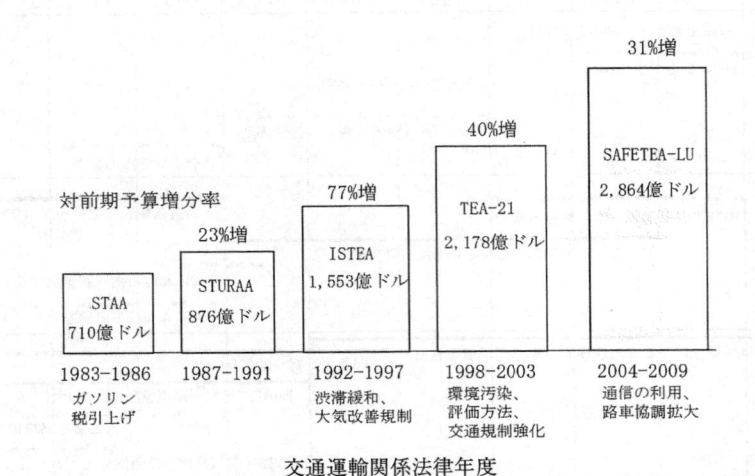

図11 米国（USDOT）交通予算の推移

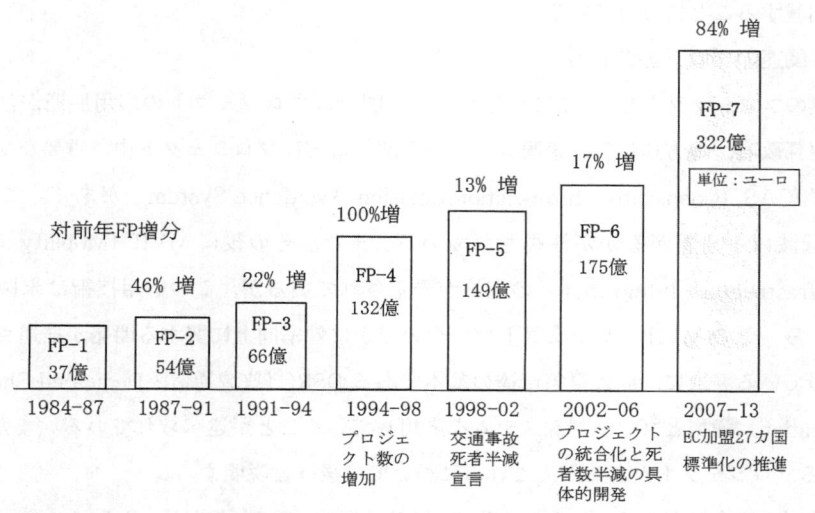

第 2 章　安全走行支援システムの開発状況

```
対前年FP増分
                                                         84% 増
                                                         FP-7
                                                         322億
                                                         単位：ユーロ
                                         17% 増
                                 13% 増   FP-6
                        100%増   FP-5     175億
                        FP-4    149億
               22% 増    132億
       46% 増   FP-3
FP-1   FP-2    66億
37億   54億

1984-87 1987-91 1991-94 1994-98 1998-02 2002-06 2007-13
                        プロジェ  交通事故 プロジェク EC加盟27カ国
                        クト数の  死者半減 トの統合化と 標準化の推進
                        増加     宣言    死者数半減の
                                       具体的開発
```

Framework Program (FP)年度

図 12　欧州（EU）ITS 関連・予算額の推移

万人以上の交通死亡者を如何に低減するかが大きな課題である。予算額の急増の事由として，事故低減死亡者の半減までの公約履行年数が残り 3 年であること，技術の標準化を早期に達成し，交通事故件数が多発する新同盟国の技術援助を合わせて行うことなどを考慮したものと認識されている。

3.1.2　各国政府の交通事故低減の目標

　事故低減に関しては各国とも目標を掲げている（図 13 参照）。日本は 2013 年までに交通事故の死者数を 5,000 人以下にすることが公約された。この背景には官と民が一体となって交通事故削減を推進すべき，本年 2006 年 1 月に車両メーカーが中心となって J-Safety を発足させたことが挙げられる。現在，7,000 人弱の尊い命が交通事項で失われているが，これを低減すべく努力を官民一体で行うことが約束されたわけである。世界の主要各国も，同様に死亡者低減の目標値を掲げている。特に EC は，2010 年までに死者数を半減する目標を掲げており，2 万人以上の死

```
日本：2013 年までに交通死者数を半減する（J-Safety 発足）
豪州：2010 年までに死者数を 40% 低減する
米国：2008 年までに衝突事故を 3 分の 2 に低減する（各局ごとに低減
　　　目標値を提示）
英国：2010 年までに死者数，重傷者を 40% 低減する
欧州：(European Commission, FP 6→FP 7 でも目標値は継承）
　　　2010 年までに死者数を半減する
　　　2010 年までに運転者支援システムを新車の 20% 以上に導入する
```

図 13　各国政府の交通事故低減目標

亡者数を削減することになっている．

3.1.3 ITS 関連のプロジェクト例

ITS 関連のプロジェクトを図14に示したが，米国ではプロジェクトの応用展開が注目を集めている．連邦政府，地方運輸省，車両メーカーが関わるVIIプロジェクト中，重要なプロジェクトであるCICAS（Cooperative Intersection Collision Avoidance System）がある．この開発進展が事故低減にどう繋がるかが注視されている．また，その後にMVII（Mobility application Vehicle Infrastructure Integration）の実施が予定されているが，この応用技術は米国政府も重要視している．このMVIIプロジェクトは安全のほかに効率向上に関する開発が推進される点が注目を集めている．次に，危険事象伝達の基本であるDSRC（狭域通信・Dedicated Short Range Communication）通信とプローブシステムを応用していくことが述べられている．また，ACAS，IVASSなるプロジェクトがあるが，これらについては後ほど説明する．

次に，欧州の安全に関するプロジェクト（図15）についてであるが，e-Safetyを筆頭に，PReVENTプロジェクトがある．このPReVENTは予防安全に関するプロジェクトである．この予防安全のほかに予知的・余裕安全としてSAFESPOTとCVISがある．この4つが大きなプロジェクトが欧州の交通安全に関する主たる開発項目であり，重要なプロジェクトになっている．

米国（連邦政府・地方DOT中心）では新法案（SAFETEA-LU）が承認され，多くの安全に関するProjectが推進されている．市場にはまだ出ていない．例として；
1. CICAS（Cooperative Intersection Collision Avoidance System）交差点系事故低減策に関し，路車協調を考える
2. MVII（Mobility application for Vehicle Infrastructure Integration）VIIを用い車両移動に関する効率向上を検討する
3. 危険事象情報の授受の基本であるDSRC通信，Probe Systemの応用
4. ACAS（Automotive Collision Avoidance System）ACC＋FCWの組合せシステムで事故削減を図る（車両メーカ参加）
5. IVBSS（Integrated Vehicle Based Safety System）末尾衝突，道路逸脱，車線変更衝突等の事故低減

図14 安全に関するプロジェクト（米国）

欧州でも多くの安全に関する路車協調のProjectが推進されている．
1. eSAFETY（政策的プロジェクトで，欧州全体を見る）
2. PReVENT（予防安全，事故直前の対策）
3. SAFESPOT（eSAFETYの趣旨に沿ったプロジェクトの統合化に基づき，時間的にPReVENTに比して余裕ある危険事象把握が主）
4. CVIS（Cooperative Vehicle Infrastructure System・路車協調・情報提供による安全対策．SAFESPOTより事前に危険事象検知，情報伝達に関する）

図15 安全に関するプロジェクト（欧州）

第 2 章　安全走行支援システムの開発状況

3.1.4　ITS 関連マーケット

次に図 16 に示すように，ITS 関連の市場は年々増大しており，特に米国，欧州は公的な支援も得て拡張している。今後市場に導入される内容としては，2005 年から 2006 年にかけて，米国で低速度走行時の安全な追従方法等について導入される。日本は車両メーカーが中心になって安全に関する装置（支援）が車載されている。

アジア・太平洋の研究開発の進捗状況は図 17 に示す通り，中国，韓国，シンガポール，オー

```
・　北米での製品化状況（導入のリーダーシップは民間企業が主）
　－　ACC
　－　電子安定制御装置
　－　衝突回避ブレーキ支援装置
　－　車線逸脱警報装置
　－　衝突直前ブレーキ支援装置
今後（2005-2006 年）導入計画されたもの
　－　低速追従装置
　－　見えないスポット域の情報提供

・　欧州（車両メーカ中心に市場に導入，EC，EUCAR がリーダーシップ）
　－　電子安定制御システム
　－　ACC
　－　車線逸脱警報装置
　－　低速度追尾装置
```

図 16　安全に関するマーケット状況（欧米）

```
中　国：
　　国家第 10 回 5 年計画（科学と技術に関する）を推進
　　政府支援によるアカデミックな研究推進の段階
　　　・清華大学：IT 技術とシステム化研究の体制構築中
　　2008 年オリンピック開催・サイバーカー自動運転システムを導入

韓　国：
　　建設交通部を中心に ITS を推進し，交通研究開発院（KOTI）と
　　韓国道路公社（KHC）が協力し実用化し検討を実施中
　　日本とほぼ同等の研究内容を推進中（規模は小さい）

シンガポール：
　　ITS に関する共同研究プログラムを実施中（シンガポール大学，
　　他国の 7 つの大学との共同研究を含む）

オーストラリア：
　　多数の企業・大学の研究成果はあるが研究レベルである。
　　　・　路車協調の自動運転システム（Griffith University）
　　　・　車両速度管理システム（Monash University）
　　　・　鉱山輸送用トラックの自動運転（Komatsu）　　　　　など
```

図 17　アジア・太平洋地区の研究状況

ストラリアの各国はいずれも政府が指導し開発を進めており，民間の団体が入ってきて開発するという感じにはなっていない。政府主導で，技術開発を大学の研究所が中心となって研究がなされている状況である。中国は来年，2008年にオリンピックを北京で開催することになっており，国威を示す機会と捉えて，オリンピックに向けていろいろ新しい交通システムのデモ的な導入を考えているが，まだ市民一般には浸透するには至っていない状況である。

3.2 米国の技術的活動の状況

次に具体的に米国の活動状況について説明する。一番重要なのは行政・執行の原資となる新法律である SAFETEA-LU（Safe, Accountable, Flexible, Efficient Transportation Equity Act：A Legacy for Users）が 2005 年に成立したわけだが，この法律の中で重要な VII の内容に加えて，MVII，通信の状況，及び ACAS/IVBSS 等について説明する。

連邦政府の法案の特徴については図 18 に示した通りである。この法案成立は 2 年半遅れで，2005 年 8 月に大統領承認がなされた経緯がある。その後，連邦政府は ITS 計画を強力に推進・展開するため，9 つの項目を掲げている。第 9 番目に掲げた VII であるが，「VII は路車協調で実施する」ことを決定したことが注目されている。

図 19 に法案の特徴を示す実施例と具体的に研究予算費を提示した。金額・数値が示されたのは 2006 年になってからで，米国もやっとやる気がでてきたという感じである。ITS，しかも路車間通信，車車間通信を含めた情報交換のための費用をかなり意図的に増額しているようである。

もう一つ注目を集めているのが，CVISN（プロジェクト：Commercial Vehicle Information Systems and Networks）の開発についてである。これは公共機関と輸送機関の開発で，いわゆるトラックや大型の輸送機関に対する研究開発費，導入費用を盛り込んだ点に特徴がある。特にトラ

新交通運輸予算法案（SAFETEA-LU）の特徴

2005 年 8 月 10 日，ブッシュ大統領が承認した交通運輸関連の予算法案は下記の 9 つの項目を掲げて ITS 計画を強力に推進・展開することになった。下記の 9 つがある。VII, IVBSS, CICAS 等々すべてこの中に含まれる：
1) 車両ベース統合化安全システム
2) 交差点事故防止路車協調システム
3) 次世代 911（セキュリティ）
4) 全国民のモビリティーサービス
5) 統合化された幹線道路管理システム
6) 全国交通・輸送天候観測システム
7) 緊急時の交通・輸送の運行管理
8) 共通電子貨物証明
9) VII：Vehicle Infrastructure Integration（路車協調）

図 18　米国連邦政府の取組み

第2章　安全走行支援システムの開発状況

> SAFETEA-LU の要点は ITS が自律から路車協調となった点である。
> 具体的な予算の詳細：
> 1) 総予算は 2009 年 9 月末迄の 6 年間で＄286.5 B：約 30 兆円の巨大規模で 30.3％ の記録的増額。ハイウェイは＄241 B：30％ 増額，公共交通は＄52.6 B：46％ の大幅増。それに伴い ITS 予算も実質大幅増額。
> 2) 通信費用を増額し，路車間，交通管理者の情報共有を推進。
> 3) ITS-R&D の予算について
> ・550 M ドル／5 年間総計（Road Weather 20 M＄，I-95 Corridor 35 M＄ など）
> ・100 M＄／4 年間　CVISN の導入費用として計上している
> ☆2007 年 9 月 30 日までに議会に検討結果を報告する義務がある
> ・渋滞の解消策について（研究費は 36 M＄／4 年間）
> ・59 M＄ を新規予算として計上（内 12 M＄ はプロジェクト用）
> 　主内容：New Express Lane Demo Project, HOV Lane
> ・Real Time Information の導入手順
> 　　Part I ……Existing Contract に沿って実施検討（11 大都市）
> 　　Part II ……Create New Program（3 つの都市）

図 19　法案の特徴・実施例

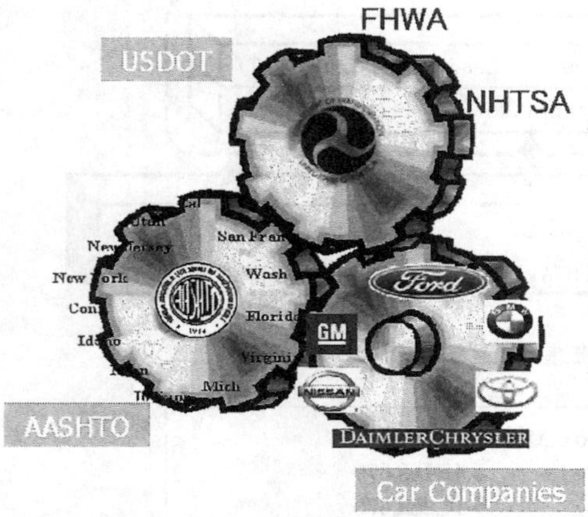

※連邦運輸省（USDOT）
・国家レベルの指導を担う
・技術の統括
・資金提供
※AASHTO（地方 DOT）
・政策のリーダーシップと州レベルの実行内容の提唱
・技術的な参加，実証実験担当
※車両メーカー
・私企業のリーダー，提唱
・技術的参加，実証実験担当

AASHTO：American Association of State Highway and Transportation Officials

図 20　VII プログラムの構成団体

ックなどの物流の情報ネットワークを構築し，安全・利便性の向上のほかに，国家防衛の面から運行の管理（危険物輸送の監視が含まれる）を行うことが意図されている。さらに，渋滞の解消策として予算費用を計上した点が挙げられる。

　図 20[8)] は一昨年から提示されている VII プロジェクトの組織構成を模式化したものである。3 局（連邦，地方政府および車両メーカ）が一体となって VII のプログラムを推進する組織図で，構成団体を示す。それに加えられたのが，図 21[9)] の示す活動のスローガンである。「調和した投

資によって通信インフラの可能性を出す」と書かれ，通信系開発の意気込みが感じられる。

　この組織は今までは3つが横並びになっていたが，VII国家体制という上位の組織をつくり，これに政策部会によるアセスメントを加えて，上位の組織で論じた内容をコンソーシアムの活動に落とし込む方式を考えている。この構図で，米国は国家体制でVIIの取り組み姿勢を構図化しており，総がかりで安全と渋滞緩和に取り組む姿勢がこの図22に示されている。VIIの内容であるが，予算が決まったということと，プログラムの有効期間を5年間とし，人的な投入割合を決めて実行する考えを併せて示している。

　図23[8]は連邦政府が示す，通信の活用法を模式図化したものである。DSRC通信を使って交通に関するデータを共有し，適正に加工して適宜ユーザーに送信し活用されること，また，交通管

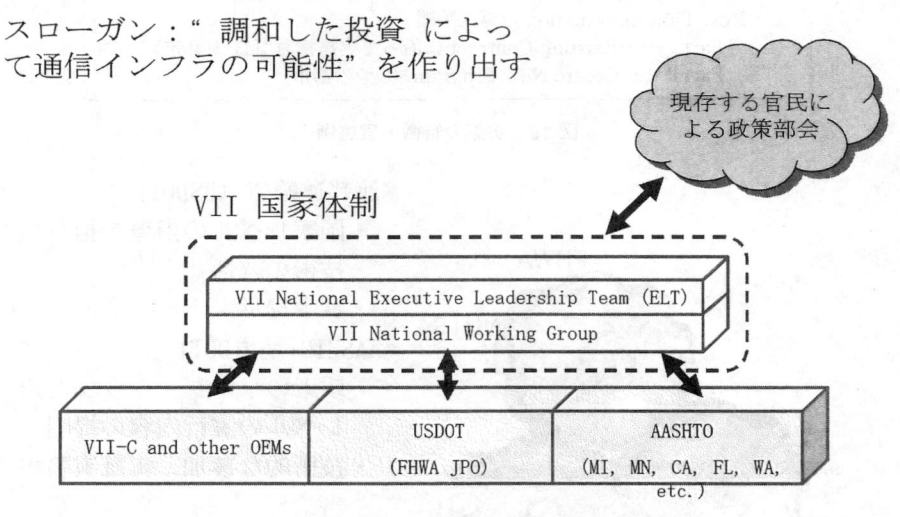

図21　VII推進の相互機能の関係

・活動資金の調達額は56.6 Mドル
  - 連邦政府分担（80%）：　$45,153,879
  - VIICの分担（20%）：　$11,288,470
  - 現在までに調達された額：$300,000

・プログラム推進期間：5年間
  - 2005年12月1日-2010年11月30日
  - プログラムの大部分は2008年末には終了させる

・人的（団体数）投入割合
  - 6　OEMs
  - 1　FHWA JPO
  - 4+　FHWA contractors
  - 22　Industry suppliers

図22　VII協力同意の内容（活動資金等）

第2章　安全走行支援システムの開発状況

理センター等においてもデータに基づく運行管理に利用されるように仕組みが作られている。実際の交通流等のデータ収集により，効率よく交通を管理していくというコンセプトになっている。

VIIにおいては，先述したCICAS（図24[9)]参照）と具体的な交差点事故低減プロジェクトにおいて研究開始が実施される。このCICASは，交差点の事故低減に特化した安全対策として，連邦運輸省の道路局が中心に開発するもので，項目ごとの成果達成時期に合わせてデモ，評価が行われ，導入可否決定の意思が示される。最終的に2009年にプロトタイプデモを実施するプログ

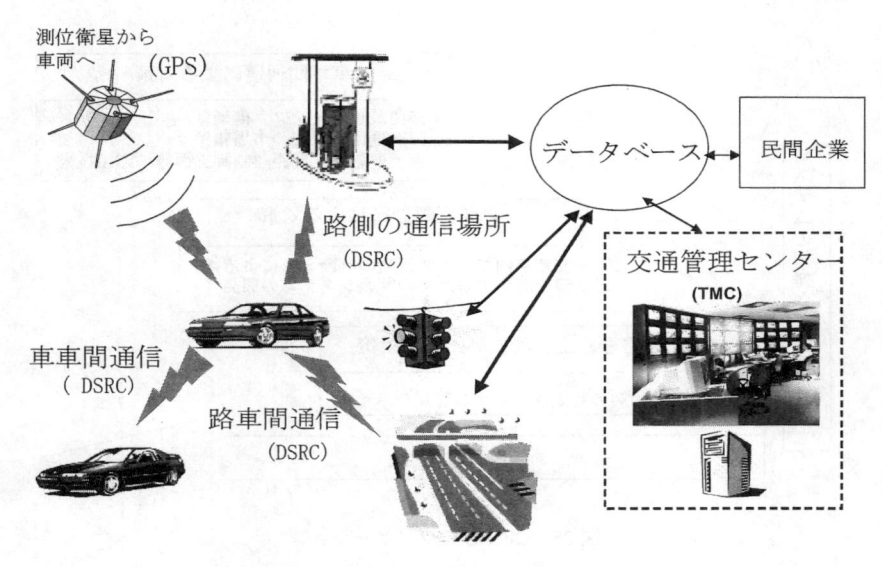

図23　VII通信の概要

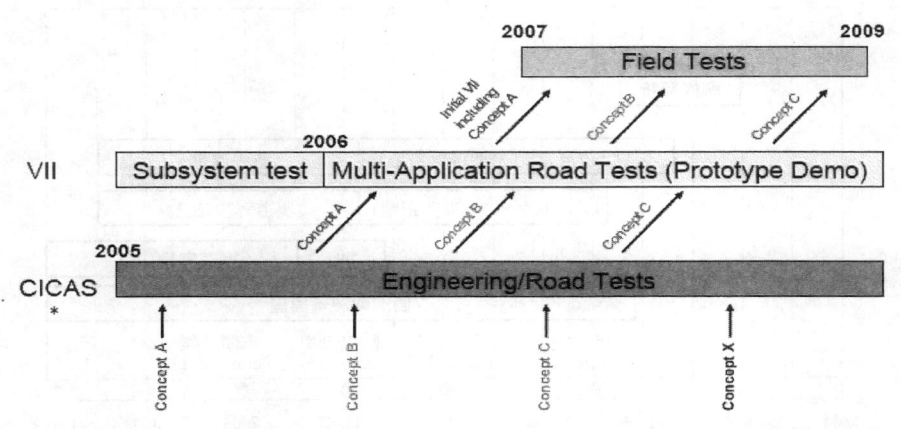

CICAS(Cooperative Intersection Collision Avoidance System)にて検証した内容がVIIの実道路における実験に供される。最終的には2009年にプログラムは終了する予定。

＊：2005年ITS年次総会で紹介されたもの

図24　VIIと交差点衝突事故回避研究の関係

ラムになっている。

　CICASの開発内容は図25[9]の通りである。内容は3つに分かれており，開発時間軸に対して，ギャップ・アシスタンス（車間距離制御支援）。信号機の信号や一次ストップの標識の情報をドライバーに知らせる支援サービス。一時停止を守らない無謀な車両に対して如何にこの違反運転を阻止して事故低減を図るかを考えており，HMIを含めた研究が重要になる。最終の開発では，ビークル・トゥ・ビークル（車車間）の通信を取り上げ，車と車の間の情報交換で事故低減を図

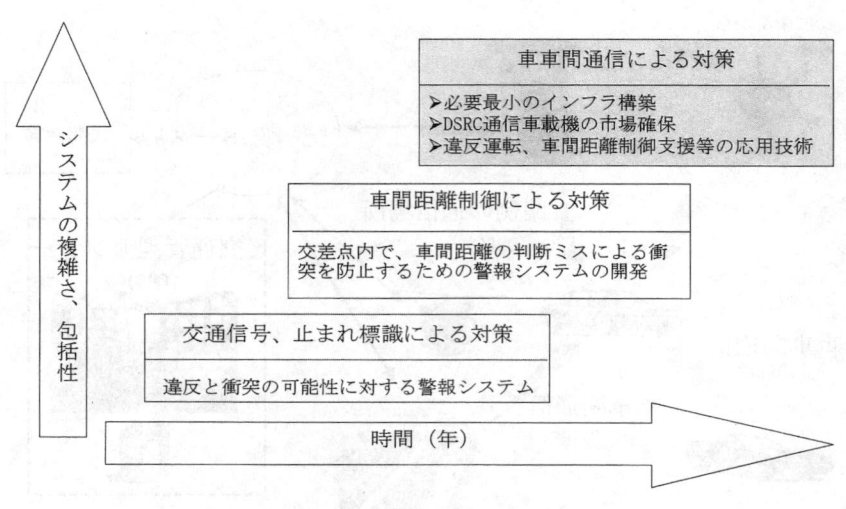

図25　CICASアプリケーション

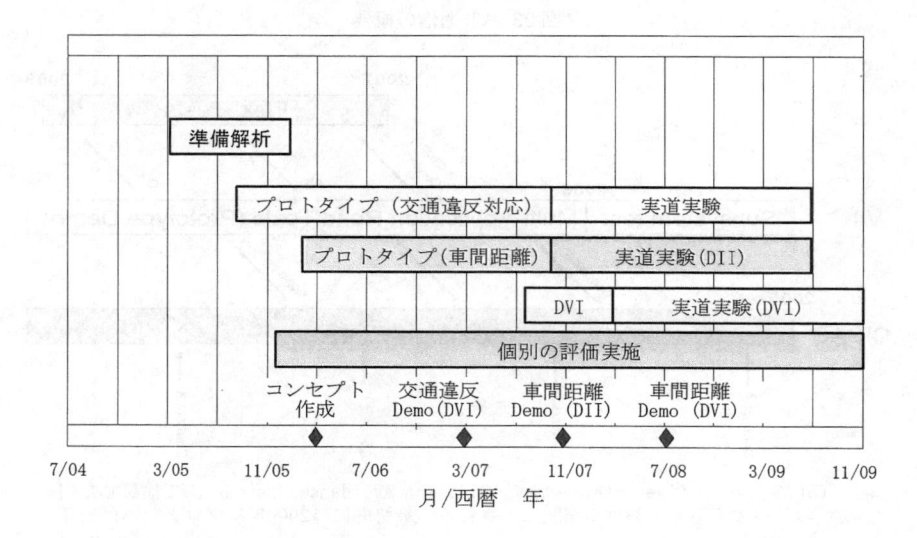

DVI : Driver Vehicle Interface
DII : Driver Infrastructure Interface

図26　CICASロードマップ

第2章 安全走行支援システムの開発状況

る，としている。

図26[9)]はCICASプロジェクトのロードマップである。具体的に，2006年7月から2009年11月までの間，このスケジュールに基づき開発が推進され，プロジェクトの区切れ目（時期）でデモが開催される予定になっている。

次に，MVII（VIIの応用）について述べる。横軸と縦軸（導入のレベル）の関係を模式的に図27[9)]に示した。モビリティの増強と渋滞削減の便益をもたらすために，路側機や車載機をどういうかたちで導入していくかが図式化されている。I，II，IIIの時間軸で分け，リージョンIIにおいて，応用技術がほどほど浸透した時期を示すが，路車協調交差点や交通輸送システムによって安全性やモビリティが強化される機会に相当する。この時期をターゲットにして，FHWA（Federal Highway Administration：道路局）が考えているのがMVIIの導入計画である。この開発の応用項目をもう少し詳しく見ると，図28に示したように，サービス対象を12件にまとめられて，それぞれ開発，導入する計画になっている。図29は通信関係実際の導入計画内容（導入場所，数量など）を示したものである。インフラとして通信機器を何機，何処に導入するかが示されている。当然であるが事故多発な都市部の交差点への導入が多くなっている。

ACAS（Automotive Collision Avoidance System）とIVBSS（Integrated Vehicle Based Safety System）の動向については図30の通りで，ACASはACC（Advanced Cruise Control）と前方衝突警報システムを組み合わせた開発が焦点になる。IVBSSは自律型の安全支援システムで，この安全支援システムを乗用車と重量のトラック関係に導入する考えである。このように，米国

VIIの具体的な開発内容として安全と移動性の応用がある。移動性の増強と渋滞削減の便益をもたらす。下図はVII装備車両、RSU(路側ユニット)の導入の関係で、移動性強化に対する3段階時期に掛けた導入の戦略が示されている。

Region I ：現在可能なVII設営とサービスの到来で、本Initiativesの対象でない
Region II ：VIIがほどほど浸透した状態、路車協調交差点や交通・輸送施設によって安全性、移動性が強化。幾つかのサービスは、少しの導入強化によって漸次実用化
Region III ：VII設営が広がった状態。これは、本RFIの範囲外になる（将来）。

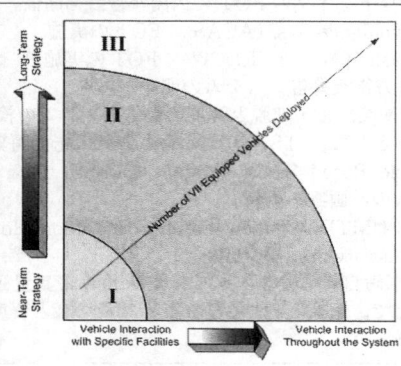

MVII: Mobility Application for VII

図27　MVIIの応用段階的導入の戦略

自動車用半導体の開発技術と展望

```
MVIIのサービスコンセプト
・Assisted Lateral Control
・Longitudinal Control/Cooperative Adaptive Cruise Control
・Community Transit
・Dedicated Truckway or Busway
・Dual Mode Automated Bus
・Full Assistance with Driver Vigilance
・Gap Creation for Merging
・Individualized Traffic Flow Encouragement
・Intelligent Speed Advisory and Control
・Intersection Reservation
・VII-Enhanced Work Zone Operation
・Trucking Capacity Management and Dynamic Routing
```

図28　12件のサービスコンセプト（MVII）

```
路側機の実配備計画は下記の通り。
1) 短期に導入する計画（2011年までに）
    ＊都　市：6万～10万基（事故数上位50の都市圏）
           50％の信号交差点への設置
    ＊全フリーウェィのインターチェンジへの設置
    ＊地　方：1.8万～2.3万基
           50州全部ではないが州ごとで対応
           全てのインタースティの交差点への設置
           全ての国家ハイウェイの交差点への設置
    ＊特別な地域（事故多発）への導入：2500基

2) 長期に導入する計画：20万～25万基
```

図29　通信設備の具体的導入計画

```
ACAS/IVBSSプロジェクトフィールドテスト実施：2006年2月22日
・4月20-21日，乗用車プロトタイプのFOTの公開報告会を開催。
・Automotive Collision Avoidance Sys.（ACAS）：FOTの実施
・Roadway Departure Crash Warning（RDCW）：FOTの実施
・ACAS FOT：ACCと前方衝突警告システムの開発が焦点
・RDCW FOT：路外逸脱衝突防止・逸脱と速度の警告システムの検証
・上記の継続プロジェクトとして，ITSの9つの重点方針の先行開発と
  して，Integrated Vehicle Based Safety System（IVBSS）Program
  の衝突防止警告システムの計画案を更新。
・IVBSSの開発メンバー：UMTRI, Visteon, Eaton Corporation, Honda
  America, Kenworth, Assistware, Battelle。
・IVBSSの主な目標は，車両自律の安全システムを乗用車と重量運送
  トラックに導入することで，追突とレーンチェンジ事故の数と程度を
  減少せしめるものである。
```

図30　ACAS/IVBSS（自律制御）の動向

第2章 安全走行支援システムの開発状況

政府の方針では車単体の安全施策もVIIとして取り上げていくことになっており，これは車両メーカーへの配慮かと思われる．

3.3 欧州の技術的活動の状況

欧州は前述のとおり，第7のフレームワーク・プログラム（FP 7）が中心になるので，この内容について図31で説明する．特徴はFP 6の内容を継承して実施することである．また，プロジェクトの統括化をはかり開発効率を高めること，予知安全（これは余裕ある安全と言っているが），SAFESPOTとCVISプロジェクトを立ち上げて，より一層の事故低減に寄与すること，などが言われている．また予算額の大幅アップが予想されており，FP 7では322億ユーロの予算が投下される．また，安全関係のプロジェクトでは，PReVENT，CVIS，SAFESPOTの各プロジェクトは互いに連携しながら，通信を介して路車協調の安全支援サービスが行われることが決まっている．ロードマップは図32[7]に示した通りである．今日現在はこのFP 6が終わったところで，昨年末にはFP 6が終わり，本年，2007年から新たにFP 7がスタートしている．

図33には欧州の代表的な政策的プロジェクトであるe-Safetyと関連するプロジェクトの概要が示されている．図34にはeSafetyの活動内容の主旨が示されている．具体的な取組みの中では，単に技術的な解決のみならず，政策的な内容である社会受容，責任問題まで言及されており，今後の導入に関するビジネス規模等についても論じている点，民間企業の参入のしやすい環境作りを考慮している．

図35[10]は具体的な技術プロジェクトの取り扱う位置付け（時間軸）をグラフ化したものである．先に述べたCVIS，SAFESPOTの時間的な関係について示す．著者らAHS研究組合が研究

- Ptocnik委員のメッセージ：「FP 7はEC進展するための思慮と知識の中枢とならん」
- 2007年-2013年の間のFP 7の予算・活動内容の公表．
- FP 6に継続し，プロジェクトの統合化を目指し，開発効率を高める．
- 注視すべき技術として下記の項目が挙げられる
  - 保護安全（事故の最中・事後）から予防，予知安全に移行
  - 予防安全（事故の直前）PReVENT（11のサブプロジェクトあり）
  - 予知安全（余裕ある安全）SAFESPOT，CVISプロジェクトの立ち上げ
  - HMI（Human Machine Interface）
  - アーキテクチャー
  - 事故発生，発生因子の解明
  - 救援サービス Rescue & Services
- 予算：大幅アップ予定．FP 6：175億ユーロ，FP 7：322億ユーロ
  予算には民間の投入資金が半分程度入る
- 安全関係(路車協調)のプロジェクト：PReVENT, CVIS, SAFESPOT など

図31 第7 Framework Programの概要

自動車用半導体の開発技術と展望

Source: European Commission

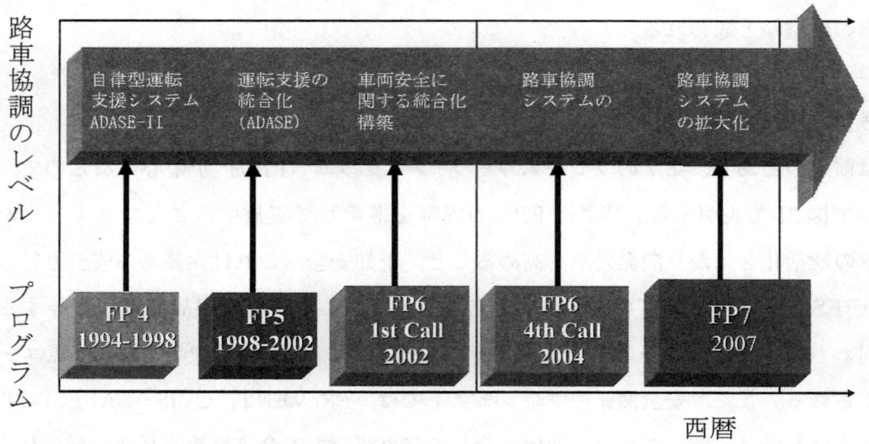

縦軸:路車協調のレベル / プログラム
横軸:西暦

矢印(左から右):
- 自律型運転支援システム ADASE-II
- 運転支援の統合化 (ADASE)
- 車両安全に関する統合化構築
- 路車協調システムの
- 路車協調システムの拡大化

ブロック(左から右):
- FP 4　1994-1998
- FP5　1998-2002
- FP6 1st Call 2002
- FP6 4th Call 2004
- FP7 2007

● 2004年になって自律から路車協調に転換されたことが判る。

図32　路車協調システム開発のロードマップ

・EC 推進の第 6 フレームワークプログラム→FP 7 へ継続された。
主なる内容は；
　- eSafety（EC のプロモートプロジェクト）総合政策を担う
　- PReVENT（Active Safety, Prevention）技術的統括プロジェクトで安全が主眼
　- CVIS（Cooperative Vehicle-Infra. System）路車協調が中心
　- SAFESPOT（事前情報提供による事故削減，事故回避プロジェクト）

など。
いずれも路車間，車車間通信による情報交換が必須事項になっていることが特徴。

図33　欧州・EC 主導のプログラム内容（抜粋）

・EC のゴール：
　- 2010 年までに路上死者数を 50% に低減する
・eSafety Groups の構成：
　- 政府と車両メーカーの代表者の協調関係の維持
　　経営者レベル（ビジネスチャンスも念頭に入れている）
　　技術者レベル
・道路安全システムプロジェクトの統合化（開発の効率アップ）
・具体的な取組みの内容：
　- 実行できる roadmap 作成（企業/社会/ユーザーの立場考慮）
　- 市場を形成できるシステム作り（社会受容性考慮）
　- V-I システムの協調に関する技術開発の推進
　- 標準化の推進
　- 法律上の問題・課題の解決策検討

図34　eSafety の考え方

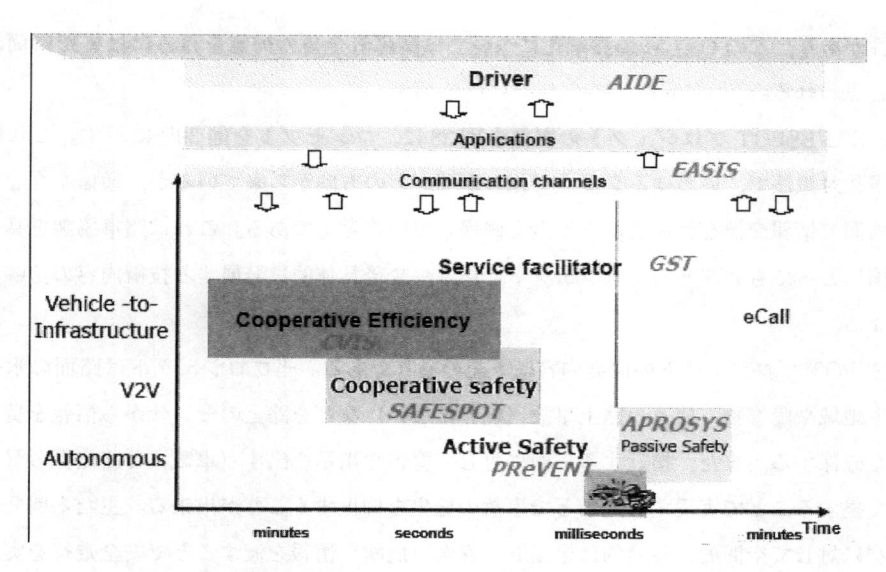

第 2 章 安全走行支援システムの開発状況

図 35 CVIS，SAFESPOT，PReVENT Project の位置づけ

```
開発主体：ERTICO 主催，EC（DG Infso）の出資によるプロジェクト
予算額：45 M ユーロ，4 年間（2006 年 2 月スタート）
EC 出資：22 M ユーロ
パートナー：67 団体（12 カ国）
開発目標：
  ・車載，路側機の開発（通信・位置，ネットワーク）
  ・連続的な通信が可能（車車，路車）であること
  ・安全向上，渋滞緩和でユーザにとって魅力的なサービスを創る
  ・関係する全ての分野でビジネスが出来る内容にして，経済効果をあ
    げる
開発内容；
  ・車両からインフラへの短距離，中距離の通信のアーキテクチャとダ
    イナミックネットワークの構築
  ・マルチモーダル通信とネットワーク技術の開発
  ・協調型交通流モニターの応用技術
  ・交通管理と制御に関する応用開発（協調型）
  ・交通に関する情報提供サービス
  ・ビジネスとしての路車協調システムの組織的モデル
```

図 36 CVIS Project の概要

開発しているのは PReVENT に近い技術であるが，ヨーロッパでは SAFESPOT や CVIS のプロジェクトの目標である衝突までの時間がもう少し長い時間間隔，すなわち，余裕をもって衝突を避けるための開発が特徴になっており，より一層の事故低減が達成できると考えられる。わが国の参宮橋社会実験（2005 年首都高で実験開始）などはこの CVIS の考えに似ている。

CVIS Project の概要を図 36 に示す。また，研究開発の具体的内容については図 37 に示した通りである。注目すべきは CALM（通信のアーキテクチャのひとつ）がこの CVIS に取り込まれ

る可能性があり，この CALM の標準化については関係者全員の同意を得るにはまだ時間が掛かるものと思われる。

次に，SAFESPOT プロジェクトの概要を図 38 に，コンセプトを図 39[10]に示す。これは車両中心の事故対策法で，いわゆる交差点で他の車両がどの方向から来ているか，通信を介して，道路—車両間で情報交換を行いながら安全を確保していく考えである。これは路車協調を具体化するわが国にとっても興味あるプロジェクトであり，今後具体的に発展する技術内容の追跡調査が必要となる。

SAFESPOT プロジェクトの開発内容は下記の通りである。当プロジェクトは路面の氷結地域，濃霧発生地域や障害物，前方の路上事故（視界にない）などを路上のセンサから情報を貰い，安全運転を確保する。また，接近する車両に対して警告や指示を出す（車載機と路側機の双方向で情報を交換することで実現する）ことで事故の発生を抑止することが出来る。主たる開発内容はドライバに対して空間的，時間的に余裕ある安全（危険）情報を渡すことで安全走行を実現することである。具体的には下記の6項目を掲げて研究を推進する，としている。

①安全に関する元情報を車両とインフラで共通で使用すること

欧州委員会の路車協調システムの研究開発について

研究開発プログラムの経緯
○FP 5 (98-2002)：自動化，予防安全が主
 ・運転者のモニタリング，衝突警報，HMI，センサ，精密地図を運転支援のために開発
○FP 6 (02-06)：相互作用的，事故発生前の対策が主
 ・PreVENT：先進的センサ，V2V 通信，精密地図
 ・GST：通信を駆使したアーキテクチャ，防衛，自動支払い
 ・路車協調のプロジェクト
 ・交通の効率（渋滞緩和）も視野に入れて開発

図 37　CVIS Project

SAFESPOT プロジェクトの概要

主旨：
　eSAFETY の趣旨に沿ったプロジェクトの統合化。道路交通に対し，路車協調システムを導入し，安全を確保すること。

内容：
 ・まとめ役：イタリア　フィアット社
 ・開発期間：4年間（2006年2月スタート）
 ・総予算額：38 M ユーロ
 ・EC かたの資金提供額：20.5 M ユーロ
 ・コンソーシャムメンバー：51 団体，12 カ国

図 38　SAFESPOT Project

第2章　安全走行支援システムの開発状況

インフラー車両間、車車間の情報交換を事故が発生する前（直前ではない）に正確に行い、危険事象を余裕を持って回避する。

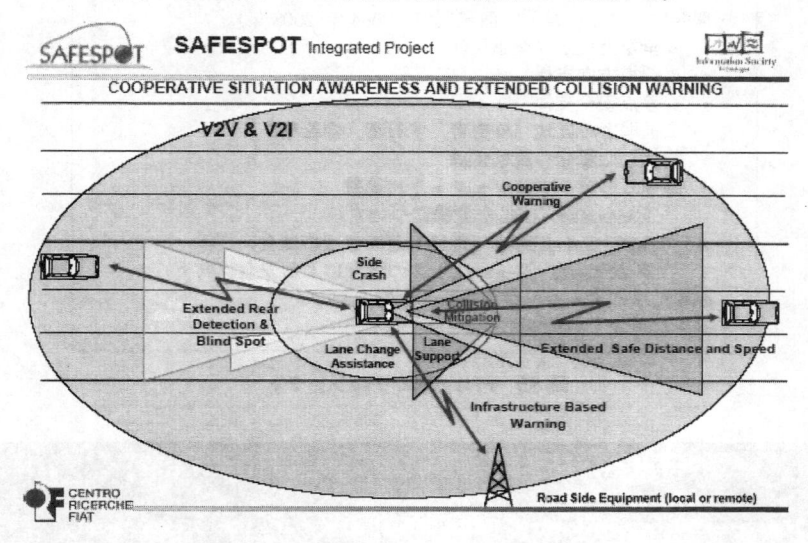

図39　SAFESPOT Project のコンセプト

②可能性のあるキー技術の開発：位置検出，アドホックネットワーク，動的な交通地図など
③新世代のインフラベースの検知システムの開発
④エンドユーザーが受容できるシナリオとなる実験と評価の実施
⑤実用的な FOT（Field Operation Test）の実施
⑥責任の所在，規制，標準化等の推進（将来の導入に向けた法的な活動）

　ここで特に，安全に関する実情報を車両とインフラと共通使用が必須となり，情報交換が非常に重要になってくる。必要な情報交換の手段，具体的には DSRC 等の使い方については EC ではまだはっきり決まっていない。アドホックのネットワーク，動的な交通地図の利用，などいろいろなやり方はあるが，要素技術を開発しながら SAFESPOT プロジェクトが構築されることになり，将来の開発方向を知る意味で追跡調査が必要になる。

　PReVENT プロジェクトは図40のように，交差点安全支援サービスも研究対象になっていること，横通しのサブプロジェクトとの関係を持たせ，RESPONSE（法的な責任），MAPS&ADAS（地図と運転支援との統合），Profusion の各サブプロジェクトがあり，この3つの横通しのサブプロジェクトとうまく連携しながら安全確保を図るとしている点，新しい展開となっている。この PReVENT プロジェクトの開発日程，開発メンバーの情報については図41[10]に示した通りである。2008年中にはプロジェクト開発を終了し，注目を引く PReVENT デモ実施が2007年に予定されている。

自動車用半導体の開発技術と展望

・6FP では予防安全をメインとしたプロジェクトを発足させた
　－ 予算：55Mユーロが総計。EC は 30Mユーロを出資
・開発技術フィールド（開発期間：2004年-2008年）
　－ 安全な速度と安全追尾法
　－ 車線横方向支援
　－ 交差点安全支援
　－ 交通弱者の救済（作業者，歩行者，自転車）
　－ 衝突した場合の衝撃低減
　－ 横通しのサブプロジェクトとの連携
　　・Response（法的な責務について）
　　・MAPS & ADAS（地図と運転支援の統合）
　　・ProFusion（Sensor Data の融合による安全性向上）
・技術的リーダーシップ：Daimler Chrysler
・技術協賛者：ERTICO

図40　PReVENT プロジェクト

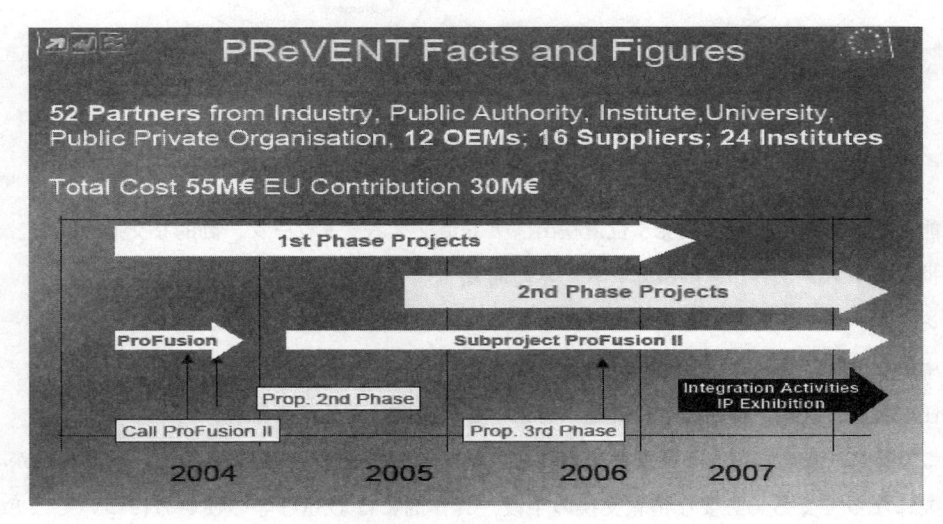

図41　PReVENT 開発のマイルストン

4 おわりに

1　日本では内閣府が率先して IT 改革戦略構想を公開した。これによると，より安全な交通システムの開発が義務づけられることになる。また，路車協調による安全システムが最も進んでいるわが国では，今後各国と協調・連携しつつ，より一層の安全なシステム構築に通信を含めた情報交換から行うことになる。2013年までに交通事故死者数は 5,000 人以下にすることが公約され，達成するには関係省庁の協力なしには実現できない状況にある。

2　米国では新法案（SAFETEA-LU）の下，VII Project が強力に推進される。具体的には 2005

第2章　安全走行支援システムの開発状況

年の2月のPublic Meetingで政府案に対する論議と承認がなされた。また，同年6月の会議でも方針等が示された。路車間協調，通信がクローズアップされており，コンセプトから応用，実導入に向けた開発が進んできた。地方DOTの活動が顕著になってきている。

3　欧州では2010年までに交通事故死者数の半減する目標を掲げプロジェクトを統括し，開発効率をアップした。第7Framework ProgramのITS予算を増強し，事故の低減に繋がる路車協調型・CVIS，SAFESPOT，PReVENT，Projectを推進する。としている。

4　交差点の事故発生・ダメージの大きさを認識し，欧米とも交差点事故低減に向けた具体的な取組み，特に通信を含む路車協調によるシステム開発が進んできている。

5　欧米とも，事故低減には路車間，車車間通信が必須であることが確認され，通信に関する国際標準化への活動，動きが目立ってきた。

文　　　献

1)　2005年　ITARDA交通事故解析Data
2)　2006年　国土交通省自交局ホームページ
3)　2001年　国土交通省自交局ホームページ
4)　2005年　国土交通省道路局ホームページ
5)　2006年　AHS研究組合シンポジウム前刷り集「海外の路車協調の状況」
6)　2006年　米国運輸省（USDOT）FHWAホームページ
7)　2004年　European Commission Home Page
8)　2004年　ITS America 年次総会 AASHTO プレゼン資料
9)　2005年　ITS America 年次総会 USDOT プレゼン資料
10)　2006年　European Commission Website 発表資料

第3章　車載情報システム

相薗岳生*

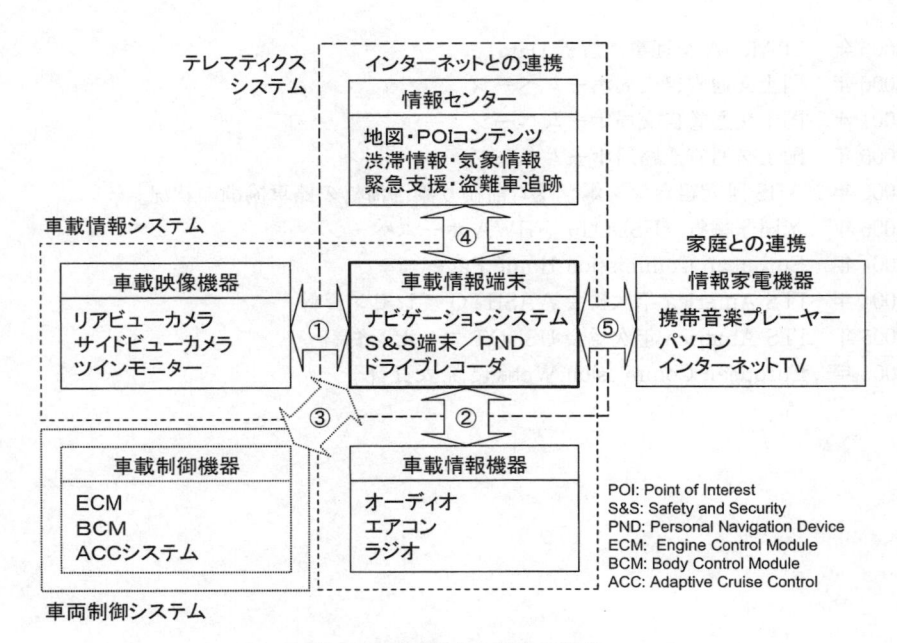

1　車載情報システムの構成

　車載情報システムは，コックピット周りのナビゲーションシステムやオーディオ機器等の車載機器で構成されるシステムである。車載情報システムの全体像を図1に示す。本章では，技術の進歩が著しい車載情報端末を中心に，今後の半導体を含むハードウエアに要求される機能について説明する。車載情報端末には，国内を中心に普及している高機能なナビゲーションシステム，米国を中心に普及が進んでいる事故・故障時の緊急支援を目的としたS&S（Safety and Security）端末，欧州を中心に普及し始めているPND（Personal Navigation Device），商用車への搭載が始まっているドライブレコーダ等の端末がある。

図1　車載情報システムの構成

---

*　Takeiki Aizono　㈱日立製作所　システム開発研究所　CISシステムソリューション分室
　　ユニットリーダー主任研究員（分室長）

第3章　車載情報システム

　ナビゲーションシステムはディスプレイ装置を備えていることから，リアビューカメラやサイドビューカメラといった車載映像機器と接続される（図1 ①）。現在は車載情報端末が備えるビデオ入出力のインターフェースから画像情報を取り込んでいるが，車載カメラの増加や複数のリアシートモニターへの動画配信といった要求により，接続される車載映像機器の数が増加する傾向にある。このため，MOST や IDB 1394 といったネットワーク[1,2]を使った映像伝送の採用が検討されている。また今後は，ネットワークの配線コストを削減するため，ワイヤレス USB や WiFi といった無線通信[3,4]を使って車室内で映像を伝送する検討が本格化することが予想される。

　ドライバーのコックピット周りの機器の操作性を向上するため，タッチパネル機能を備えたディスプレイ装置等を使い，集中的にボタン操作を行うためのマンマシンインターフェースが採用されている。ナビゲーションシステムが備えるディスプレイ装置を使ってエアコンやオーディオ機器を操作するため，これらの機器を CAN（Controller Area Network）等のネットワーク[5,6]を使って接続している（図1 ②）。今後は，ドライバーの操作性を更に向上するため，ディスプレイ装置を活用した各種機器の集中操作が進み，車載情報端末と他の複数の車載情報機器がネットワークを使って更に密接に繋がるものと予想される。

　車載情報端末では，車載制御機器が送信する車速や燃費情報を収集し，ナビゲーションや平均燃費の表示といったサービスを提供している。車両診断を行うため，車載制御機器からエラー情報を収集している場合もある。また，車載情報端末と車載制御機器間で連携した走行制御も検討されている。例えば，ナビゲーションシステムの地図情報を使い，急カーブの直前では自動的に減速するといったナビゲーションシステムと車載制御機器の協調制御が考えられている。これらのサービスを実現するため，車載情報端末と車載制御機器は CAN 等の制御ネットワークを使って接続されている（図1 ③）。

　車載情報端末は，携帯電話網等の無線通信を使って車外の情報センターに接続される（図1 ④）。この情報センターと車載情報端末を接続するシステムは，テレマティクスシステム[7]と呼ばれ，トヨタの G―BOOK[8]，日産の CARWINGS[9]，ホンダのインターナビプレミアムクラブ[10]が知られている。テレマティクスシステムでは，リアルタイムな渋滞情報を提供するサービス，事故・故障時の緊急支援サービス，オペレータによるコンシェルジェサービス等が提供されている。国内におけるテレマティクスサービスの会員数は既に 100 万人を超えており，更に急速に増加している[11]。また，インターネットサービスプロバイダが提供するパソコン向けのコンテンツを自動車向けに変換して提供するサービスも始まっており[12]，今後は自動車とインターネットの融合が進むことによって新しいサービスやビジネスが創生されることが期待される。

　車載情報端末と情報家電機器との連携も進んでいる（図1 ⑤）。米国では，多くの新車で携帯音楽プレーヤー（iPod，等）との接続インターフェースを備えた車載情報端末やオーディオ機器

が搭載されている[13]。また，パソコンやインターネットテレビでダウンロードした各種コンテンツ（地図情報，POI情報，音楽，等）をSDメモリーを使って車の中に持ち込み，ナビゲーションシステムで読み込んで利用するサービスも始まっている。現在のテレマティクスシステムは携帯電話網を使って情報センターと車載情報端末を接続しており，携帯電話の通信費が必要となるため，地図，音楽，動画といったリッチコンテンツを配信するのには適していない。リッチコンテンツを自動車に持ち込む手段として，あるいは使い慣れた携帯端末（携帯音楽プレーヤー，携帯電話，携帯ゲーム機，等）を自動車の中でも使いたいというニーズにより，今後もメモリーカードや携帯端末を使ってコンテンツを自動車の中に持ち込み，車載情報端末と情報家電機器間でコンテンツを共有したいという要求は高まってくるものと予想される。

このように，車載情報システムは車内の機器のみでなく，車外の情報センターや情報家電機器とも繋がるため，自動車そのものの進化だけでなく，他分野の技術動向によってもサポートしなければならない機能が異なってくる。この点が車載情報システムと自動車の他のシステムの大きな差異であり，車載情報システムにおける将来の技術動向予測を難しくしている。

2 車載情報端末を活用したサービス

今後の車載情報端末に期待されるハードウエアの機能要件について説明する前に，車載情報端末を使って提供されるサービスの動向について説明する。車載情報端末を使って提供されるサービスは，ドライバーの安全性を向上するサービス，環境性能を向上するサービス，利便性を向上するサービス，娯楽性を向上するサービスに大別される。以下では，これらの目的別にサービスの動向について説明する。

2.1 安全性の向上
2.1.1 テレマティクスシステムを活用した緊急支援と遠隔診断サービス

国内では2000年から自動車メーカー，電機メーカー，通信事業者らの共同出資により，緊急通報サービス「HELPNET」が開始されたが，当初期待されたほど利用者は増えていない[14]。通行人や通行車両が多く，携帯電話も普及している国内では，事故が発生したとしても通行人が通報してくれるため，緊急通報サービスに対するニーズは高くないようである。しかしながら，高級車ユーザーを中心に盗難車追跡に対するニーズは高く，2001年から開始されたセコムの盗難車追跡サービス（ココセコム）は加入者を伸ばしている[15]。トヨタのG—BOOK，日産のCAR-WINGS，ホンダのインターナビプレミアムクラブでもサービスメニューの1つとして，オペレータによる事故・故障時の緊急支援サービスを提供している。

第3章 車載情報システム

　国土が広く，治安の面で不安を抱える米国では，緊急支援を行うOnStarサービスが普及しており，既に会員は数百万人に達している[16,17]。OnStarサービスを受けるには，専用のS&S端末を搭載したゼネラルモーターズ社の自動車を購入しなければならないが，既に50車種以上が端末を搭載している。サービスを受けるには別途サービス利用料も必要であり，毎月20ドル前後の会費を支払わなければならない。日本の自動車メーカーは国内において毎月数百円の会費で緊急支援サービスを含む多くのテレマティクスサービスを提供しており，国内と比較するとかなり高額な会費であると言える。このことからも，米国における安全性に対するニーズの高さが伺える。

　欧州では，欧州委員会のプロジェクトである「eCall」において緊急支援のためのシステムの標準化が進められており，2009年から全ての新車にeCallに対応したS&S端末を搭載することを目指している[18]。しかしながら，車載情報端末や情報センターへの設備投資に対する十分な効果が得られないという意見もあり，全車搭載の開始時期が遅れる可能性がある。

　自動車を利用するユーザーは少なからず事故や故障に対する不安を抱えており，安全性を向上するテレマティクスサービスがどの程度ユーザーに受け入れられるかによって，テレマティクスシステムの普及が左右されると考えられる。現在は，事故や故障が発生した際の緊急支援サービスが中心であるが，今後は常時自動車を遠隔から診断することによって自動車を常に最良な状態に保ち，ドライバーの安全と安心を更に高めていくサービスが拡充されていくものと予想される[19～21]。

2.1.2 ナビゲーションシステムを使った危険の通知

　ナビゲーションシステムを活用して積極的に危険をドライバーに知らせることにより，安全性を高めるサービスが始まっている。予め地図情報と一緒に登録された事故の多発地点情報を使い，事故の多発地点に差し掛かると注意を喚起するサービスが行われている。また，スクールゾーンにおけるスピードの出し過ぎの警告，見通しの悪い交差点で接近している車両の情報を提供する出会頭事故防止情報提供，右折時に対向直進車の情報を提供する事故低減情報提供といったサービスが日産を中心に実施されているSKYプロジェクト[22]で検証されている。

　今後は，ドライブレコーダやデータレコーダ[23]から収集されたヒヤリハット情報（例えば，多くのドライバーが急ブレーキをかける場所の情報）を活用し，危険地点に差し掛かるとドライバーの注意を喚起するヒヤリハット情報の応用サービス[24]や，自動車から収集したプローブ情報を活用して詳細な気象情報等を提供するサービスが徐々に実用化されるものと予想される。プローブ情報の詳細については後述する。

2.1.3 車載制御機器との連携による安全支援

　車載情報端末と車載制御機器の連携により，ドライバーの安全性を向上するサービスが検討さ

れている。例えば，ナビゲーションシステムと車載制御機器を連携させることにより，前方に急カーブがあるときには予め減速する，前方に急な上り坂がある場合には予めエンジン回転数を上げるといった走行制御が考えられている。ナビゲーションシステムを使って走行制御を実現するには，従来よりも信頼性の高いナビゲーションシステムの開発が必要であり，今後の車載情報端末のハードウエア構成に大きな影響を及ぼす可能性がある。

2.1.4 車載映像機器との連携による安全支援

走行レーンを識別するレーンキーピングカメラや衝突を防止するステレオカメラといった多くのカメラが自動車に搭載され始めている。現在，これらのカメラ画像の演算処理は高性能なCPUを備えたカメラ本体で個別に行われているが，今後は複数のカメラ画像を車載情報端末で集中的に処理することも想定される。車載情報端末では，このようなカメラ画像を活用したドライバーの安全支援についても検討していかなければならない。

2.2 環境性能の向上

2.2.1 車載情報端末を活用した燃費向上

これまでの自動車の開発では，エンジン効率を高めることによって燃費の向上をはかっていたが，近年ではドライバーに対して適切な情報提供を行うことによって自動車の燃費を向上するという取り組みが開始されている。商用車の分野では，ドライバーが省燃費運転を心掛けることによって10〜20%程度の燃費改善が実現できたとの報告[25,26)]があり，トラックメーカー各社は省燃費運転診断システムの提供を開始している。例えば日産ディーゼル工業では，大型トラックを対象として省燃費運転音声ガイド・システム「燃費王[27)]」をオプション端末として準備している。この車載情報端末では，収集した車両情報をもとにドライバーの運転の癖を分析し，リアルタイムで音声と文字によって省燃費運転の指示を行っている。

乗用車においてもドライバーに適切な情報を提供することにより，燃費を向上する試みがなされている。CANを使って収集した車両情報から平均燃費を算出して表示する機能を備えたナビゲーションシステムや，パネルメーター内に燃費効率の良い走行をするとランプが点灯するエコドライブインジケータを備えた自動車が発売されている。現在の自動車では，ドライバーの運転状況やエンジンの効率を正確に算出するためのセンサー類が十分装備されていないことから，適切な省燃費運転支援サービスが行えていない場合がある。今後はセンサー類の充実に伴い，より正確なドライバーの運転状況が把握できるようになり，乗用車における省燃費運転支援が本格化するものと予想される。

2.2.2 テレマティクスシステムを活用した燃費向上

車載情報端末のみを使った省燃費運転支援サービスでは，ストレージ容量の制約によって長期

第3章　車載情報システム

間に渡る燃費履歴情報の管理が難しい，ディスプレイサイズが小さいために複雑な分析結果の表示ができない，他人との燃費の比較が行えないといった問題があった。これらの問題を解決するため，テレマティクスシステムを活用した燃費診断サービスが開始されている。

　日産のCARIWGNSでは，2007年より「愛車カルテ」というサービス[28]を開始している。このサービスでは，テレマティクスシステムを使って多くの自動車の燃費情報を収集し，インターネット上で同じ車種に乗っているドライバー間における省燃費運転のランキング情報，長期間に渡る個別のドライバーの燃費履歴情報等を提供している。これらの情報提供サービスによってドライバーの環境意識の向上をはかることにより，燃費の向上と環境負荷の低減を実現しようとしている。これまで他の多くのドライバーと燃費を比較することは難しかったが，テレマティクスシステムを活用することによって初めて客観的な指標に基づいた燃費の比較を行うことが可能となった。ドライバーに対して具体的な燃費向上の目標を与えると共に，ゲーム感覚で燃費改善に取り組むドライバーも増えることが予想され，燃費向上を実現する有効なサービスとして期待される。

2.3　利便性の向上
2.3.1　ナビゲーションの高度化

　市販のナビゲーションシステムを中心に，高度なグラフィック機能を使った分かり易い地図や走行ルートの表示が行われるようになっている。高機能なナビゲーションシステムでは，地図上におけるビルやランドマークの三次元表示や透過表示が普及しつつあり，今後は更に高度な三次元表示や画像表示が導入され，実風景に近い画像の描写等が進むものと予想される。

　また，従来のナビゲーションシステムではドライバーに提示する走行ルートは1つであったが，渋滞を考慮した最短時間のルート，有料道路の料金を考慮した最少コストのルートといった複数ルートを同時に提示するナビゲーションシステムも増えており，CPUの処理性能向上が求められている。今後は，最も安全なルートの提示，最も楽しいルートの提示等も行われるようになり，ルート検索機能は更に高度化していくものと予想される。

2.3.2　リアルタイムコンテンツの普及

　テレマティクスサービスの会員数増加により，プローブ情報を活用したリアルタイムな渋滞情報の提供が始まっている。プローブ情報とは，多数の自動車から集めた車両情報（車速情報，位置情報，ワイパー動作情報，燃費情報，等）であり，これらの情報を加工・蓄積することによってリアルタイムな渋滞情報や気象情報の算出，渋滞発生の予測を行うことができる[19]。情報センターから車載情報端末に対してリアルタイムな渋滞情報や渋滞予測情報を提供することにより，従来よりも正確な最短時間の走行ルートや到着時間をドライバーに提示することができ，ドライ

バーの利便性が大幅に向上する。

また，リアルタイムな駐車場の満空情報の提供も始まっている。目的地付近の駐車場の空き情報を事前に確認することにより，空いている駐車場を探す時間や駐車場が空くまでの待ち時間を減らすことができ，目的地までのトータルな到着時間を短縮することができる。

今後，プローブ情報を収集する自動車数の増加により，更に正確な渋滞情報，気象情報，ヒヤリハット情報等をドライバーに提供することが可能となる。また，駐車場，レストラン，ホテル等の満空情報の提供のみでなく，これらの予約や決済もテレマティクスシステムを使って事前に自動車の中で行えるようになるものと予想される。

2.4 娯楽性の向上
2.4.1 テレマティクスシステムを活用した娯楽コンテンツの提供

テレマティクスシステムを活用して様々な娯楽コンテンツが車載情報端末に提供されている。テレマティクスサービスでは，ニュース，天気予報，レストラン情報，駐車場情報，観光地情報，星占いといった携帯電話やパソコンでも利用されている一般的なコンテンツが車載情報端末に配信されている。しかしながら，これらの一般的なコンテンツの車内おける利用頻度は低く，ユーザーの満足度も高くないようである[12]。ユーザーの満足度が高いのは自動車固有のサービスであり，例えばオペレータによって遠隔からナビゲーションシステムの目的地設定を行ってもらうコンシェルジェサービスや目的に早く到着するための渋滞情報提供サービスである。

2.4.2 情報家電機器との連携による娯楽性向上

運転中のドライバーは，手や目を運転によって拘束されるという特殊な状況下にある。このため，自動車の中で最もニーズが高い娯楽コンテンツは音楽である。これまでユーザーはカセットやCDを持ち歩いて音楽を楽しんでいたため，自動車の中にもカセットやCDを持ち込んでいた。近年，ユーザーは家庭でダウンロードした音楽コンテンツを携帯音楽プレーヤーで持ち歩くようになっており，音楽の楽しみ方が変化している。このため，携帯音楽プレーヤーを車中に持ち込んで車載情報端末やオーディオ機器と接続し，自動車の快適なオーディオ空間で音楽を楽しみたいというニーズが高まっている。

今後は，音楽，動画，ゲームといったコンテンツを家庭でダウンロードして持ち歩き，好きな時に楽しむという文化が定着することにより，自動車の中でもこれらのコンテンツを楽しみたいというニーズは増大することが予想される。コンテンツを格納する携帯機器（携帯音楽プレーヤー，携帯電話，携帯ゲーム機，等）と各種記憶メディアを車載情報端末と接続することが求められ，車載情報端末はこれらの機器や記憶メディアと接続するための複数のインターフェースを提供しなければならなくなる。

第3章 車載情報システム

2.4.3 リアシートエンターテイメント

　リアシートモニターの搭載が徐々に増えており，リアシートにおける娯楽性の向上についても検討がなされている。既に一部の高級車では複数のリアシートモニターが搭載されている車種も存在するが，今後はこのような車種が増えることが予想される。各乗員が個別に好きな映画やゲームを楽しみたいというニーズもあり，車載情報端末から複数のディスプレイ装置に対して異なる動画やゲームを配信することも検討する必要がある。

3 車載情報端末に対する要件

　車載情報端末を活用したサービスの動向を踏まえ，車載情報端末のハードウエアに求められる要件について整理する。

3.1 製品の分類とハードウエアの要件

　ドライブレコーダや省燃費運転診断システムといった特定用途の端末を除外すると，車載情報端末は図2に示す5つの製品群に分類される。

3.1.1 高機能ナビゲーションシステム

　高機能ナビゲーションシステムでは，3Dグラフィックスを用いた地図や走行ルートの表示を行うため，高機能な地図描画機能や二次元と三次元のグラフィックス表示機能が必要とされる。時間や料金等の条件を変えた複数のルート検索を同時に行うため，高い演算処理能力も必要とされる。また，高機能ナビゲーションシステムでは他の機器や情報センターと連携した様々なサービスを提供しており，図1で示した多くの接続インターフェースを備えていなければならない。この他に，GPSや地上波デジタル放送等の受信機が直接ナビゲーションシステムに接続される

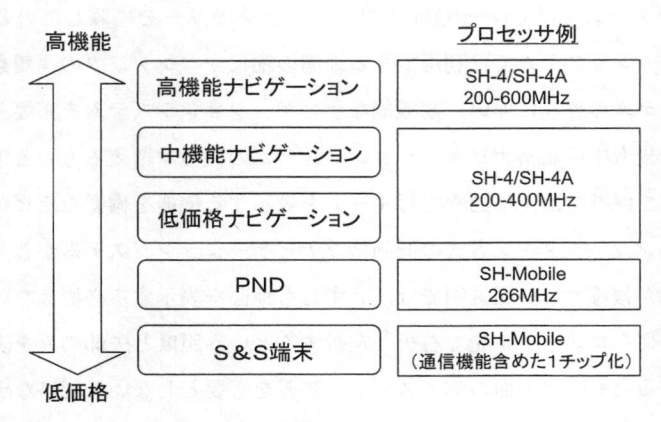

分類	プロセッサ例
高機能ナビゲーション	SH-4/SH-4A 200-600MHz
中機能ナビゲーション	SH-4/SH-4A 200-400MHz
低価格ナビゲーション	
PND	SH-Mobile 266MHz
S&S端末	SH-Mobile（通信機能含めた1チップ化）

図2　車載端末の製品分類

ため[23]，これらの機器との接続インターフェースも必要となる。

　ナビゲーションシステムには，自動車メーカーが純正品として提供するものとカー用品店で市販されるものがあり，高機能ナビゲーションシステムでは両者の間で要求される機能が異なってきている。純正のナビゲーションシステムでは，車載制御機器と連携した安全性向上と環境性能向上を重視したサービスが強化されつつあり，車載制御機器と接続するための制御ネットワークへの対応と車両走行に悪影響を及ぼさないための信頼性向上が課題となっている。市販のナビゲーションシステムでは，3Dグラフィックスを使って見た目を楽しくすることによる娯楽性向上，リアルタイムコンテンツ（渋滞情報，気象情報，等）の拡充による利便性向上を重視したサービスが強化されつつある。このため，高性能なグラフィック機能やテレマティクスシステムに対応するための携帯電話との接続インターフェース（USB，Bluetooth，等）の搭載が重要となる。

　今後，高機能ナビゲーションシステムでは安全性向上のためにカメラ画像を取り込んで処理するニーズが高まってくることが予想され，画像処理機能の強化が求められる。また，車載情報端末で実行されるアプリケーションの種類が増えることも予想され，処理時間，処理するデータ量，処理に要求される信頼性が異なる様々なアプリケーションが混在することになる。処理の高速化を実現すると共に，アプリケーション間における相互の影響を排除したいというニーズにより，CPUのマルチコア化やアプリケーションの実行環境に関わる新たな技術開発が必要となる。

3.1.2　中低価格ナビゲーションシステム

　中低価格車を利用するドライバーにナビゲーションシステムを普及させるため，機能を限定した中低価格帯のナビゲーションシステムが増えている。中低価格ナビゲーションシステムでは，高機能ナビゲーションシステムのような3Dグラフィックス機能や車載制御機器との連携機能を備えていない。また高機能ナビゲーションシステムでは，HDDドライブを使った大容量ストレージを搭載しているのに対し，中価格帯のナビゲーションシステムはDVD—ROM，低価格帯のナビゲーションシステムではCD—ROMやフラッシュメモリーを搭載している。このため，中低価格ナビゲーションシステムでは利用できる地図の縮尺やコンテンツの種類も限定される。ナビゲーションシステムの普及に伴い，高機能なナビゲーションシステムを必要としないユーザーも増えており，今後も中低価格ナビゲーションシステムの機種は増えるものと予想される。

　欧米を中心とした海外では，地図や走行ルートを表示する機能を備えたナビゲーションシステムではなく，ターン・バイ・ターン方式の低価格なナビゲーションシステムが普及してきた。日本のように道路形状が複雑でない諸外国では，必ずしも地図を表示する必要はない。ターン・バイ・ターン方式では，何キロメートル先で右折／左折するという距離と矢印のみを表示する。このような地図を表示するための大画面のディスプレイ装置を必要としない低価格なナビゲーションシステムでは，高度なグラフィック機能は必要なく，GPSやLCDとのインターフェース，精度の

第3章　車載情報システム

粗い地図を格納するためのメモリーを備えていればよい。今後は，ターン・バイ・ターン方式の低価格なナビゲーションシステムにおいてもリアルタイムな渋滞情報を使った経路誘導を行いたいというニーズは高まることが予想され，テレマティクスサービスを受けるための通信インターフェース等が必要とされる。

3.1.3　PND

日本では地図を表示するための大画面・高精細なディスプレイ装置を備えた高機能ナビゲーションシステムが普及し，北米や欧州でも高級車を中心に徐々に販売台数を伸ばしつつある。しかしながら欧州ではPNDが販売台数を急速に伸ばしており，既に年間500万台を超えている[10]。PNDは，4インチ以下のディスプレイ装置を備えた低価格な可搬型のナビゲーションシステムである。地図情報はSDメモリー等のリムーバブルメディアに格納され，パソコンを利用してインターネットから最新の地図情報をダウンロードして更新することができる。通常のナビゲーションシステムがリアルタイムOSを採用しているのに対し，PNDではWindowsCE[29]等の情報端末用のOSを搭載しているものが多い。フロントガラスに吸盤を使って取付けスタンドとクレードルを固定し，本体はクレードルに容易に着脱できる。車外に簡単に持ち出すことができるため，治安の悪い地域では盗難の恐れがないといったメリットがある。日本の市販ナビメーカーも欧州市場を中心にPNDの製造・販売を開始しており，ナビメーカー以外の企業もPND市場への新規参入を始めている。

PNDにはナビゲーション以外にスケジューラや音楽再生といった利便性や娯楽性向上のためのアプリケーションも搭載されているが，制御ネットワークやテレマティクスサービスを受けるのに必要な携帯電話とのインターフェースはなく，安全性や環境性能向上に関わるサービスは現在のところ提供されていない。PNDは車内で利用するため，入力を簡便に行うためのタッチパネルやナビゲーションを行うためのGPSインターフェースは必須である。今後は，地上波デジタル放送やVICSの受信機[30,31]のインターフェースや，地図情報，POI情報，音楽といったコンテンツの追加・更新を容易に行うための無線LANインターフェース等を備える必要があると考えられる。

PNDは低価格で盗難の心配もないことから，欧州やBRICsといった新興国を中心に普及していく可能性が高い。しかしながら自車位置測定はGPSのみに頼っているために自律航法が使えず，GPSを受信できないトンネル，高架，高層ビルが多い地域ではナビゲーションを行うのに問題がある。またディスプレイサイズも小さいことから，高機能ナビゲーションシステムを使い慣れたユーザーがPNDを利用する可能性は低いと予想される。

3.1.4　S&S端末

S&S端末は，テレマティクスシステムを使った安全性向上を目的とした車載情報端末であり，

緊急支援サービス等を提供する。S&S端末はディスプレイ装置を備えておらず，ドライバーが緊急時にボタンを押すことにより，あるいは事故の衝撃を自動検知することにより，オペレータセンターに携帯電話網を使って通信が接続され，自車位置情報を自動送信すると共にオペレータとの通話を行う。S&S端末では，通信を行うための携帯電話機能と位置情報を送信するためのデータ通信機能を備えていることが前提となる。この他にGPSやボタンの入力を取り込むためのインターフェースも備える。近年では事故が起きたことを自動検出するのみでなく，自動車に取り付けられた複数の衝撃センサーの情報を遠隔で収集することにより，情報センターで事故の重大さを判断してから救急車の出動を要請するサービスも始まっている。ドライバーが自動車の異音を感じた時にオペレータセンターに問合せを行い，遠隔から車両情報を収集して異常原因を診断するサービス等も始まっており，S&S端末では車載制御機器と通信を行うための制御ネットワークのインターフェースも必要となっている。

　S&S端末を使って提供されるサービスは限られており，必要とされるインターフェースもGPS，デジタル入力，CAN等に限定されるため，S&S端末では1チップ化によって低価格化を実現することが重要となる。

3.2　他分野技術とのコンバージェンス

　自動車は，自動車業界以外で普及した多くの機器を自動車内に取り込んで標準搭載してきた。オーディオやエアコンが代表的な例であり，近年ではテレマティクスサービスを提供するため，高級車では組込み型の携帯電話の標準搭載も始まっている。自動車の基本性能である「走る」「曲がる」「止まる」を実現する車両制御技術は自動車業界主導で進歩していくが，基本性能に直接関わらない情報技術は今後も自動車業界以外で普及した技術を積極的に自動車に取り込んでいくものと予想される。

　半導体技術に関しても，自動車業界主導で開発を進めるべきものと，他業界から取り入れるべ

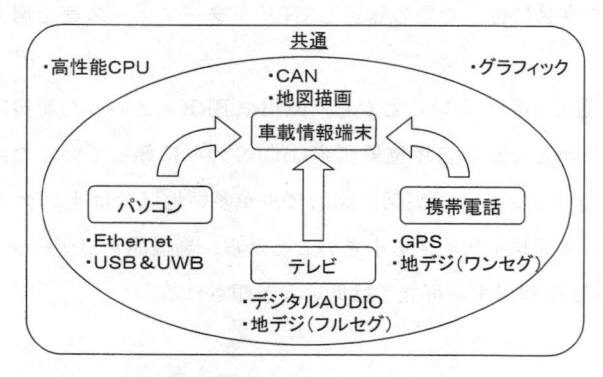

図3　技術のコンバージェンス

第3章 車載情報システム

きものがある。例えば図3に示す通り，車両走行に直接関わるCANや地図関連の技術については自動車業界主導で開発すべきものであるが，IP通信やUSB等の技術はパソコンに代表されるIT産業で培ったものを取り入れた方がよい。また，地上波デジタル放送，デジタルオーディオ等の技術も既にテレビや携帯電話の分野で先行して開発されており，これらの技術を取り込んでいくべきであろう。

　このように他分野で開発された技術やノウハウを積極的に自動車分野に取り入れていくためのシステム作りが，今後の車載情報端末の高機能化や低価格化を加速させていく上で重要であると考える。

文　献

1) ITS産業動向に関する調査研究報告書，㈶日本自動車研究所，p. 161（2005）
2) 高椋健司ほか，ITSを目指した技術開発（2），三菱電線工業時報，p. 62（2003）
3) 坂田史朗，UWB／ワイヤレスUSB教科書，インプレス，p. 161（2006）
4) 庄納崇，ワイヤレス・ブロードバンド時代を創るMiMAX，インプレス，p. 18（2005）
5) 佐藤道夫，車載ネットワークシステム徹底解説，CQ出版社，p. 31（2005）
6) 中西康之，車載LANにおけるコンフォーマンス・テストの意義，Design Wave Magazine 2006 July，p. 75（2006）
7) 相薗岳生ほか，次世代テレマティクスポータルを実現する情報システム技術，日立評論2002年8月号，p. 27（2002）
8) 藤田憲一，テレマティクス　自動車メーカーの新たなるビジネス革命，日刊工業新聞社，p. 197（2002）
9) 車がネットにつながると面白い，ひたち2003年3月号，p. 6（2003）
10) 狩集浩志ほか，カー・エレクトロニクスのすべて　2007，日経BP社，p. 97（2007）
11) ITS産業動向に関する調査研究報告書，㈶日本自動車研究所，p. 45（2006）
12) 二見徹ほか，クルマと情報化　次世代構想（ワイヤレス＆モバイル戦略特別セミナー資料），新社会システム総合研究所，p. 17（2007）
13) 2006年版　北米自動車メーカーの次世代カー・ナビとカー・エンタテイメント戦略，シード・プランニング，p. 24（2006）
14) 松本光吉，テレマティクス，日経BP社，p. 115（2002）
15) 2002年版ITSテレマティクス市場予測レポート，矢野経済研究所，p. 50（2002）
16) 2007～08年版ITSテレマティクス市場予測レポート，矢野経済研究所，p. 246（2007）
17) 相薗岳生ほか，ITS産業動向に関する調査研究報告書，㈶自動車走行電子技術協会，p. 39（2002）
18) ITS事業に関しての海外及び国内の市場動向調査，日立総合計画研究所，p. 42（2006）

19) 相薗岳生ほか，車載情報システムの動向と日立グループの取り組み，日立評論 2004 年 5 月号，p. 53（2004）
20) 日立総合計画研究所，自動車産業革命 VRM，日刊工業新聞社，p. 25（2004）
21) 自動車が話し始めた，ひたち 2004 年秋号，p. 24（2004）
22) 福島正夫ほか，"つながるクルマ"本命インフラ議論（レスポンス・SSK 共催特別セミナー資料），新社会システム総合研究所，p. 1（2006）
23) ㈶日本自動車研究所，平成 18 年度国土交通省委託事業ドライブレコーダ及びイベントデータレコーダ（EDR）の技術指針策定に関する調査報告書（2007）
24) ドライブ・レコーダで新市場が開花，日経エレクトロニクス，p. 111（2005）
25) 新田保次ほか，車載機器を用いたエコドライブ支援の効果，土木学会土木計画学・研究論文集，No. 22（2005）
26) エコドライブで本当に燃費はよくなるの？（国内初の大規模なエコドライブ調査），神奈川県・関東運輸局記者発表資料（2005）
27) http://www.nissandiesel.co.jp/ECO/REPORT/2005/2005.pdf
28) http://drive.nissan-carwings.com/WEB/
29) http://www.microsoft.com/japan/windows/embedded/default.mspx
30) 佐藤英夫ほか，ITS テレマティクス，山海堂，p. 132（1999）
31) 三菱総合研究所 ITS プロジェクト推進室，ITS 動き出す高度道路交通システム，日刊工業新聞社，p. 27（1998）

第4章　車両関係通信（ITS）

小山　敏*

1　はじめに

　ITSは車と車，車と道路，車と人を情報通信システムの有効活用によって，道路の渋滞の解消，省エネルギー化による環境の改善，交通事故の減少を実現するものである[1]。

　日本では1996年に5省庁協力の下で「高度道路交通システム（ITS）推進に関する全体構想」が策定され，ITSに関する各種の取り組みが始まった。1996年，VICS（Vehicle Information and Communication System：道路交通情報通信システム）が導入され，カーナビの普及と共にそのサービスが全国展開している。2001年にはETC（Electronic Toll Collection System：ノンストップ自動料金収受システム）の運用が始まり，その後急激に普及している。2006年には内閣官房から発表された「IT新改革戦略」には世界一安全な道路交通社会の実現が盛り込まれ，車車・路車間通信を用いた安全運転支援システムの検討が進められることになった[2]。

　ITSの情報通信システムとしては携帯，放送，衛星通信，GPSなど既存のネットワークの他に，ITS特有の路車，車車間通信を実現するためのDSRC（Dedicated Short Range Communications：専用狭域通信）がある。DSRCはVICSやETCなどのアプリケーションに使われるITS特有の通信方式であるが，近年では安全運転支援システムへの適用の検討が進められている。以下，DSRCに関して述べる[3]。

2　日本のDSRC

　日本における本格的なDSRCの規格化は，ETCの導入を機に始まった。日本のDSRCは，国内規格が策定された後に国際標準であるITU-R勧告やISO規格となり，世界的に認知されるようになった。

---

*　Satoshi Oyama　㈱日立製作所　トータルソリューション事業部　ITSソリューションセンタ
　　　　　　　担当部長

自動車用半導体の開発技術と展望

2.1 DSRC の標準化
2.1.1 日本における標準化の経緯

日本における DSRC の標準化は建設省（当時）が ETC を高速道路への導入を決めた時に始まる。

1995 年，建設省と日本道路公団，首都高速道路公団，阪神高速道路公団，本州四国連絡橋公団および民間 10 グループとの間で，ETC の官民共同研究が約 1 年間に渡って進められた。ETC の開発に当たっては次の各項目が目標とされた。

①全国共通のシステム（規格）とする。
②確実な路車間通信を実現する。DSRC 規格は国際標準化を計る。
③機能・拡張性を確保するため，車載器と IC カードの 2 ピース構成とする。
④高度なセキュリティを確保する。

ETC の核となる通信技術の DSRC の検討については ITS 情報通信システム推進会議と ARIB（Association of Radio Industries and Businesses：㈳電波産業会）[4]がその標準化を担当した。

DSRC に求められる条件としては次のような項目が挙げられた。

①伝送速度：可能性のある大部分のアプリケーションで基本的な機能を実現できるものとして，3〜5 MBps の伝送速度を確保できること。ただし，半静止状態での伝送速度としては 10 MBps 程度が必要な場合も有りうる。
②車載器の移動速度：180 km/h 程度まで対応できること。
③無線通信ゾーン：アプリケーションによる差はあるが 30 m 以内のエリアを確保できること。

2.1.2 5.8 GHz アクティブ方式 DSRC

前項の要求条件を満たすべく ITS 情報通信システム推進会議で日本の ETC に求められる技術条件の検討が進められ，1997 年には国内規格として主に ETC への適用を考えた ARIB STD-T 55 が制定された。その後，2002 年には DSRC マルチアプリケーションを視野に入れた ARIB STD-T 75 へとアップグレード化が計られている。また，2004 年には DSRC マルチアプリケーションの展開をはかるためのアプリケーションサブレイヤ規格が ARIB STD-T 88 として制定された。また，ARIB 規格策定と関連して，郵政省令（当時）の改訂も行われている[5]。DSRC 規格の検討に関する主要な検討項目を紹介する。

(1) DSRC の周波数

ETC は欧米で先行して展開していたことから，DSRC 用周波数帯の候補とされたのは米国の 915 MHz 帯や 2.45 GHz 帯，欧州の 5.8 GHz 帯であった。いずれも国際的に共通の ISM 帯（Industrial Scientific and Medical equipment band：産業科学医療用帯域）とよばれるの周波数帯であったが，北米で使っている 915 MHz 帯については日本での割当が無いために対象外とされた。

第4章　車両関係通信 (ITS)

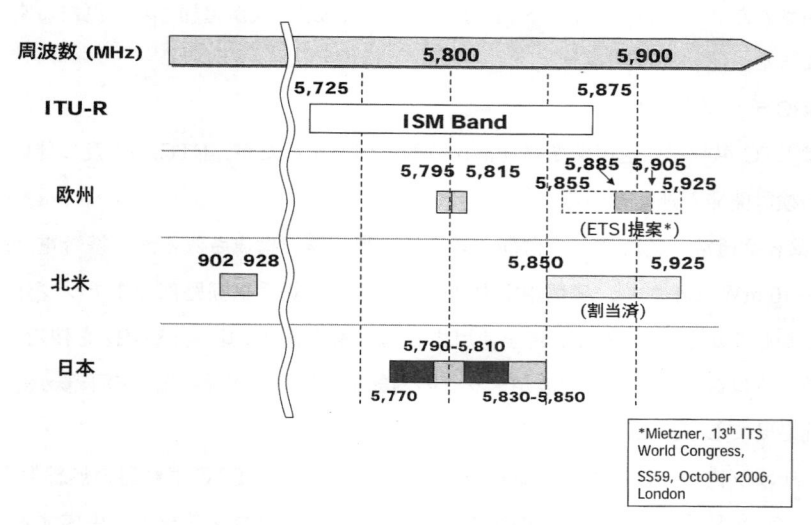

図1　世界の DSRC 周波数

2.45 GHz 帯は既に電子レンジや医療機器などに使われており，雑音レベルが高いことや干渉問題を生じる可能性があるために不適当とされた。5.8 GHz 帯は他の候補周波数帯に比べてほとんど使われていなかったことから，日本の ETC 用 DSRC の周波数を 5.8 GHz 帯とすることになった。図1に世界の周波数割当状況を示す。

(2)　通信方式

ARIB STD-T 55 では変調方式は主に ETC への適用を考えていたために ASK のみを規定していたが，ARIB STD-T 75 では ASK に加え QPSK を追加した。QPSK の採用によって最大伝送速度は 4 MBps へと向上し，ETC 以外のアプリケーションへの適用が期待されている。

DSRC の通信方式にはアクティブ方式とパッシブ方式がある。ETC 用 DSRC には欧州ではパッシブ方式が北米ではアクティブ方式とパッシブ方式の両方式が使われていた。

日本の DSRC は ETC だけでなく，ETC 以外のマルチアプリケーションへの適用も視野に入れた規格とするため，トランシーバ方式と呼ばれ，車載器と路側器の両方からの双方向通信が可能なアクティブ方式を採用することになった。アクティブ方式はパッシブ方式と比較して，発振回路を車載器に内蔵するため 4 Mbps 程度までの高速大容量通信が可能となり，通信の安定性にも優れている。

(3)　変調方式

当初 DSRC は主なアプリケーションの ETC に焦点を置いて規格の検討が行われた。変調方式については高速移動時においても信頼性の高い通信が確保できること，伝送速度の高速化要求に応えられること，端末機器の小型，軽量化が期待できることなどから ARIB STD-T 55 では ASK

方式が採用された。その後，ARIB STD-T 75 では QPSK 方式が追加され，更なる高速伝送に対応可能となった。

2.1.3 DSRC チップセット

日本では ETC 車載器は運用開始当初は比較的高価であったが，ETC の普及に伴いコストダウンのための検討開発が進んでいる。

ETC 車載器は通常，送信部と受信部，変調器，復調器で構成されるが，携帯電話端末に比べ送信電力が 10 mW と小さく，送信用電力増幅器を含めた送受信回路部の 1 チップ化が期待されていた。しかしながら，1～2 GHz 帯を使用する携帯電話端末に比べ 5.8 GHz を使用する ETC 車載器の周波数帯は高いため，送信波がチップの内部を伝播し局部発振器への干渉が送信波の変調精度を劣化させてしまうという問題があった。

その後，チップ内の干渉を抑圧する新技術の開発によって，ETC 車載器の無線機を MMIC として1チップに集積化を実現したとの報告がなされた[6]。シリコン基板上に生成するシリコンゲルマニウム層を，従来の数 100 マイクロメートルから 100 マイクロメートル程度に薄くし，厚みを制御することにより，チップ内干渉の抑圧に成功したものである。これにより，送信部と局部発振器の1チップ化が実現している。

DSRC 普及促進検討会（その後，ITS Japan に移管されて，DSRC 等応用サービス普及促進委員会に変わっている）では DSRC 車載器の機能構成をまとめている。ARIB STD-T 75 と ARIB STD-T 88 に準拠しているものであり，今後の ETC の他に DSRC マルチアプリケーションに対応できる。図2に車載器の標準的な機能ブロック[7]を示した。既に，この構成に対応できる IC チップセットの試作に成功したとの報告[8]がある。

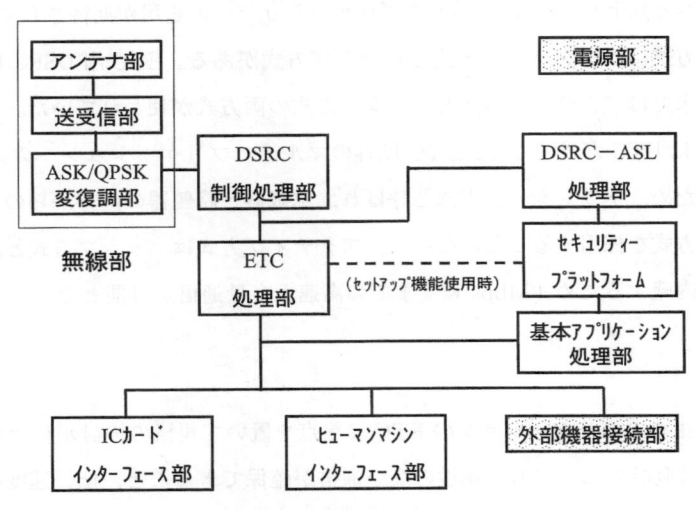

図2 DSRC 車載器機能構成ブロック

第4章　車両関係通信（ITS）

2.1.4　セキュリティ

日本のETCでは不正利用やプライバシー保護に対する高いセキュリティが要求される。このためETCでは磁気カードではなく，より安全なICカードが使われ，路車間通信でも高度な暗号化によるセキュリティが確保されている。ORSE（Organization for Road Systems Enhancement：㈶道路システム高度化推進機構）は第3者機関として発足した。ORSEは①暗号化のカギを発行し，②個人情報の秘匿と通信の相手方の確認，③通信内容の改ざん有無の確認を保証している[9]。

SAMはETC車載器にはSAM（Secure Application Module）と呼ばれるセキュリティーチップが実されている。ETCの通信に関する情報の管理と処理を行っており，個人情報や課金処理情報が通信を行う間に第3者によって読み取れない機能を持っている。また，SAM内部の解析ができない構造となっている。

3　国際標準化

日本のDSRCはARIB規格となった後に国際標準化機関のITU-Rで勧告となり，またISOによるIS（International Standard：国際標準）となっている。表1に実用化済と現在検討が進められている世界の主要DSRC規格の比較を示す。

表1　世界の主なDSRC規格

	日本		欧州		北米
	実用化	策定中	実用化	策定中	実用化
主要アプリケーション	ETC，マルチアプリ	安全運転支援	ETC	安全運転支援，他	ETC
周波数帯	5.8 GHz	5.8 GHz，UHF（？）	5.8 GHz	5.9 GHz	915 MHz
通信方式	アクティブ	アクティブ	パッシブ	アクティブ	パッシブ・アクティブ
最大伝送速度（ダウンリンク）	1 or 4 Mbps	(T.B.D.)	500 Kbps	27 Mbps	500 Kbps
国際標準	ITU-R M.1453-2	(T.B.D.)	ITU-R M.1453-2	(T.B.D.)	N/A
	ISO 15628	(T.B.D.)	ISO 15628	(T.B.D.)	N/A
地域標準	ARIB STD-T 75, T 88	(T.B.D.)	CEN/EN 12253，他	IEEE 802.11 p, IEEE 1609（北米のみ）	ASTM E 2158

3.1 ITU-R

OSI レイヤ下位層にあたる第1層（物理層）の国際標準化は ITU-R（International Telecommunication Union：国際電気通信連合）SG 8（Study Group：研究委員会）WP 8 A（Working Party：作業班）が担当している。次に ITS 関連規格の ITU-R 勧告化までのプロセスについて説明する。

ITS 関連の ARIB 規格は，ITU の下部機関にあたる ASTAP（Asia-Pacific Telecommunity Standardization Program：アジア・太平洋電気通信標準化機関）にドラフトとして入力され，審議，承認を経て APT（Asia-Pacific Telecommunity：アジア・太平洋電気通信共同体）の賛同国や団体の連名により ITU-R SG 8 WP 8 A へ入力される。ASTAP は 1999 年に創設されたが，ITS 専門家会議では当初から日本が議長を務めている。APT からのドラフトは WP 8 A 会合での審議の後に承認され，上位の SG 8 会合へ送られ，承認されれば最上位にあたる RA（Radiocommunications Assemblies：無線通信総会）へ送られる。RA で採択された後に ITU-R 勧告となる。

5.8 GHz DSRC については日本の ARIB STD-T 75，T 88 と欧州（CEN）の DSRC 規格が包含されて ITU-R 勧告 M.1452-2 となっている。その他，60 GHz，76 GHz 短距離レーダーに関しても ITU-R 勧告となっている。

3.2 ISO

OSI レイヤ上位層にあたる DSRC 第7層（アプリケーション層）の国際標準化は ISO（International Organization for Standardization：国際標準化機構）TC 204（Technical Committee：技術委員会）WG 15（Working Group 15：第 15 作業グループ）によって行われた。WG 15 は狭域通信の標準化を担当している。当初 WG 15 では第1層，第2層，第7層の3作業課題の審議を行っていたが，5.8 GHz DSRC 以外の各種通信方式が提案されたことから話を集約させるために第7層のみの標準化を進めることになり，2007 年に最終的に ISO 15628 となった。DSRC 第7層は日欧の DSRC 規格を包含するものである。

ISO TC 204 WG 16 は広域通信の標準化を担当しているが，欧米からの提唱による CALM と呼ぶ ITS に関する車載通信プラットフォームの国際標準化に力を入れている。CALM には各種のメディアが含まれることから日本の DSRC 関連規格についてもその一部とする検討が行われている。ただし，CALM は今のところ実用化されていない。

4 次世代 DSRC

DSRC は ETC が主な目的とされていたが，近年のアプリケーションの多様化，無線通信システムの高度化に伴って，次世代 DSRC の検討が始まっている。

第4章　車両関係通信 (ITS)

4.1　日本の安全運転支援システム

2006年，内閣官房が発表した「IT新改革戦略」の中の"世界一安全な道路交通社会の実現"を受けて官民が連携した活動が始まっている。官民によるITS推進協議会が発足し，民間側ではNPOのITS JapanがJ-Safety委員会を発足させ，3分科会によって活動を推進している。具体的には，既存のプロジェクトであるSmart Way（国土交通省道路局）やASV（Advanced Safety Vehicle：先進安全自動車，国土交通省自動車交通局），DSSS（Driving Safety Support System：安全運転支援システム，警察庁），ユビキタスITS（総務省）の成果を集約し，交通事故死者の低減を図ろうというものである。2008年には公道による大規模実証実験が，2010年には実用化システムが全国展開開始の予定である。

ASVやDSSSでは路車間通信に加え車車間通信の導入が検討されている。車車間通信は既にITS情報通信システム推進会議で5.8 GHz CSMA方式が検討されているが，新たな周波数のUHF帯や新変調方式も提案されている。今後，実用化に向けて検討が行われる予定である。

4.2　欧米の次世代DSRC

ETCには欧州では5.8 GHzパッシブ方式が，米国では915 MHzパッシブ・アクティブ方式が導入されて今日に至っている。しかしながら，欧米共に現在のDSRCには限界があることから次世代DSRCの検討が行われている。

4.2.1　欧州

欧州では安全運転支援システムを中心とする検討が活発に行われている。特に，欧州では5.8 GHz帯の周波数割当が20 MHz（国により10 MHz）のみであり，ETC以外のアプリケーション展開のためには，新たな周波数の確保が必要となる。ETSIを中心にECの協力を得て5.9 GHz帯に安全運転支援用として20 MHzを，その後で一般ITS用として40～50 MHzの割当を確保しようとの動きがある。仮に5.9 GHz帯での周波数割当が実現した場合には欧米でDSRC用としてほぼ同一周波数を確保することになる。

また，DSRC通信方式については，欧州は米国が策定しようとしているIEEE 802.11p規格をそのまま導入する方針である。ただし，上位層についてはIEEE 1609シリーズをそのまま導入せず，欧州のリクワイヤメントを満たす規格とする模様である。

4.2.2　米国

米国では10年以上に渡って全米共通のDSRC規格の策定に向けた努力が続いている。米国のETCが複数存在したことからUS DOT（US Department of Transportations：米国運輸省）は全米統一の915 MHz DSRC規格を策定したが，ETCに使われることが無いまま今日に至っている。その後，US DOTはFCC（Federal Communications Commission：連邦通信委員会）から

の新周波数割当を受け，DSRC 用周波数を 5.9 GHz に変え，規格の策定を目指すこととなった。

5.9 GHz DSRC 標準化作業は当初 ASTM（American Standards for Testing and Materials：米国試験材料協会，現在の ASTM International）で行われており暫定的な規格として ASTM E 2213 が策定されている。その後，標準化の舞台を IEEE 802.11 委員会に移管し，DSRC を WAVE（Wireless Access in Vehicular Environment）と呼ぶようになった。IEEE 802.11 委員会は TGp として 5.9 GHz DSRC/WAVE 規格である IEEE 802.11 p の策定を目指した活動が続いている。IEEE 802.11 p は無線 LAN である IEEE 802.11 をベースに高速移動体での通信が可能となるように変更を加えるものである。IEEE 802.11 委員会事務局の予測によると IEEE 802.11 p の完成は 2009 年 4 月となっている。米国では US DOT が中心となって，全米規模のプロジェクトである VII（Vehicle Infrastructure Integration）が推進されている。VII では 5.9 GHz DSRC/WAVE を中核技術と位置付けており，2008 年第 4 四半期に DSRC/WAVE 車載器の全新車搭載要否の判断をすることになっている。図 3 に北米の DSRC 標準化の経緯を示す（2007 年 4 月現在）。

また，上位層については IEEE 1609 委員会が 4 規格の策定を行っており，2007 年 3 月，Version 1 と呼ばれている暫定標準（Trial Use）の策定を終えている。図 4 に北米 5.9 GHz DSRC/WAVE 規格の構成を示す。今後，安全運転支援などのアプリケーションに適用が可能な最終標準（Full Standard）の策定に向けた活動が行われる予定となっている。

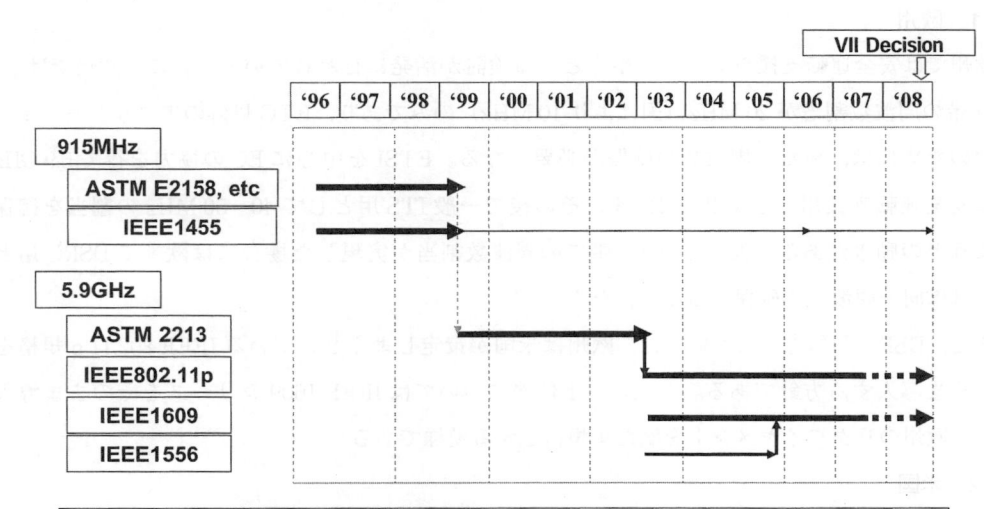

図 3　北米 DSRC 標準化の経緯

第 4 章　車両関係通信（ITS）

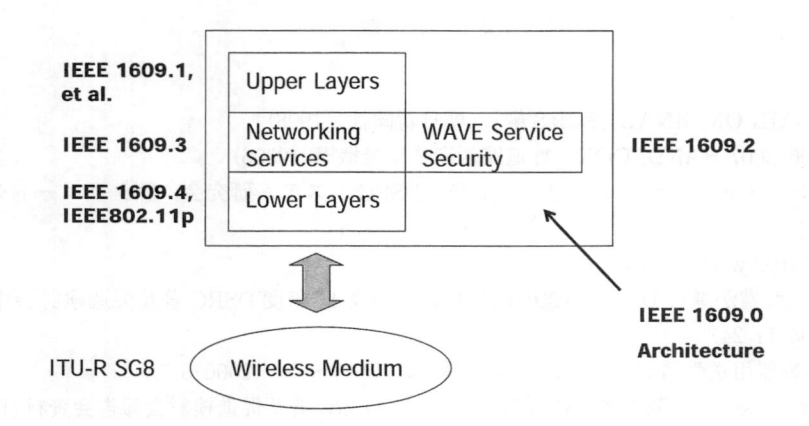

図 4　北米 5.9 GHz DSRC/WAVE 規格の構成

　北米 IEEE 802.11 p の規格策定作業の終わりが見えてくれば，チップセットも出現するものと考えられる。

5　おわりに

　DSRC の周波数帯は国際的に 5.8/5.9 GHz に集約される傾向にある。特に，欧米では 5.9 GHz 帯で同じ周波数となる可能性がある。

　DSRC 規格は，今のところ日米欧で国際的な共通点は無いが，次世代 DSRC では米国に倣い欧州も IEEE 802.11 p を導入する可能性があり，欧米が周波数と通信方式で同じになる可能性がある。ただし，上位層については米国が IEEE 1609 であるが，欧州は独自規格を導入する模様である。

　チップセットについては日米欧共に ETC レベルでは車載器の広範囲な普及もあって存在しているが，安全運転支援用の車車間通信を含む次世代 DSRC/WAVE についてはこれから開発が行われる状況となっている。

　今後の課題としては WiMAX などの新メディアと DSRC/WAVE の関係，車両のデザインを配慮した複数の通信系を車載化するための集積化や車載アンテナの配置などがある。

文　献

1) ITS, ASAHI ORIGINAL ［SCIaS 編］，朝日新聞社（1998）
2) ITS 2006-2007 HANDBOOK，㈶道路新産業開発機構（2006）
3) ITS インフォメーションシャワー，p. 15，DSRC システム研究会，㈱クリエートクルーズ（2000）
4) ARIB, http://www.arib.or.jp/
5) 小林哲，整備が進む DSRC 関連の技術規格，平成 17 年度 DSRC 普及促進検討会中間報告会（2005-11-24）
6) ETC 車載器用送受信システム，三菱電機プレスリリース（2006-6-7）
7) 中間保利，DSRC 車載器標準仕様案について，DSRC 普及促進検討会報告会資料（2005-3）
8) 業界初 ITS 車載器用路車間 CMOS RFIC のサンプル出荷開始，沖電気工業プレスリリース（2006-9-6）
9) ETC 便覧　平成 17 年版，㈶道路システム高度化機構（2007）

第5章　照明（LEDヘッドランプなど）

佐藤　孝*

1　はじめに

現在，自動車用ヘッドランプには，光源として主にハロゲン電球と高輝度放電灯（HID）が使われている。ハロゲン電球は1970年代から使用され始め，現在でも多くの車両に採用されている。ハロゲン電球は構造が簡単で製造コストが安く，また車両からの電圧がそのまま利用でき，特別な点灯回路等も不要であることから，性能コスト比の面で優れている。一方HIDは欧州で1990年代初頭に実用化された。ハロゲン電球と比較し，光束数2倍以上，消費電力約1/2，寿命は2倍以上となっている。しかしながらバーナと呼ばれる放電管はハロゲン電球と比較して高価であり，さらに放電灯システムのため，点灯には昇圧安定化回路のバラストと起動時のイグナイタが必要である。従ってトータルシステムではかなりのコスト高となっている。しかしながら，HIDは夜間の安全性向上，また消費電力の少なさから現在では小型車にまで採用が拡大されつつある。

ヘッドランプには，軽量化，灯具の奥行き低減，照明性能の向上，さらに歩行者保護の観点から，衝突時の衝撃を和らげる柔軟な構造等が求められている。一方ヘッドランプにはスタイリングの面からは"車の顔"を形成する上で重要なアクセントとしての意匠部品の役割もある。そのためデザイナーの意図に応えられるよう，様々な意匠外観を提供できる事が求められている。

2　LEDヘッドランプの動向

近年のモーターショーでは多くのコンセプトカーがLEDヘッドランプを装着している（図1）。また慶応義塾大学が製作した電気自動車EllicaにはLEDヘッドランプが搭載された（図2）。また量産車でも世界初のLEDヘッドランプを搭載した車両が発表された（図3）。

LEDヘッドランプが注目されているのは，従来とは全く異なる外観が実現可能なことだけでなく，省電力，長寿命，メンテナンスフリーにつながる高信頼性，水銀等の環境負荷物質の低減，

＊　Takashi Sato　スタンレー電気㈱　研究開発センター　技術研究所　主任技師

自動車用半導体の開発技術と展望

図1　LEDヘッドランプを搭載したコンセプトカー

図2　慶應義塾大学のEllica

図3　量産車のLEDヘッドランプ
出展：小糸製作所

小型化，薄型化，軽量化による搭載性の向上が見込めるためである。この様にLEDヘッドランプには次世代の技術として大きな期待が寄せられており，急ピッチで開発が進められている。

3　自動車用ヘッドランプに求められる要件

3.1　動作環境

　自動車外装部品としての使用環境は様々であるが，温度環境を一例としてあげると，真夏の砂漠の様な+60℃を超える環境から，厳冬の北欧の様に-40℃の環境に対応する必要がある。ヘッドランプに対する要求性能仕様は，各自動車製造者によって若干の差異はあるが，放置条件で-40℃から+120℃，動作保証で-40℃から+80℃が要求される。またヘッドランプ背面はエンジンルームにも近いので直接熱の影響を受ける。さらに前面からは泥，雨，雪にさらされる苛酷な使用条件となっている。また光源寿命は3年間以上のメンテナンスフリーが要求されている。

3.2　法規

　ヘッドランプから発せられる配光は，夜間の安全性を確保するために最も重要であり，基本性

第5章　照明（LEDヘッドランプなど）

能である。各国，地域によって独自の法規が制定されており，それぞれ適用，運用されている。各国，地域の法規には共通の部分もあるが，異なる通行帯を含め相容れない部分も多い。現在，国際標準化に向けて統合，共通化の議論がなされている。以下に各国のヘッドランプ配光に関する法規を示す。

日本　道路運送車両の保安基準

欧州　ECE Regulation No. 48：ヘッドランプ取り付け要件，No. 98：HIDヘッドランプ，No. 112：ハロゲンヘッドランプ，

米国　FMVSS（Federal Motor Vehicle Safety Standard）米国連邦自動車安全基準 No. 108

3.3　配光

　自動車用ヘッドランプの配光は，上記の法規を満足する事に加えて，夜間の視界を確保しつつ，対向車にはまぶしさを与えない様，CAE，CGを駆使し最適な配光を目指して設計している。例えば，遠方視界ためには，視線の中心に20000～30000 cd程度の高光度帯が必要である。一方，対向車の運転者に幻惑を与えないためには500 cd程度まで光度を制限する必要がある（図4）。

　遠方到達度や左右の広がりを評価する場合は，路面上に等照度曲線を描いて評価している（図5）。

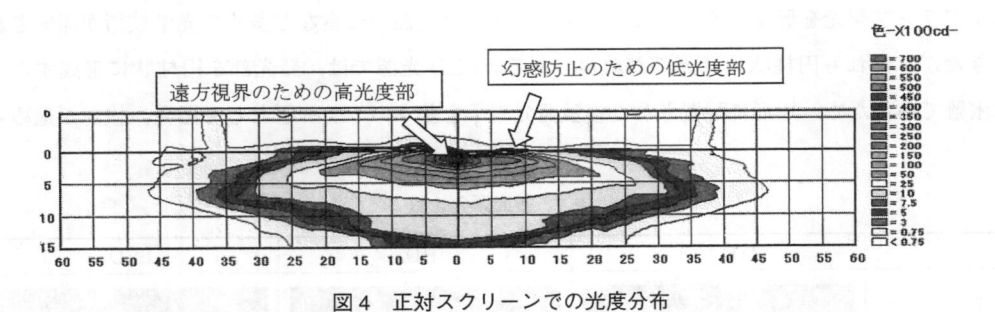

図4　正対スクリーンでの光度分布

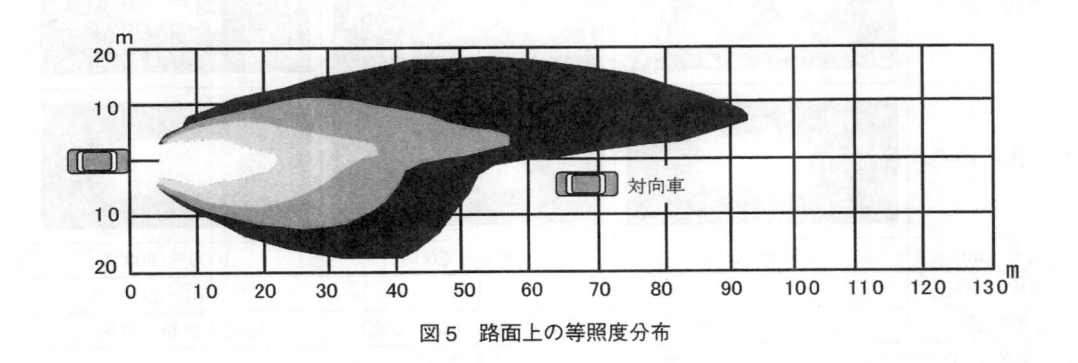

図5　路面上の等照度分布

4 LEDヘッドランプの構成要素と課題

LEDヘッドランプと従来のハロゲン，HIDヘッドランプの大きな違いは光源，光学系，点灯回路，熱マネジメントである。それぞれの比較と，課題について述べる。

4.1 光源

LEDを光源としてヘッドランプを成立させるためには，以下の3点が要求される。表1は各光源の比較である。ここでは主にロービーム（すれ違いビーム）に関して述べる。

4.1.1 光束

通常のHIDヘッドランプのロービームは600～1100 lmの光束が灯体から発せられる。この光束は法規を満足し，十分な安全性を確保する上で重要である。LED光源からの光でロービーム配光を形成する過程で30～40%の光束のロスが避けられないので，HIDヘッドランプと同等の光束をLEDヘッドランプから発せられる様にするためには，計算上1000～1800 lmが光源として必要である。参考であるがハロゲン，HID光源の光束のロスは構造上60～70%となっている。

4.1.2 形状

通常のハロゲン電球，HIDヘッドランプ光源の発光部は共に細長い円柱状である。これらのヘッドランプ配光を形成するために，レンズ形状や反射面の改良など多くの光学技術が開発されてきたが，何れも円柱状の発光部が前提である。LED光源では，発光部を円柱状に形成するのは困難であるため，矩形に配置された複数発光素子を基本パッケージとして開発，検討が進めら

表1 各光源の比較

	ハロゲン	HID	LED
外観形状	H4	D2S	
発光イメージ			
光束 [lm]	1000～1500	3000～3200	1000～1800*
輝度 [Mnit]	20	100	10～20
駆動方式	12～14 V（直流）	定電力回路（高圧交流）	定電流回路（直流）

＊単体LEDでは無く，ヘッドランプを成立させるための必要光束

第5章 照明（LEDヘッドランプなど）

れている。

4.1.3 発光色と法規

ヘッドランプ光源の発光色は各国法規にて白色と定められており，その範囲はCIEの色度座標で定義されている（図6, 7）。

各国の採用規格は以下である。

日本　道路運送車両の保安基準
欧州　ECE Regulation No. 37：ハロゲン光源，Regulation No. 99：HID 光源
米国　FMVSS No. 108 全光源に適用（ECE Regulation No. 37：ハロゲン光源と同一範囲）

LED ヘッドランプ光源の色度範囲は HID，ハロゲンのいずれを適用するかは，現在検討中である。

4.1.4 発光スペクトル

ハロゲンランプはフィラメントの赤熱によって発光しているため，プランク放射則の黒体放射に近い，滑らかな分布となっている。HID は水銀の高圧放電発光と，複数の添加物質に起因する輝線スペクトルで形成されている。従って多数の帯域の狭い輝線スペクトルを有する分布となっている。LED に関しては，現時点で最も発光効率に優れている InGaN 系青色素子と黄色蛍光体を組み合わせた白色で検討されている。図8に一般的なハロゲン，HID および白色 LED の発光スペクトルの例を示す。

4.2 光学系と配光形成

現時点でロービーム配光を LED 光源で達成する為には，光束数の面から複数個の LED 光源が必須である。これら複数個光源と，配光を形成する光学モジュールを組み合わせ，所定の配光

図6　ヘッドランプ色度範囲

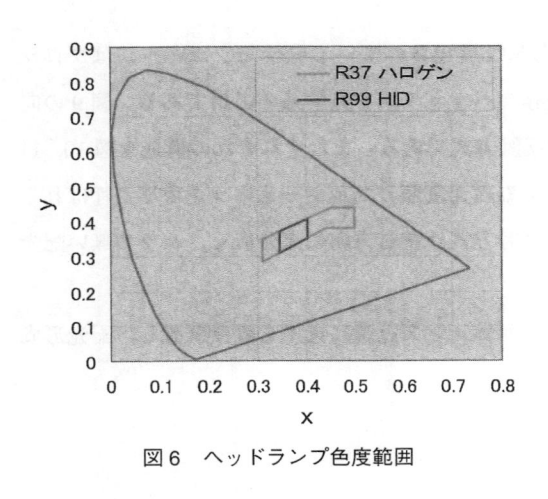

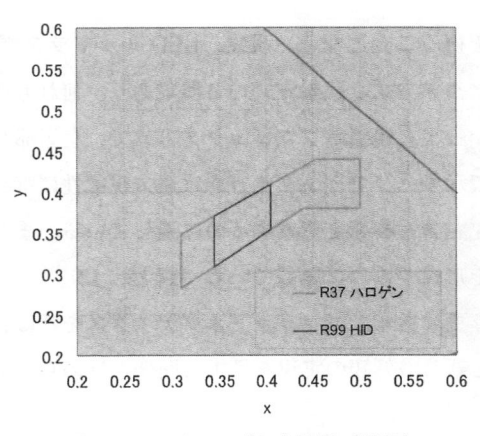

図7　ヘッドランプ色度範囲（詳細）

113

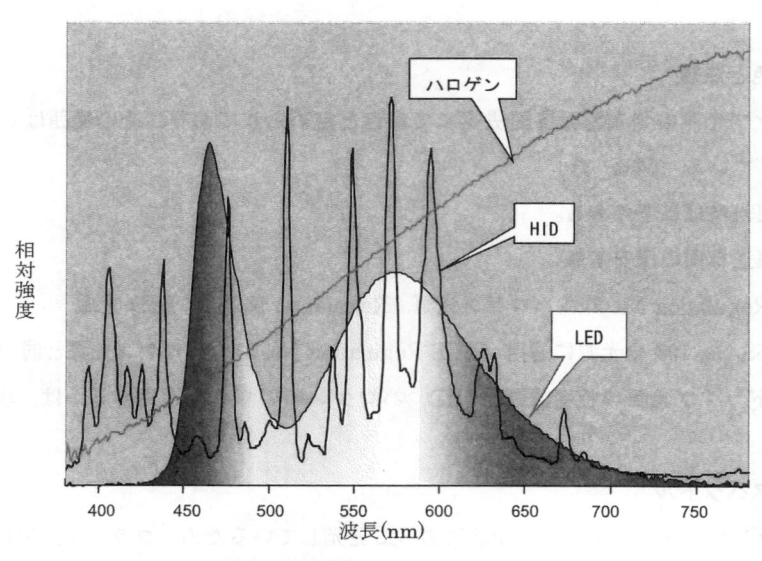

図8 各光源のスペクトル分布

図9 複数の光学系を組み合わせたLEDヘッドランプ

を得ることとなる。現在，LEDヘッドランプとして提案されている光学モジュールにはプロジェクタ方式と反射方式の2種類あり，何れも既存のヘッドランプ光学系の応用である。図9の向かって右側部がプロジェクタ方式で，左側部が反射方式である。またそれぞれの構造を図10，11で示す。プロジェクタ方式は遠方視認性に寄与する高光度部とエルボーとカットオフと呼ばれる左右非対称部を形成するのに適している。また反射方式は左右方向に充分広く，ムラの無い配光を形成するのに適している（図12，13）。

更に近年ではソリッドオプティクスを呼ばれる固体レンズ近傍に光源を直接配置し，配光形成と新しい外観の実現を目指し開発が進められている。

第 5 章　照明（LED ヘッドランプなど）

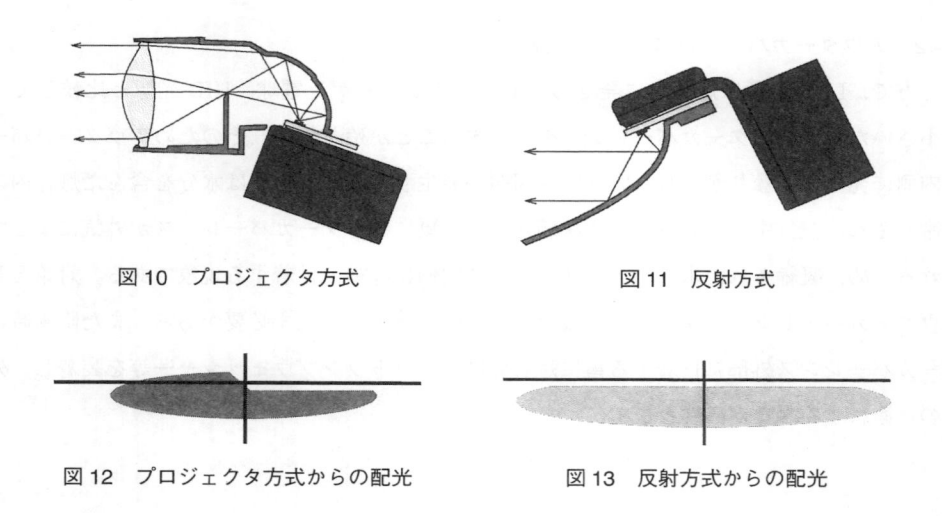

図 10　プロジェクタ方式

図 11　反射方式

図 12　プロジェクタ方式からの配光

図 13　反射方式からの配光

4.3　回路

　車載電子回路に求められる要件（入力電圧，動作保証温度，防水性等）を満足し，信頼性，耐久性の確保できる回路構成，構造が求められる。LED ヘッドランプ用としては定電流の直流安定化電源を基本とし，電力損失，発熱を最小限に抑えるため効率の良い DC-DC コンバータを用いることが望ましい。さらに，LED 断線を検知し異常を通知する断線検知機能，LED 光源の発熱を抑止する熱マネジメント機能などを付加する必要もある。

4.4　熱マネジメント

4.4.1　放熱

　現在，LED 素子には必要とされる光束を得るため，500〜800 mA 程度での駆動が求められ，その結果，電流に比例して熱が発生する。この熱が素子，蛍光体，封止樹脂，ハウジングに劣化等の影響を与える要因となる。そのため信頼性，耐久性を確保する上で熱マネジメントは極めて重要である。さらに LED 素子は他の光源と比較して，発光特性の温度依存性が非常に高い。LED 素子の温度上昇に伴い，発光効率が低下し，熱がより多く発生する。加えて蛍光体の種類によっては，150℃ 程度の高温になると温度消光により輝度が著しく低下する。従って，熱による発光効率低下を防ぐためには，素子で発生した熱をヒートシンク等で速やかに外部に放熱する必要がある。信頼性を高めるためにも走行風，ラジエターファン等からの外気を利用し，特別なファン等の装置は追加しないよう設計される事が望ましい。従ってランプ周辺の部品配置も空気の流れを考慮した設計が必要である。

4.4.2 アウターカバーレンズの曇りと融雪

一方で，LED光源は灯具内に発せられる発熱量がハロゲン電球，HID光源と比較して圧倒的に小さいため，アウターカバーレンズを加温することが殆ど無い。そのためアウターカバーレンズ内側に発生する曇りが取れないという問題が発生する。この曇りは水分を含んだ灯体内の空気が冷やされ，空気中の水分量が飽和状態となり，更にアウターカバーレンズが外気によって冷却されるため，凝縮された水分がアウターレンズ内側に凝縮，付着する現象である。対策としては，アウターカバーレンズ内側に水分を吸収する防曇コート等を施す必要がある。また降雪時にアウターカバーレンズ外部に付着する雪に対しては，ヘッドランプウォッシャー等を装着し，外部からの洗浄による融雪が必要となる。

5 開発課題と改良点

5.1 発光効率

現在，ヘッドランプの使用条件下においてLEDの発光効率は70 lm/W程度である。ハロゲン電球の20 lm/Wは大きく上回っているが，HID光源の90 lm/Wには到達していない。LEDヘッドランプ本来の狙いである省電力を目指すためにも100 lm/W以上が望まれる。そのために発光素子，蛍光体の発光効率の向上が急務である。発光素子に関しては，InGaN系の青色発光素子の改良，また蛍光体に関しては，高温化での温度消光に対する安定性向上，更にエネルギー変換効率の向上を目指し開発が進められている。また酸化物や窒化物の様な新たな蛍光体の検討もなされている。

ヘッドランプに使用されるパワータイプLEDの発光効率は年々向上してきており，LEDメーカの予想では150 lm/Wの効率が2012年頃に達成可能となっている（図14）。

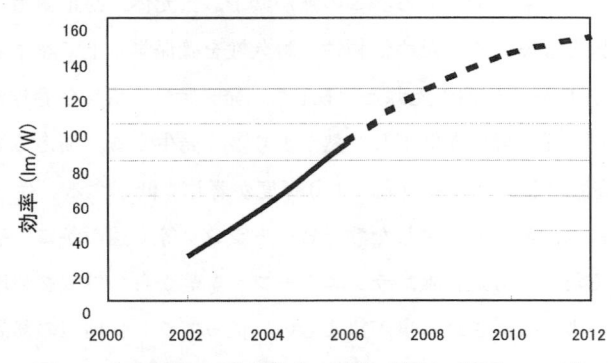

図14 白色LEDの発光効率の推移（出展：米国Cree社）

第5章 照明（LEDヘッドランプなど）

5.2 発光色

現在，InGaN系青色LEDと黄色蛍光体を組み合わせた擬似的な白色光が用いられている。この白色は，光源を直接見るインジケータ等では問題にならないが，ヘッドランプの照明環境下において，対象の物体色を正しく認識するための光源としては不十分である可能性がある。例えば黄色は注意，赤は禁止，青は情報等の様に，交通環境において表示に使用される各色はそれぞれ意味を持っている。したがって色の認識のしやすさが重要となる。現状の白色LEDの発光波長分布では，500 nm付近（緑色成分）と650 nm以上（赤色成分）がやや不足しているため，緑色，赤色の標識の認識が低下する可能性が指摘されている。蛍光体，素子の改良により，より色識別性の高い発光色の実現が望まれる（図15）。

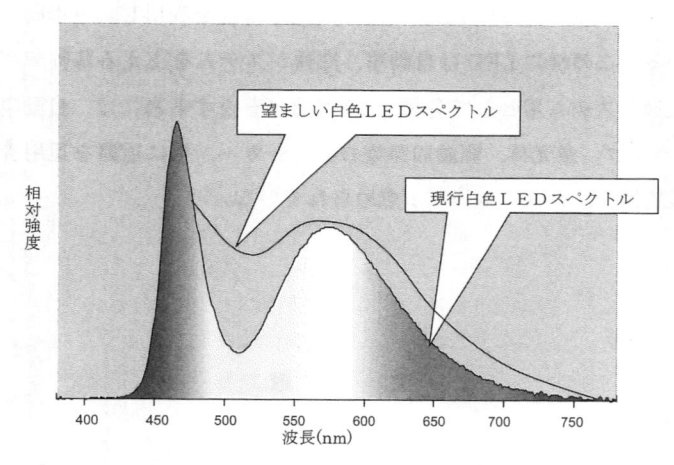

図15 ヘッドランプ用白色LEDのスペクトル分布に関する改良点

5.3 コスト

LEDヘッドランプは，現在の試算ではHIDヘッドランプと比較しても高コストである。一般的にコストは，材料費と製造費に分けられるが，現時点ではヘッドランプ用パワータイプと呼ばれるLED素子や放熱部材が特に高価であり，材料費を押し上げている。今後，他の一般照明分野等で白色パワータイプLEDの生産数が増加すれば，材料費は劇的に下がる事が期待できる。また製造費も，LEDヘッドランプの採用が本格的になるにつれ，量産効果により低下すると予想される。

6 おわりに

今後更に発光素子，蛍光体の高効率化が進み，比較的簡単な光源と光学部品でヘッドランプの

自動車用半導体の開発技術と展望

構成が可能になると，低コスト，低消費電力の効果が現れてくる。当初LEDヘッドランプは一部の高級車，特別仕様車から徐々に採用されていくと予想されるが，近い将来，中型車，更にはハロゲン電球が主流の小型車，軽自動車への展開の可能性も秘めている。今後益々自動車からのCO_2排出規制が厳しくなり，CO_2削減効果のある消費電力の低減が急務となっている。この要求に応える為，LEDヘッドランプのコストが多少高くとも，省電力効果から積極的に採用される可能性も十分にある。また現在普及しつつあるAFS（配光可変型ヘッドランプ）はモータで光学部品を回転させ，配光をカーブ進行方向に向けるものが主流であるが，究極の照射性能を追求する次世代ヘッドランプシステム（あらゆる場面において最適な照射を提供）においては，複数個のLED光源を用い照射方向，範囲を電子的に制御可能なLEDヘッドランプシステムには大きな期待が寄せられている。さらにLEDの持つ高速応答性を利用し，車車間，路車間の光通信等も提案されている。この様にLEDは自動車，交通システムを支える基幹デバイスになりつつある。自動車，交通システム用として各種LEDが更に普及する為には，自動車，外装ランプ，LED素子，LEDランプ，蛍光体，駆動回路等の各メーカー，更に道路を運用管理するインフラ関連と連携した技術開発，システム作りが求められている。

文　献

・スタンレー電気株式会社　社内資料
・小糸製作所株式会社　ホームページ
・道路運送車両の保安基準：国土交通省
・社団法人新交通管理システム協会（UTMS）ホームページ
・NHTSA（National Highway Traffic Safety Administration）：米国運輸省高速道路交通安全局
・FMVSS（Federal Motor Vehicle Safety Standard）：連邦自動車安全基準
　　No. 108：ランプ類，反射器，及び関連装置
・ECE（Economic Commission for Europe of the United Nations）：欧州経済委員会
　　Regulation No. 37：ハロゲン光源
　　Regulation No. 48：ヘッドランプ取り付け要件
　　Regulation No. 98：HIDヘッドランプ
　　Regulation No. 99：HID光源
　　Regulation No. 112：ハロゲンヘッドランプ

第6章 オンボード診断，信号処理とノッキング制御

栗原伸夫*

1 オンボード診断[1]

ガソリンエンジンの排気低減は，新車の時点における性能だけではなく，排気浄化機器に関する経時劣化を診断することも重要である。北米で始まったOBD-II（On-Board Diagnostic System Phase-II）規制は，各種の排気浄化機器を自己診断する機能を備えることを義務付けるものである。これは運転中に排気浄化機器の劣化を逸早く検出してドライバに警報するもので，欧州そして国内においてもこの規制が普及してきている。エンジン制御ユニットの基本機能は，燃料噴射制御，点火時期制御，そして空燃比制御であった。これら従来の制御機能に加えて，診断機能が大きな役割を占めるようになった。このためにエンジン制御ユニットの組込みソフトウェアは，その規模を倍増させることとなった。

自動車から外気へ放出されるガスには燃焼ガスとガソリン蒸気があり，オンボード診断システムではこれら両面からの対応が必要となる。まず燃焼ガスについては，エンジンの失火検出と三元触媒の性能劣化診断が重要である。三元触媒は燃焼ガスのHC，CO，NOxを1/10以下に浄化する機器であり，また失火はこの三元触媒の熱劣化を加速するからである。次にガソリン蒸気であるが，これについてはエバポパージシステムを診断しなければならない。燃料タンク内で気化したガソリン蒸気をキャニスタに吸着し，エンジンの運転状態に応じて吸気管へ回収して燃焼させるシステムである。オンボード診断システムではこのエバポパージシステムにおける外気への漏れを調べる必要がある。これら3種の診断項目が代表的なものである。運転に支障なくまた最小の機器構成でこれらの機能を実現させることが課題となる。

本節では，オンボード診断システムの構成，エンジン燃焼の失火検出，三元触媒の劣化診断，エバポパージシステムのリーク検出についてその具体的な事例を紹介する。

1.1 オンボード診断システム

オンボード診断システムを構成するうえで，コストアップを避けるには部品の増加を極力抑えてマイクロコンピュータの性能向上を利用する，つまり組込みソフトウェアを工夫することが大

---

* Nobuo Kurihara　八戸工業大学　工学部　システム情報工学科　教授

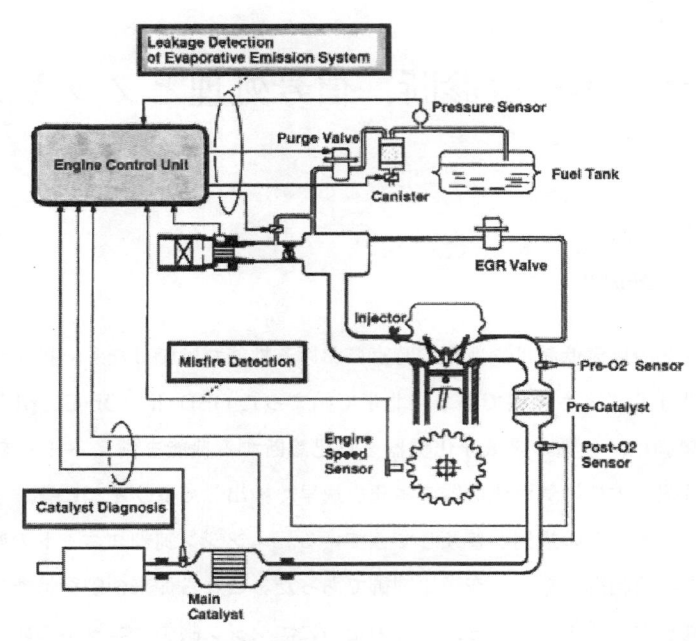

図1 オンボード診断のシステム構成

切である．図1の事例では，失火検出のために，クランク軸に歯数180枚のプレートと回転パルスセンサ（電磁ピックアップ）を取り付け，エンジン制御ユニットに5MHzクロックのカウンタを用意する．触媒劣化診断には，前後にO_2センサを設置して，エンジン制御ユニットでは2値センサの信号ではあるけれどもアナログデータとしてA/D変換により取り込む．エバポリーク検出は，キャニスタの空気口に電磁バルブ，キャニスタの蒸気流入口の上流に圧力センサを取り付け，系を完全に閉じた状態で圧力変化からリークを推定する．

1.2 失火検出

失火検出は，失火しているか（失火有無），それはどの気筒か（失火パターン）を診断するものである．その方法としては，回転変動を利用するものが主流となっている．失火すると僅かに回転数が低下し，その位置（クランク角度）から失火した気筒を判断する．この方法では，高回転かつ低負荷での診断が難しく，回転パルスの計測分解能とデジタルフィルタの構成が鍵となる．以下で詳細に紹介する．

失火検出の基本は発生トルクの低下による回転エネルギの変化を抽出することにある．図2の事例では，クランク上死点の付近でエンジン回転数を測定し，事前の状態からの変化を捉える方式を示す．回転エネルギの変化は(1)式で与えられる．

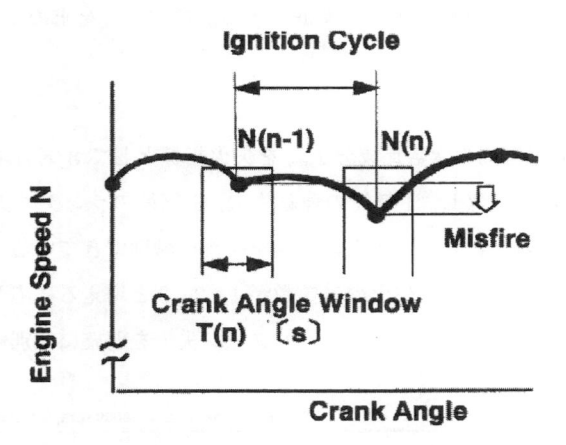

第6章 オンボード診断，信号処理とノッキング制御

図2 失火によるエンジン回転数変化

$$d(I\omega)^2/dt \propto \{N(n)-N(n-1)\}N(n-1) \tag{1}$$

ここで，$N(n)$ の測定域つまりクランク角ウインドウの大きさと位置は精度に影響するので，最適化をはかる必要がある。また，$N(n)$ はクランク角ウインドウの時間 T_n をカウンタで計量するので，オンボードでは(1)式を(2)式の形で算出する方が便利である。

$$\{N(n)-N(n-1)\}N(n-1) \cong (T_n-T_{n-2})/T_{n-2}^3 \tag{2}$$

図3にデジタルフィルタの構成を示す。クランク角ウインドウは積分フィルタに相当し，その大きさは積分時定数に等価である。(2)式に従って，隣接する気筒との差分 ΔT_n を算出する。こ

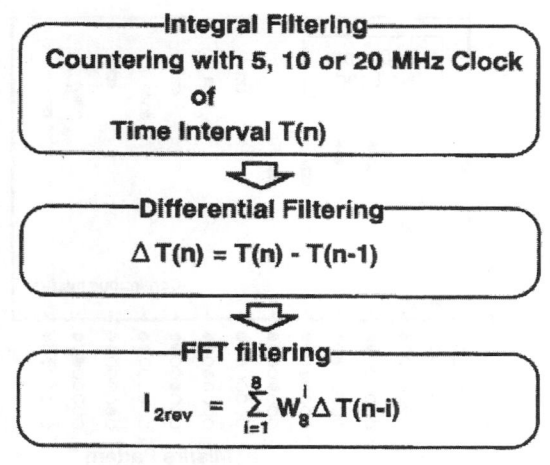

図3 失火検出用デジタルフィルタの構成

の差分 ΔT_n に対してエンジン回転周波数を基底とする次数比成分を求める。

$$I_{2\mathrm{rev}} = \sum_{i=0}^{7} W_8^i \Delta T_{n-i} \tag{3}$$

(3)式で定義した2回転区間の次数比成分 $I_{2\mathrm{rev}}$ を失火指標として8気筒エンジンを用いて実験した結果を図4に示す。失火無し，1気筒の連続失火，1気筒のランダム失火に対する失火指標をプロットしたものである。どちらも失火の有無を明確に識別できている。図5に複数気筒を毎回失火させた時の検出結果を示す。失火の気筒数が1, 2, 3と増えるに応じて，回転エネルギの変化を表わす失火指標が大きくなることから，パターン失火を明確に識別できる。このように，

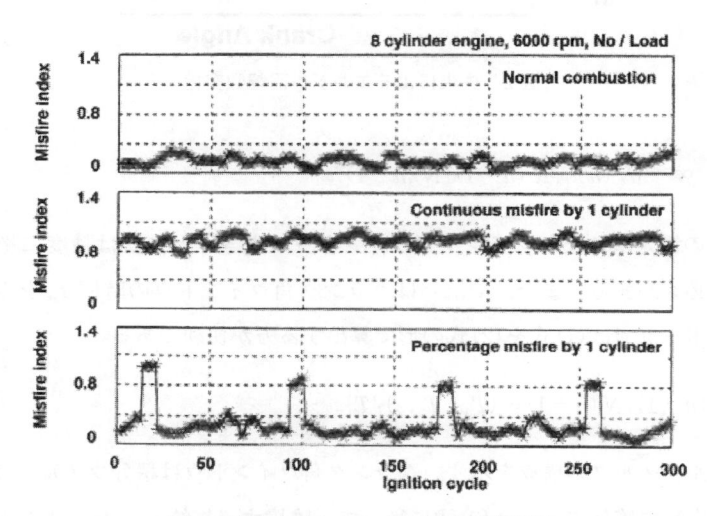

図4 連続失火とランダム失火の検出例

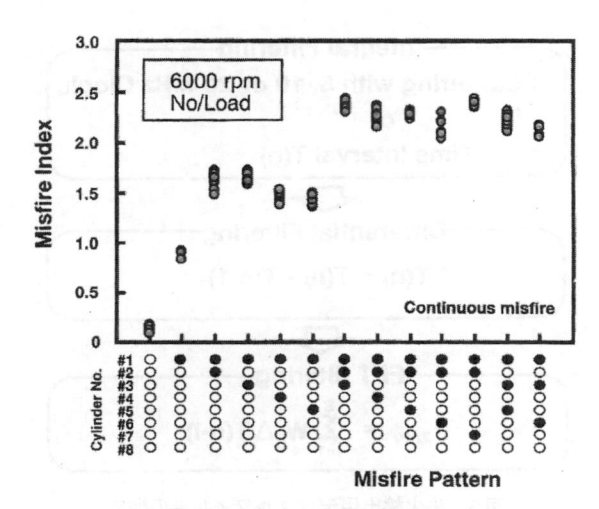

図5 パターン失火の検出例

第6章　オンボード診断，信号処理とノッキング制御

6000 rpm，無負荷という厳しい条件下において，失火の有無ならびに失火パターンの識別が確認された。

1.3　三元触媒診断

三元触媒を用いて排気浄化するには，その性能を引き出すうえで排気の空燃比をストイキ（14.7）に維持する必要がある。触媒の上流にリーン/リッチの2値特性を持つO_2センサを設置して燃料噴射量を微調する方法が取られている。所謂，O_2フィードバック制御であるが，±3～5%の定常偏差が存在する。これは制御系の遅れ補償の問題というよりも，むしろ触媒の自己被毒を避けるために積極的に空燃比を摂動させている。触媒診断は浄化性能に影響を与えぬよう，このO_2フィードバック制御による空燃比の定常的な変化を利用する。

本項では，相関法による触媒診断の事例を紹介する。その原理は，触媒の劣化により触媒前後の空撚比の摂動が類似してくることに着目し，この類似性を相関関数で定量評価する方法である。

図6で相関法による三元触媒診断システムの構成を示す。触媒が劣化すると担持されているセリア（CeO_2）による酸素貯蔵能力が低下して空燃比に対する過渡応答が速くなり，触媒茆の変動がそのまま後側に伝達されるようになる。診断では，まず触媒の後流にO_2フィードバック制御と同一のO_2センサを追加する。ここで触媒前後の信号を$x(t)$，$y(t)$とする。$x(t)$は触媒前の空燃比をストイキ（14.7）に保つO_2フィードバック制御の制御偏差である。診断システムはまずバンドパスフィルタで制御周波数とその近傍の成分を抽出し，次に信号波形の類似性を相関関数で記述する。図7で相関法に基づく触媒劣化指標の計算内容を示す。(3)式に従って，相互相関関数$\Phi_{xy}(\tau)$を制御周期以上の区間にわたる積分により求める。同時に求めた触媒前の信号$x(t)$の自己相関関数$\Phi_{xx}(0)$で正規化し，積分区間での最大値を(4)式で求め，触媒劣化指標DI

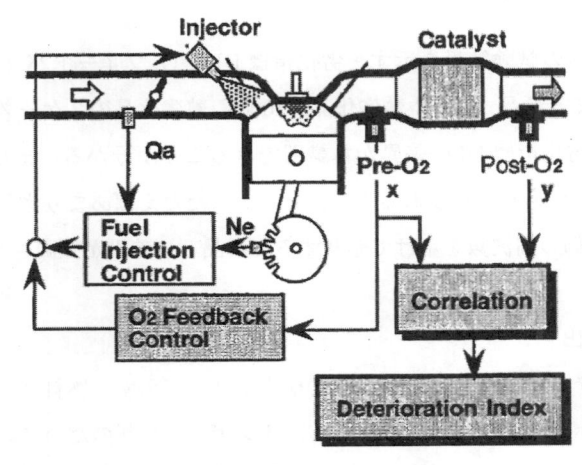

図6　触媒診断のシステム構成

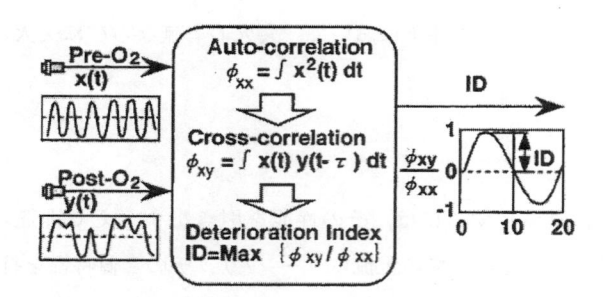

図7 相関法による触媒診断

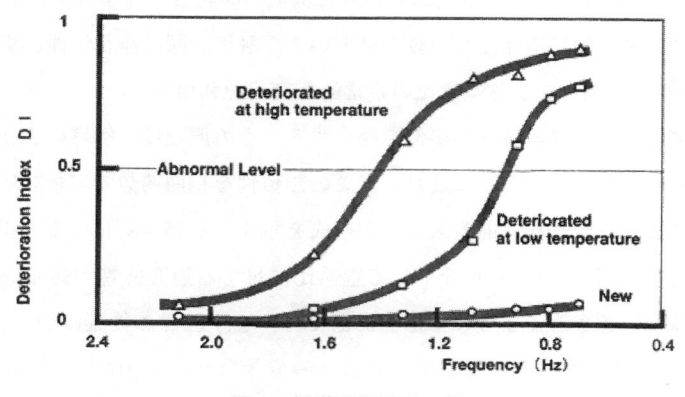

図8 触媒診断結果の例

とする。

$$\Phi_{xy}(\tau) = \int x(t)y(t-\tau)dt \tag{4}$$

$$DI = \text{Max}\{\Phi_{xy}(\tau)\}/\Phi_{xx}(0) \tag{5}$$

図8で三元触媒診断の試験結果を示す。劣化指標DIとO_2フィードバック制御周波数の関係で整理したものである。新品，900℃熱劣化品，1000℃熱劣化品の3ケースがプロットされている。これらの触媒は劣化指標DIの差異から識別できることが分かる。また劣化指標DIは診断時の制御周波数によっても様子が変わることが分かる。たとえばあまり劣化していない触媒でもO_2フィードバック制御の周波数を下げて診断すると新品との差異が強調されると言える。

1.4 エバポリーク検出

エバポパージシステムを診断するための機器構成を図9で示す。燃料タンク，キャニスタ，パージ弁から成るエバポパージシステムに対して，オンボード診断のために新たにエアポンプ，空気流入弁，圧力センサ，そしてゲージ弁を装着する。大気と圧力差を保持した状態で系を閉じ，

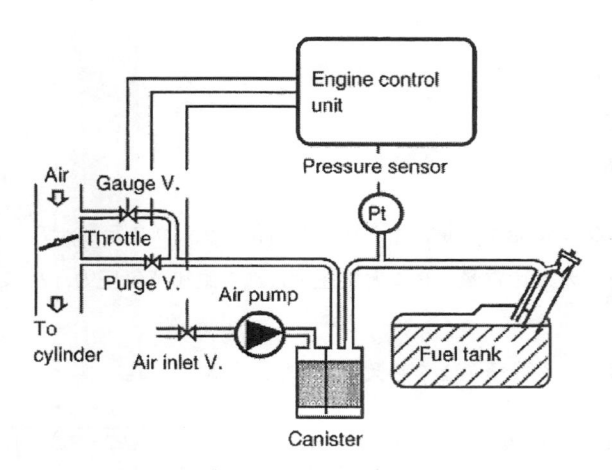

第6章 オンボード診断，信号処理とノッキング制御

図9 エバポリーク検出のシステム構成

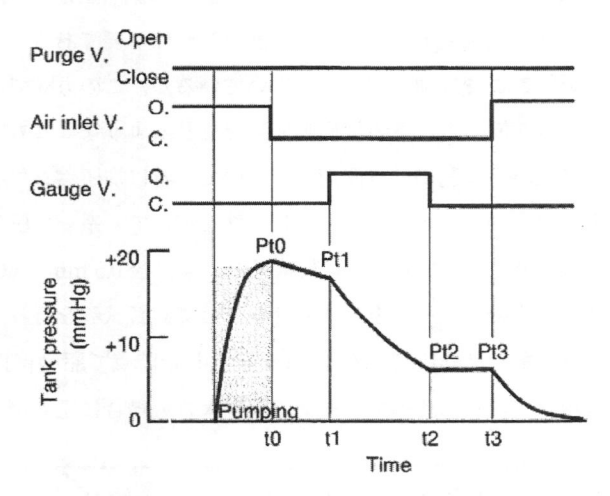

図10 ゲージ式によるエバポリーク診断

リークによる圧力勾配を測定することでリークを検出する．図10にオンボード診断での制御弁の作動と圧力変化を示す．まずパージ弁とゲージ弁を閉じておいて，エアポンプを始動する．所定の圧力になった時点 t_0 で停止し，エアポンプ上流の空気流入弁を閉じる．所定時間を経過した時点 t_1 から時点 t_2 にかけてゲージ弁を開き，さらに時点 t_3 で空気流入弁を開いて系を大気開放して診断を終了する．この動作期間における各時点での圧力変化率（dP_{t1}/dt，dP_{t2}/dt，dP_{t3}/dt）を測定した結果から，リークをオリフィスと想定した際の等価リーク径を推定する．

リーク径を求める基礎式は次の通りである．

$$dG_l/dt = A_l\sqrt{\{2g\gamma(P_a-P)\}} \tag{6}$$

$$dG_v/dt = k(P_s - P_g) \tag{7}$$

$$PV = (G_l - G_v)RT \tag{8}$$

G_l：リークガス量，G_v：蒸発ガス量，A_1：リーク面積，R：ガス定数，T：ガス温度，G_v：エバポシステム容積，γ：ガス比重量，P_a：大気圧力，P_s：飽和蒸気圧力，P_g：ガス分圧，k_1：蒸発率をそれぞれ示す。

(5)式～(7)式よりリーク面積 A 1 を与える(8)式が誘導される。

$$A_1 = A_g / \{(dP_2/dt - dP_3/dt)/(dP_1/dt - dP_3/dt)\} \sqrt{(P_a - P_{t1})/(P_a - P_{t2}) - 1} \tag{9}$$

本方法は(8)式から分かるように，タンク容量，空気密度，燃料温度の影響を除去できることから，タンクレベルセンサ，吸気温センサ，燃料温度センサは不要である。また圧力センサの感度誤差の影響も受けない。ここでは加圧ポンプを用いているが，この方式であればエンジンの運転状態に依らずにいつでも診断でき，さらに回転変動を生じるようなこともない。キャニスタの容量が大きいエンジンではパージ制御に時間がかかるので，特に加圧ポンプを使う方法が有利である。ただし，コストの観点から，エンジンの運転条件を選んで，系を負圧にして診断することも同様にして可能である。図11で加圧式の試験結果を示す。径 0.5 mm，1.0 mm，1.5 mm のオリフィスを配管に設置して模擬のリークを発生させることで診断試験を行った。ポンプ制御は圧力が 18 mmHg となるか，または昇圧時間が 15 秒を経過した時点で駆動停止するようにした。時間制限を加えたのはポンプ流量に比べてリーク流量が大きい場合に圧力が上昇しないからであ

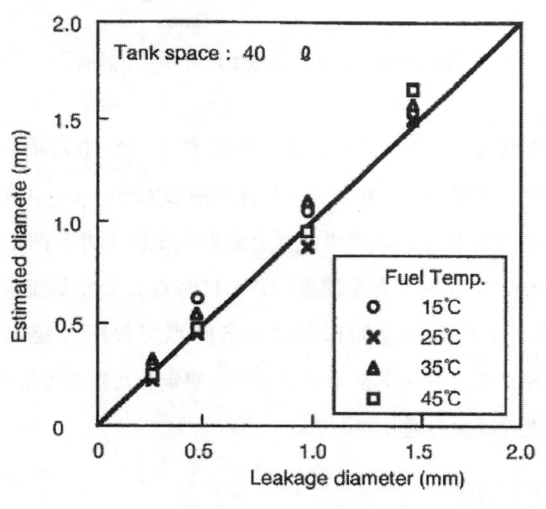

図11 エバポリーク診断結果の例

第6章 オンボード診断，信号処理とノッキング制御

る。またゲージ弁の制御は開閉時間を一定にして実施した。ゲージ弁の径は 1.0 mm とした。燃料タンクが満タンおよび半分のどちらにおいても安定した結果が得られ，リーク径 0.5 mm の検出が可能であることが分かる。

2 信号処理とノッキング制御[2]

　ガソリンエンジンにおける燃焼制御の基本は，回転数と負荷に応じたフィードフォワード制御である。そのうえで環境変化や機差などを吸収するために 2 種類のフィードバック制御が用いられる。1 つは排気酸素濃度を所定値に保つ空燃比制御であり，そして他の 1 つがノッキング発生頻度を管理する点火時期制御（ノッキング制御）である。エンジン制御用の組み込みコンピュータが 10 年で 10 倍ものスピードで性能向上を続けており，これを高度利用することで，フィードバック制御がより精密なものに進化してきている。本節ではノッキング制御の現状と今後について，その技術課題とデジタル信号処理を駆使した解決策について述べる。

2.1　ノッキング制御

　ガソリンエンジンでは点火時期の最適化にノッキング制御が用いられる。点火時期はエンジン試験の結果から定めた負荷―回転数の 2 次元マップの値で燃焼ごとに設定される。つまりこのフィードフォワード制御によってエンジンの特性に即した点火時期制御が実施される。つぎに燃料の性状や空燃比の変化など運転条件に応じて燃焼を最適化するための微調整機能が求められる。燃焼の結果でフィードバック制御する手段，これがノッキング制御であり，約 4% の燃費低減効果があるとされる。ガソリンエンジンの燃焼は点火に始まる火炎伝播であるが，点火時期を進角していくと燃焼が促進されて高温かつ高圧となるため自発火が発生する。この自発火現象がノッキングでありこれによりシリンダ内圧力の共鳴振動を生じる。連続発生はシリンダ内壁の損傷に繋がることから回避すべきであるが，一方で最大トルクを実現する燃焼でもある。このことから前述の 2 次元マップを起点に徐々に進角し，微小なノッキング（トレースノック）を生じたら直ちに遅角して連続発生を防ぐという積極的な制御戦略を実行するものがノッキング制御である。制御システムとしての構成は，シリンダ内圧力振動の検出機構，共鳴振動成分の抽出機構，ノッキング判定機構，点火時期の進角・遅角機構である。

　ガソリンエンジンの燃費低減のために進展する希薄燃焼（リーンバーン）においてはさらにノッキング制御の重要性が増している。つまり点火時期制御の 2 次元マップを広範囲な空燃比にわたって用意することは困難であるからである。また最近では筒内噴射エンジンが普及しつつあるが，この場合でもノッキング制御が重要である。筒内噴射の場合，直接に噴射される燃料でシリ

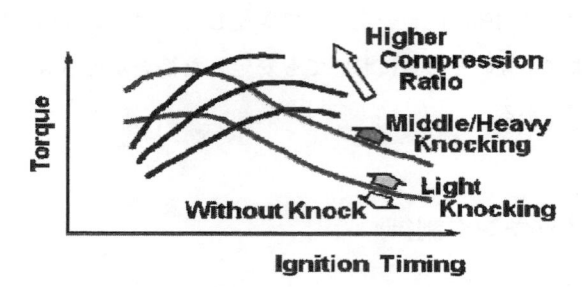

図12 点火時期とトルクの関係

ンダ内の空気が冷却されるのでノッキングを生じにくくなるが，その分だけ燃費低減のために圧縮比を上げることになるので相殺される．さらに，図12で示すようにノッキングの発生条件をトルクと点火時期の関係をみると，圧縮比が高くなるほど僅かな点火時期の偏差がトルク低下に繋がり易く，より高精度なノッキング制御が必要とされると言える．

ノッキング制御システムの基本的な構成は1990年代に確立しているが，1990年代におけるマイクロコンピュータの性能向上によって改善され普及が進んでいる．その制御域も当初は低回転数域に限られていたが，最近では回転数の全域にて適用できるようになってきた．しかしながら加速時における制御性能に課題を残している．つまり現行のノッキング検出では10回転近くの遅れをともなうことから，回転数が急速に変化する運転域では応答できないのが現状である．本稿ではECUに組み込まれるシングルチップマイクロコンピュータの進展を活用したノッキング検出の性能向上とさらなる応答性改善の可能性について述べる．

2.2 マルチ周波数スペクトル方式

ガソリンエンジンでは，点火時期を進角して行くと燃焼が促進され次第に高温高圧となり，点火による火炎伝播とは別に自発火（ノッキング）を生じる．気筒内圧力の共鳴振動によって現象を捉え，ごく小さな段階（トレースノック）で，100燃焼中に数回の頻度を維持するように点火時期の操作で管理するのがノッキング制御である．ノッキング制御システムの基本構成について図13に示す．エンジンブロック壁に取り付けた振動センサ，信号から共鳴振動を抽出する手段，ノッキング発生を判定する手段，点火時期を操作する手段から成る基本構成は従来から変わっていない．

ノッキングが発生すると筒内でいくつかの共鳴振動モードに応じた圧力振動が発生する．Draperによればノッキングの振動周波数は(10)式で表される．ここで，F_r：共鳴振動周波数，C：音速，ρ_{mn}：振動モード定数，B：シリンダ径を示す．図14の実験例では5kHzから20kHzの間に5つのモードが見られる．

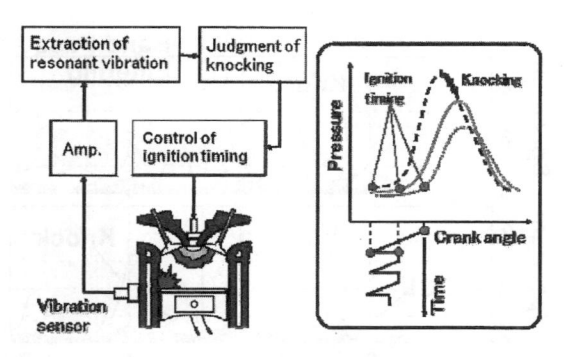

第6章 オンボード診断，信号処理とノッキング制御

図13 ノッキング制御システム

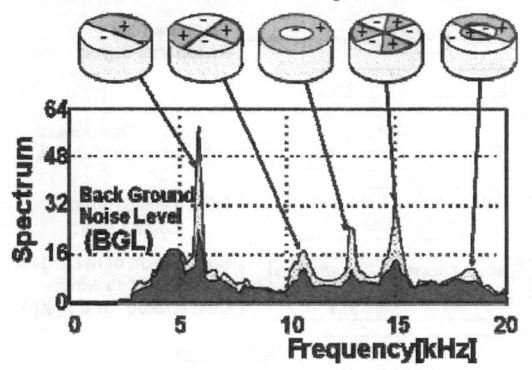

図14 ノッキングによる共鳴振動

$$F_r = \rho_{mn} \frac{C}{\pi B} \tag{10}$$

当初の方法では，エンジンの機種に応じて発生しやすい共鳴振動モードの1つを選んで，この共鳴振動モードに相当する周波数成分をバンドパスフィルタで抽出していた。しかしこの方法ではノッキングを検出し損なうことがある。たとえば図15において，11 kHz付近での発生が多いエンジンでも15 kHz付近の共鳴振動モードで発生することがある。

マルチスペクトル方式は，組み込みマイクロコンピュータでリアルタイム周波数分析を実行することで，常にすべての共鳴振動モードを監視するようにしたものである。この実現には従来の回転同期サンプリングに加えて時間同期しかも高速サンプリングすることが要求され，マイクロコンピュータの性能／価格の革新があった。図16にマルチスペクトル方式によるノッキング検出の具体的な手順を示す。振動センサの信号をクランク角ATDC 10～60度の間にわたり約20 μ秒で高速サンプリングする。次に高速フーリエ変換して共鳴振動の周波数成分P(i)を求める。

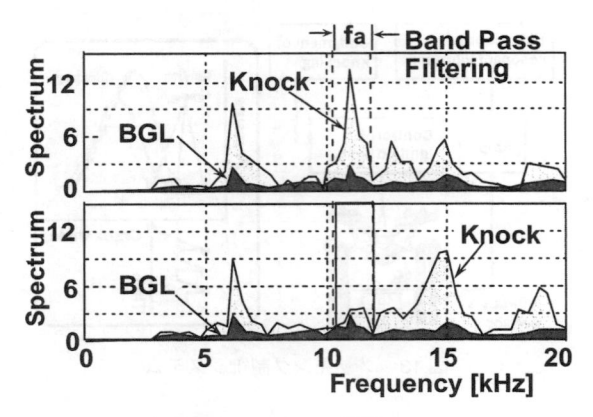

図15 ノッキング検出ミス

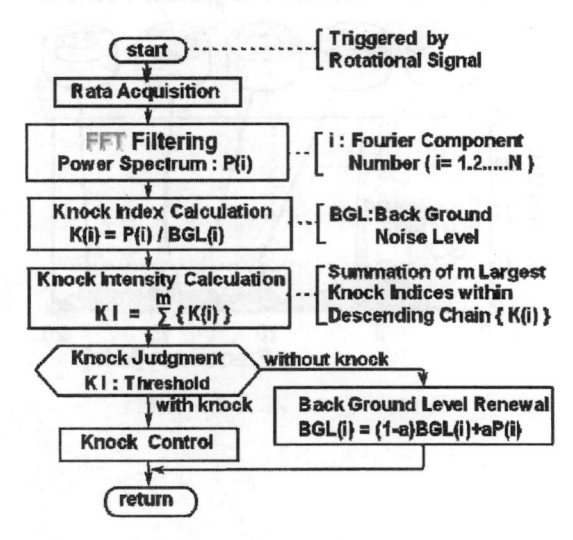

図16 マルチスペクトラル方式

この共鳴周波数ごとに用意されたバックグラウンドレベル BGL(i) との比 K(i) を求めて正規化し，さらに総和 KI を計算する。この KI はノッキングエネルギを表すと考えられ，これをノッキング指標とする。ノッキング指標 KI が所定値を超えたときにノッキング発生と判定して，点火時期を遅角して連続発生を防ぐ。図17はマルチスペクトル方式による制御の効果を示す。全回転数域で適用できるとともに従来方式に比べて平均 1°CA の進角が達成されている。マルチスペクトル方式はすでに実用化され，マイクロコンピュータのさらなる発展と共に普及が進んでいる。

第6章 オンボード診断，信号処理とノッキング制御

Engine Speed [rpm]	multi spectrum knock control	single spectrum knock control
1000	control deviation 3 degree CA	control deviation 4 degree CA
2000	4 degree CA	5 degree CA
3000	4 degree CA	5 degree CA
4000	5 degree CA	7 degree CA
5000	5 degree CA	uncontrollable
6000	5 degree CA	uncontrollable

図17 マルチスペクトラル方式の効果

2.3 ウェーブレットスペクトル方式

　現行のマルチスペクトル方式によるノッキング制御システムには，加速時の性能向上という課題がある。実は，正規化に必要なバックグラウンドレベル BGL(i) を逐次学習することが原因となっている。通常は8回転ほどの検出遅れがある。この遅れを解消するためには，一つの燃焼過程の中ですべて判断してしまう方式が望まれる。このことで瞬時の特徴変化を捉えるのに有利とされるウェーブレット変換の適用が検討されている。ウェーブレット変換は，図18で示すように，スケールaと位相bをパラメータに持つウェーブレット関数 $\varphi(t)$ による直行変換である。以下，ウェーブレット変換を用いて一燃焼過程でのノッキング検出を試みた結果を述べる。

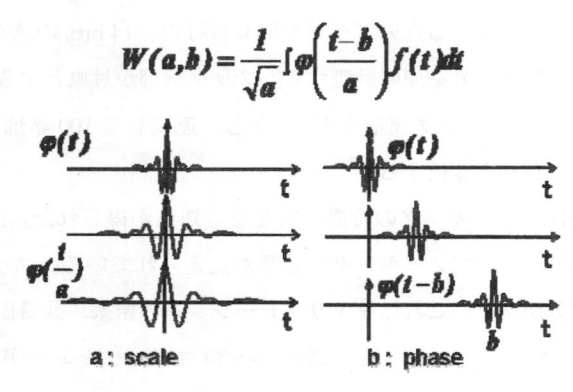

$$W(a,b) = \frac{1}{\sqrt{a}} \int \varphi\left(\frac{t-b}{a}\right) f(t) dt$$

図18 ウェーブレット変換

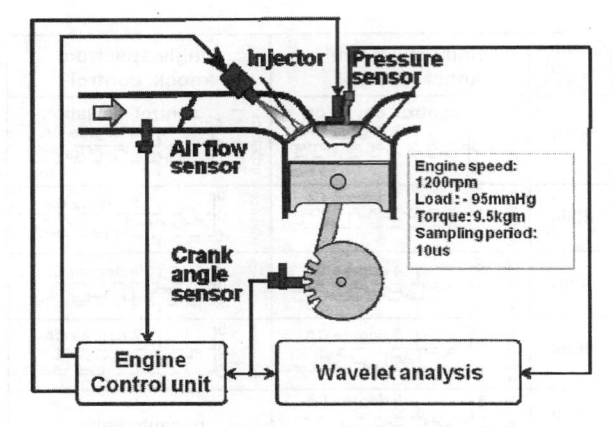

図19 ウェーブレット方式のエンジン実験

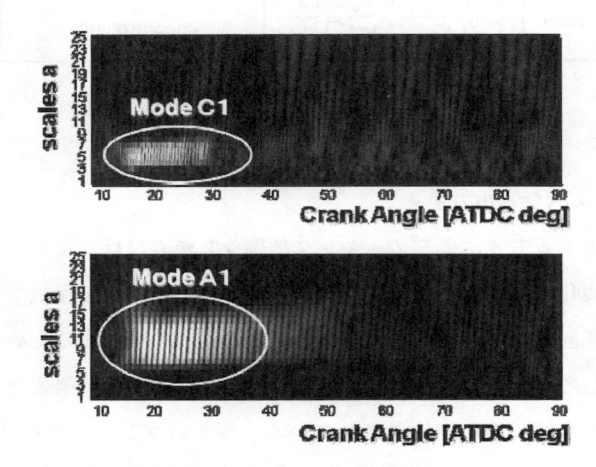

図20 同一クランク角度で異種共鳴モード

　図19に実験システムを示す。エンジン制御ユニットと並行して解析用のPCを設置し，エンジンには筒内圧力センサを内蔵する点火プラグを取り付けた。14 bitsのA/D変換器を介して，筒内圧力信号とクランク角度信号を同時計測する。ノック制御が対象とする共鳴振動の周波数が20 kHz以下であるのでサンプリング周期を10 μsとし，連続して100燃焼のデータを取り込んでオフラインでウェーブレット変換する。

　回転数一定の運転条件でノッキングの特徴が新たなる知見が得られた。図20上部では，クランク角 ATDC 15～30度においてノッキングの特徴が捉えられている。スケールは4～7で白い帯状の大きなパワー成分があり，これはキャリブレーションの結果，共鳴振動モードC1に相当していた。図20下部でも，クランク角度 ATDC 15～30度でノッキングが捉えられているが，スケールは6～14であり共鳴振動モードA1である。図21下部では，クランク角度 ATDC 15

第6章 オンボード診断，信号処理とノッキング制御

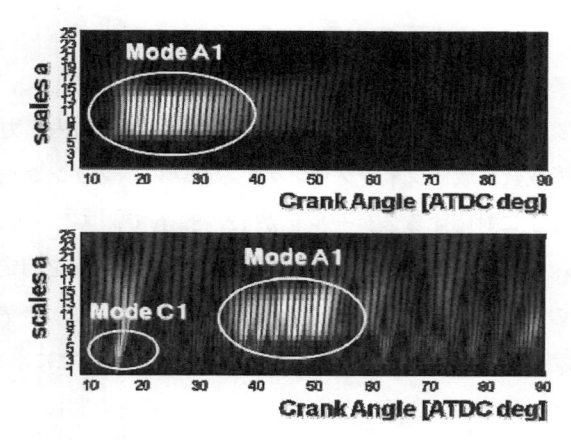

図21 異なるクランク角度で同一共鳴モードと異種共鳴モード

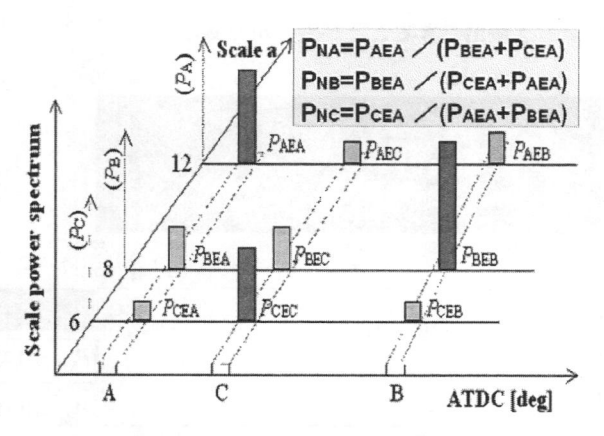

図22 スケールスペクトル比較方式

度の付近に共鳴振動モードC1が，クランク角度ATDC35～53度でA1が捉えられている。また，これらの結果から，(a)同じクランク角度でも異なる共鳴振動モードが発生する。(b)異なるクランク角度でも同じ共鳴振動モードが発生する。(c)同じ燃焼過程でもクランク角度に応じて異なる共鳴振動モードが発生する。(d)複数の共鳴振動モードが同時に支配的に発生することはない。

筆者らによる数多くの実験結果から，ノッキングで複数の共鳴振動モードが同時に発生することはないと判断される。また，共鳴振動モードの違いはスケールにより分別できる。この知見を利用して，学習過程を省略して1回の燃焼行程内でノック検出する方法を提案する。図22にスケールスペクトル比較方式の考え方を示す。まず，共鳴振動モードに対応するスケールスペクトルを求める。ここでは，A1，B1，C1がスケールでは12，8，6に対応する。次に，クラン

角度ごとにこれらスケールスペクトルを相互比較する。

　詳細は次の通りである。燃焼毎に始動し，まずクランク角度に対応して，ノッキングが発生する領域とされるクランク角度 ATDC 0 度から，ATDC 60 度まで，筒内圧力信号を高速サンプリングし，5〜20 kHz の周波数領域でフィルタリングする。次に，クランク角度に対応して，共鳴振動モード A 1, B 1, C 1 に対応するスケール a が 12, 8, 6 で，スケールスペクトル P_A, P_B, P_C を求める。それから，P_A が大きい部分対応のクランク角度区間 A を判定する。クランク角度区間 A で P_A, P_B, P_C の平均値 P_{AEA}, P_{BEA}, P_{CEA} を求める。P_{AEA} につき P_{BEA} と P_{CEA} の和との比を求めて，ノック強度を示す指標 P_{NA} とする。P_{NB} および P_{NC} も同様に求める。ノック指標 P_{NA}, P_{NB}, P_{NC} のいづれか一つが閾値 P_N を超えた場合，ノッキングが発生したと判定し，ノック指標 P_{NA}, P_{NB}, P_{NC} のすべてが閾値 P_N を超えなかった場合，ノックは発生していないと判定する。図 23 はノック有り，図 24 はノック無しと判定された実験例をそれぞれ示す。これらの結果から，1 燃焼行程内においてノック検出できることが明らかである。

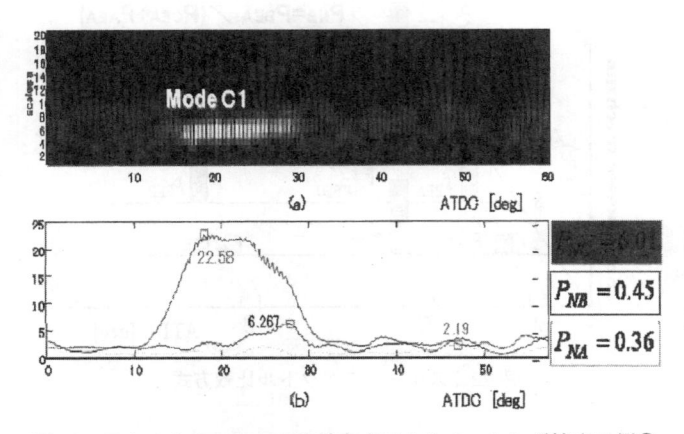

図 23　スケールスペクトル比較方式によるノッキング検出の例①

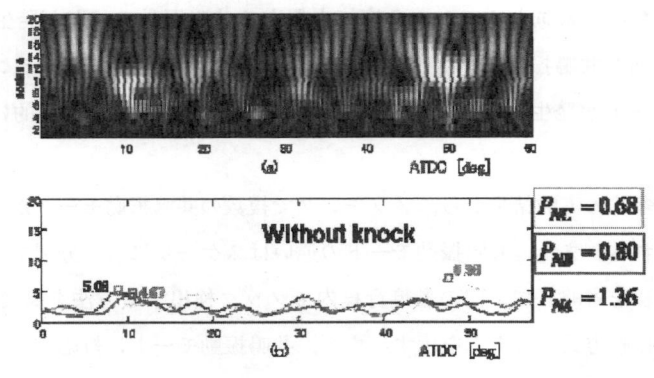

図 24　スケールスペクトル比較方式によるノッキング検出の例②

第 6 章 オンボード診断，信号処理とノッキング制御

　スケールスペクトル比較方式によりノッキングを一燃焼行程の内に検出できる。しかしながら，このアルゴリズムをエンジン制御用のマイクロコンピュータにとって計算負荷が問題となる。オンボードでの計算において，(a)エンジン固有の共鳴振動モードに対応したスケールに限定する，(b) Morlet ウェーブレットは偶関数なので計算の半分を省略できる，(c) コンヴォルージョン計算の範囲を限定するなどの簡略化が見込める。さらには，エンジン制御ユニットに搭載されるマイクロコンピュータの性能も向上していくことから，ウェーブレット方式の実用化が期待できる。

　最後に，振動センサと組み込みマイクロコンピュータでノッキングによる筒内圧力の共鳴振動を抽出し点火時期を遅角・進角させる基本の形は変わらない。初期の方式は検出誤りを防ぐためにマルチスペクトル方式へと改善され，さらに高応答化のためにウェーブレット方式が期待される。組み込みマイクロコンピュータの性能向上とともに，ノッキング制御も今後ますます進展するであろう。

文　　　献

1) 栗原伸夫，ほか 3 名，ガソリンエンジンのオンボード診断システム，日本機械学会機械力学・計測制御講演論文集（Vol. B），pp. 65-68（1997）
2) 栗原伸夫，信号処理技術の制御システムへの適用（ウェーブレットを用いたノッキング検出の可能性），エンジンテクノロジー，山海堂，第 40 号，pp. 86-90（2005）

第Ⅲ編

自動車車載半導体の要件と課題
（材料含む）

第1章 半導体

1 車載 ECU

金川信康*

1.1 ECU とは

ECU とは Electronic Control Unit（電子制御ユニット）の略で，自動車の各部を制御するコントローラのことである。ECU は制御する対象によってパワーウィンドウ，ドアロック，ミラなどを制御するボディ系，エンジン，トランスミッション等を制御するパワートレイン系，ブレーキ，ステアリング，サスペンション等を制御するシャーシ系などに分類される。これらのうち，パワートレイン系，特にエンジンを制御するエンジン ECU が代表的な存在で，一部では ECU；Engine Control Unit と呼ばれている程である。

エンジン ECU はエンジンを効率良く運転するために，各種アクチュエータを通じてエンジン本体を電子制御するためのコントローラである。

近年は自動車だけでなく，航空機，二輪車もエンジン制御が電子化されている。

1.2 エンジン ECU の機能

ECU が登場する以前のエンジンでは，燃料（ガソリン）と空気の混合気はキャブレタ（気化器）で生成され，点火時期もカム機構とコンタクトにより決定していた。エンジン制御の電子化は点火タイミングを電子制御する CDI（Condenser Discharged Igniter）に端を発し，続いて燃料噴射を電子制御する EFI（Electric Fuel Injection）と発展してきている。

EFI の登場により，キャブレタ方式と比べて噴射する燃料の量を格段に精密に制御することが可能となった。さらにエアーフローセンサなどにより吸入する空気量を計測し，計測した空気量に見合った量の燃料を噴射して燃料と空気の混合比（空燃比）を適切に制御することにより，大幅な燃費，排気ガス低減が可能となった。さらに排気ガス中の酸素濃度を計測してフィードバックさせることにより，吸入空気量の計測誤差，燃料噴射量の誤差を補正することが可能である。

なお，空燃比はエンジンの燃焼状態を制御する上で重要なファクタであり，空気（酸素）と燃料が残らず反応する理想空燃比が約 14.7 とされており，運転状態によりこの前後に制御されて

---

* Nobuyasu Kanekawa ㈱日立製作所 日立研究所 情報制御第三研究部 LSI ユニット 主管研究員

いる。これよりやや濃い空燃比 13 程度の時に最大のパワーが引き出せ，やや薄い空燃比 16 程度のときが燃費がもっとも良いと言われている。

さらに近年ではスロットルを電子制御する ETC（Electronic Throttle Control）によりエンジン特性，性能，運転性が大幅に向上している。

エンジン ECU は以下のような情報をセンサなどから取り込み，制御のために使用する。

・エアーフローセンサ（空気流量）
・大気圧センサ（大気圧）
・水温計（水温）
・クランク角センサ（クランク角）
・酸素センサ（排気ガス中の酸素濃度）
・電圧センサ（バッテリー電圧）
・アクセルペダルポジションセンサ（アクセルペダル位置，踏み込み量）
・ノックセンサ（ノッキング）

また，エンジン ECU が制御する要素としては概ね以下のとおりである。

・点火系（点火時期，点火回数）
・燃料噴射装置（噴射時期，噴射時間（噴射量），噴射回数）
・スロットル（スロットル開度）
・過給器（ターボチャージャー，スーパーチャージャー）（過給圧）
・EGR バルブ（排ガス還元量）
・吸排気バルブ（バルブタイミング，バルブリフト量）
・トランスミッション（ギアー比，トルクアシスト量）

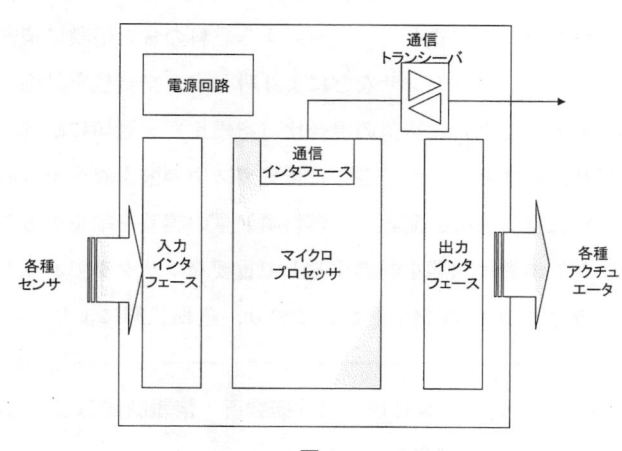

図1

第1章　半導体

　これらの機能を実現するために，ECU は図1に示すようにマイクロプロセッサのほかに入力インタフェース，出力インタフェース，電源回路から構成されている。

　これらのアクチュエータを制御する出力端子，センサなどからの信号が入力される入力端子には故障検出，保護機能が備わっている。故障検出機能により各端子，あるいは各端子に接続する配線の天絡（バッテリー＋電位への短絡），地絡（グランド電位への短絡），断線などを検出すると共に，それらを原因とする破壊から保護している。また，出力に関しては，過電流，過大な温度上昇などを検出するとともに保護している。

　エンジン，オートマチックトランスミッションなどの各部分はそれぞれ個別の ECU を持つものと，エンジンと共通の ECU を持つものとがある。取り付け位置も，車室内（座席下，ダッシュボード内など），エンジンルーム内，エンジン直付け，エンジン内蔵などがある。図2に示す車室内取り付けや，エンジンルーム内でも比較的温度の低い場所に取り付けられるものは，図3に示すようにガラスエポキシ系基板上に電子部品を実装して製造されているものが多く，エンジ

図2　車室内取り付け ECU

図3　エンジンルーム内取り付け ECU（エポキシ基板実装）

図4 エンジンルーム内取り付けECU（セラミック基板実装）

ン直付け，エンジン内蔵型では図4に示すように耐熱性と小型化のためにセラミック基板上に電子部品をベアチップ実装して製造されているものが多い。ガラスエポキシ系基板もその耐熱性（耐火性）グレードによりFR-4または5のものが使用される。

またエンジンルーム内に取り付けられるECUはコネクタ部も含めて防滴，防水構造であることが求められている。通常，筐体内の容積が小さいものは完全密閉構造で，筐体内の容積が大きいものは，空気は通過させるが水は通過させないブリーザ（呼吸穴）を設けて温度変化による内部の空気の膨張，収縮を吸収している。

個別ECUの場合にはこれらの相互連携のためにECU間で信号を交換する必要がある。例えば，オートマチックトランスミッションの変速時にはショックを防ぐために，エンジンECUにトルクダウン指令を出力することが多い。この場合，従来のエンジンECUでは点火時期を遅らせてエンジンのトルク出力を低減させるが，ETC方式では実際にスロットルバルブを閉じてトルク出力を低減させているものが多い。

近年ではCAN（Control Area Network）などのネットワークによりこれらの信号は交換されている。自動車用ネットワークとしては他にボディ系に用いられるLIN（Local Interconnect Network），今後シャーシ系への適用が期待されるFlexRayなどがある。

多くのECUには学習機能が備わっており，制御対象のエンジンの個体差（機差）や経年変化，センサや触媒の特性の誤差や経年変化などを記憶して補正している。また特にトランスミッションでは運転者の運転操作の特徴などを記憶することもある。

また近年になって，自動車の盗難防止のため，鍵を回してキースイッチをオンにした際，鍵に記録されている正しいコードがECUに送られてこないとエンジンを始動させない機能を持つイモビライザーを備えたものもある。

第1章　半導体

ハイブリッドエンジンでは，エンジン制御のほかにバッテリの充電状態の管理，モータジェネレータの制御等統合的な制御を行っている。この場合も個別機能ごとにECUを持つ場合と1つの統合化ECUが全体を制御する場合とがある。

1.3　ECUの仕様，規格

ECUが備えるべき条件としては，通常電源電圧範囲，電源逆極性接続耐性，過電圧耐性，過渡電圧耐性，静電気（ESD；Electric Static Discharge）耐性，温度耐性（動作温度範囲，放置温度範囲，温度サイクル耐性），振動耐性などが要求されている。これらの条件を規定した規格としては各自動車メーカが個別に制定しているものもあるが，各種標準化団体が制定した共通の規格もある。共通の規格として，ECUが備えるべき耐環境性試験方法，条件を規定したJASO D 001，電源変動の許容度の試験方法，条件を規定したISO 16750-2，電磁放射特性の試験方法，条件を規定したCISPR 25，電磁環境に対する耐性を規定したISO 11452-xなどが代表的なものである。

代表的なECUの要求条件としては，通常電源電圧範囲9～16 V程度，ジャンプスタート時電源電圧24 V程度，ダンプサージ電圧60～80 V程度などがある。動作温度範囲は取り付けられる場所に大きく依存し，車室内では概ね-40～80℃，エンジンルーム実装では-40～110℃程度あるいは-40～125℃程度などがある。

電気電子プログラマブル電子安全連関系機能安全規格IEC 61508（JIS C 0508）を受けて，現在自動車用途の機能安全規格ISO 26262が制定されつつある。因みに，IEC 61508では機器の危険側故障率に応じてSIL（Safety Integrity Level）1（高頻度動作危険側故障率10^{-6}［／時間］オーダ）～4（同10^{-9}［／時間］オーダ）に分類されている。

また，近年ではZVEI（独電子電気工業会 Zentralverband Elektrotechnik-und Elektronikindustrie e. V., http://www.zvei.de/），SAE（Society of Automotive Engineers）International（http://www.sae.org/servlets/index），社団法人自動車技術会（http://www.jsae.or.jp/）の共同作業により，自動車用半導体部品の信頼性を確保するためのガイドライン，規格である"Handbook for Robustness Validation of Semiconductor Devices in Automotive Applications"が策定中である。

これらの安全性に関する規定に関して，従来は確率的アプローチが主であったが，近年は安全性を確保するための設計／検査・手順／手法，ドキュメントなどを規定する確定論的アプローチも大幅に取り入れられている。この背景には，確率的アプローチでは検証のために多くのサンプルを必要とすることがあげられる。また装置の安全性に命を委ねることになる個々人のことを考えると，大数の法則に基づく確率論的アプローチよりも確定論的アプローチの方が，より感覚

にあったアプローチと言えるかもしれない。

　さらにECUを取り巻く標準化の動きとして，ECUのソフト，システムを部品化して共通化を図る標準化団体として欧州のDaimler Chrysler社，BMW AG社，Robert Bosch GmbH社などが中心となって2003年7月に設立されたAUTOSAR（Automotive Open System Architecture, http://www.autosar.org/），日本ではトヨタ自動車，日産自動車，豊通エレクトロニクス，本田技術研究所が幹事会員となって2004年9月に設立されたJASPAR（Japan Automotive Software Platform and Architecture, https://www.jaspar.jp/index.html）があり，活発に活動を進めており，会員企業も増加している。

1.4　ECUの将来展望

　今後エンジン，オートマチックトランスミッションなどの各部分製造の分業が進み，各部分ごとに動作確認，エージング，調整が行われるようになるため，それらを制御し，動作確認，エージング，調整に不可欠なECUも各部分ごとに個別に持つものが多くなる。それにつれてエンジンルーム内に取り付けられたり，制御対象である各部分に取り付けられたりするものが多くなり，より高い温度範囲での動作，小型軽量化が求められるようになってきている。

　また，車両運動を電子制御するX-by-Wireの進展に伴って，ブレーキ，ステアリングなどの各部分とそれを制御するECUとが一体化した形態のものが増えてくるものと考えられている。

2 AD/DA 変換

諸岡泰男*

車のエレクトロニクス化は，エンジン制御を中心としたパワートレイン制御系から，安全走行のためのシャーシ制御系，快適運転のためのボディ制御系へと制御技術を主体に拡大してきたが，最近はナビゲーション，ETC，オーディオやテレビなどのマルチメディア情報システムへと進展してきている。このような種々のエレクトロニクスシステムにおいて図1に示すようなAD変換（アナログ信号のディジタル信号への変換），DA変換（ディジタル信号のアナログ信号への変換）が制御システムや情報システムの性能を左右する重要な機能となりつつある。AD変換は連続的なアナログ信号の大きさを所定の時間間隔で区切り（サンプリング），その時の瞬時値を量子化（標本化）してデジタル信号値とする[1]。一方，DA変換はデジタル信号を電気信号値に変換し，フィルタを通して連続なアナログ信号値に変換する。このようなAD変換，DA変換の変換性能が制御性能や情報の高品質化を左右する。

制御系では，図2に示すように，アナログ情報であるセンシング情報がデジタル情報に変換されてマイコンへ取り込まれ，デジタル情報として演算された制御信号がアナログ情報に変換されアクチュエータへ出力される。情報系では，CD，DVDなどのメディアや通信で受信されたデジタル情報を扱うことが主で，図3に示すように，マルチメディアなどのデジタル情報がマイコンに取り込まれ，信号補間処理，アップサンプリングやダウンサンプリング変換して人間が知覚できるアナログ情報に変換して出力される。以下，AD変換，DA変換の概要について説明する。

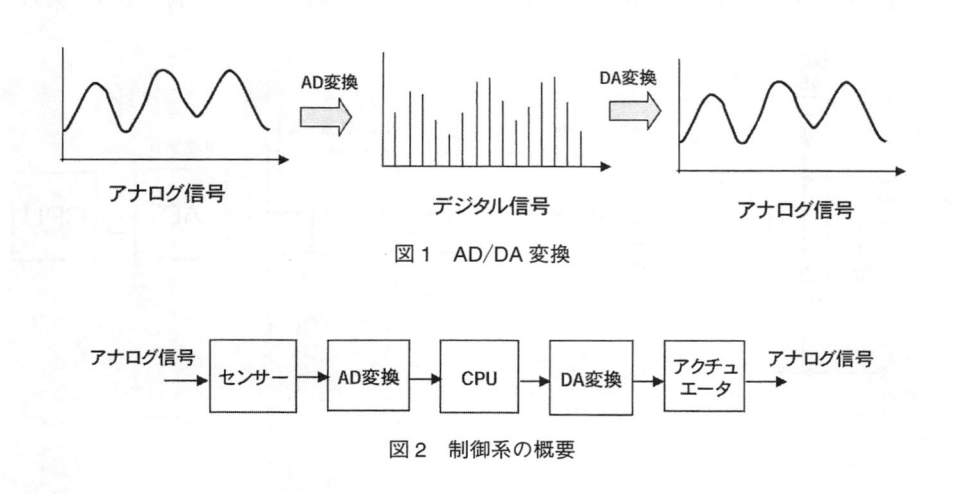

図1　AD/DA 変換

図2　制御系の概要

* Yasuo Morooka　筑波大学　先端学際領域研究センター　研究員

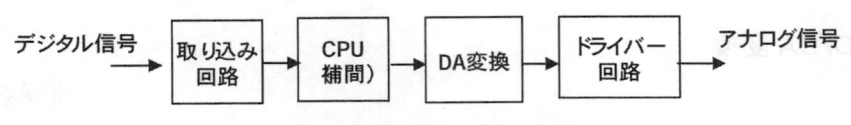

デジタル信号 → [取り込み回路] → [CPU(補間)] → [DA変換] → [ドライバー回路] → アナログ信号

図3　情報系のDA変換の概要

2.1　AD変換

AD変換は，温度サーミスタや電圧値，電流値などの検出処理や音声，画像などの入力において，アナログの電圧入力をデジタル値に変換するもので，一般的には図4に示す構成となっている。この中でAD変換器は，フラッシュ型，パイプライン型，$\Delta\Sigma$型，逐次比較（SAR）型といった電圧—信号値変換としての回路で，図5に示すような方式[2,3]があり，それぞれの方式は図6に示すように，分解能や変換速度が異なっていることから用途別に用いられている[4]。

連続なアナログ信号 $f(t)$ から時間間隔 Ts ごとにパルス状の離散信号列を作り出すが（標本化），この離散信号化の定理がサンプリング定理で，離散信号列 $g_s(n)$ は，デルタ関数列を $\sum_{n=-\infty}^{\infty} \delta(t-nTs)$ とするとき，

$$g_s(n) = \sum_{n=-\infty}^{\infty} f(t)\delta(t-nTs)$$

で表されるインパルス出力となる。

サンプリング周波数を $f_s = 1/Ts$ とするとき，入力のアナログ信号の最大周波数 f_{max} が $f_s \geq 2f_{max}$ のとき再生（DA変換）信号が限りなく入力信号に近づく。$f_s < 2f_{max}$ のとき再生信号は入力波形

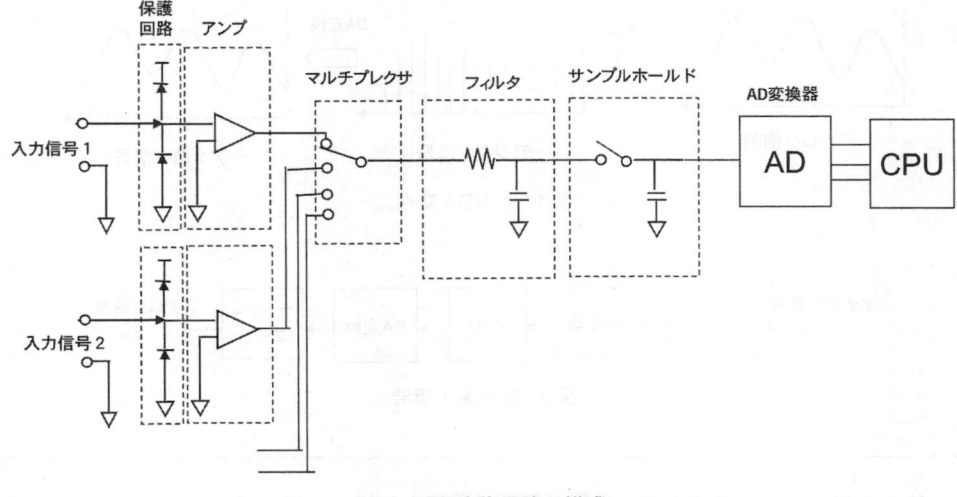

図4　AD変換回路の構成

第 1 章　半導体

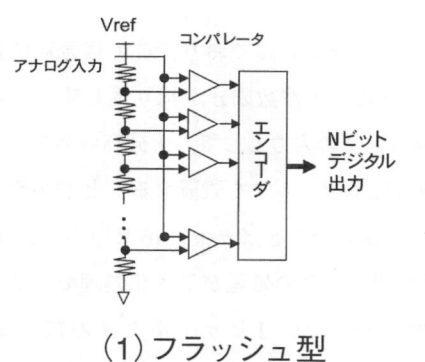

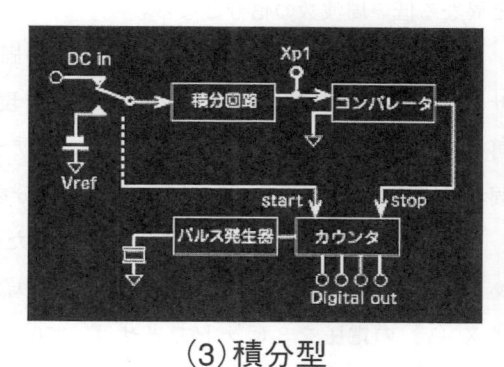

(1) フラッシュ型

(3) 積分型

http://www.orixrentec.co.jp/tmsite/know/know_ad2.html

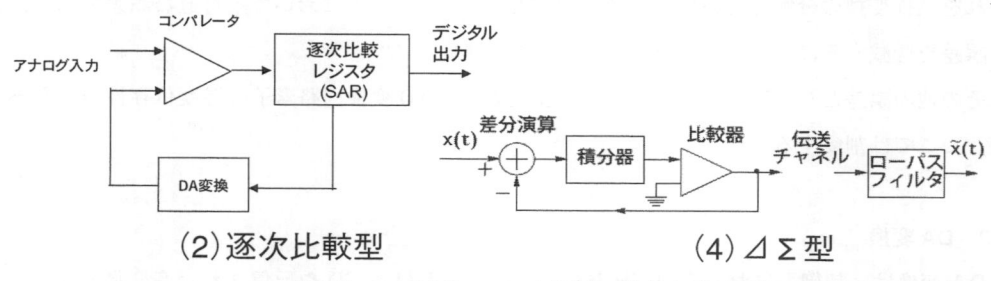

(2) 逐次比較型

(4) ΔΣ型

http://www.mlab.ice.uec.ac.jp/mit/text/keisoku/2006/Siryo/03Slide-print-2x2.pdf

図 5　主な AD 変換器の構成

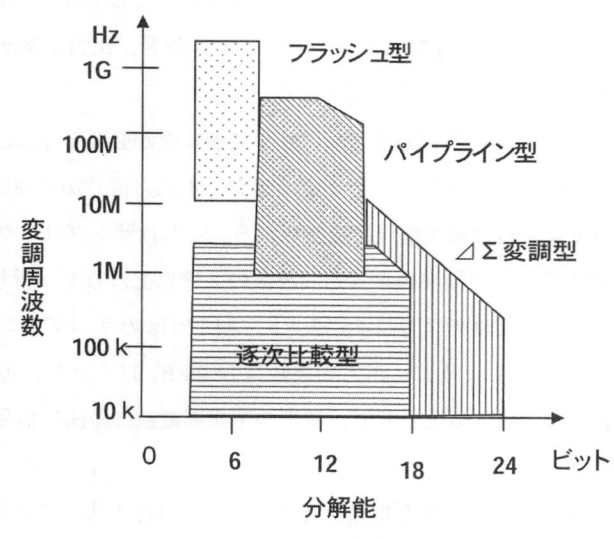

図 6　AD 変換器の概略特性
http://www.tij.co.jp/jcm/analog/OnlineSeminar/

と異なる低い周波数の信号となる。

しかし，一般にアナログ信号は $f_s/2$ 以上の周波数の信号を含んでおり，この信号周波数 f とサンプリング周波数 f_s との差の周波数として現れる。この周波数成分が折り返し雑音となり，再生時における歪の原因となる。そのため，アナログ信号の入力として，十分高いサンプリング周波数で標本化するか，$f_s/2$ 以上の周波数成分を取り除くフィルタを設置することが必要である。

次に，AD 変換した信号はサンプリングした信号の振幅値を 8 ビット，16 ビット，24 ビットあるいは 32 ビットと言った所定のビット長の数値で表す。この処理が量子化処理である。例えば X（V）の電圧を 8 ビットで表せば，256（$=2^8$）分割され，1 ビットあたりの電圧は 3.9 X（mV）となる。すなわち 3.9 X（mV）毎にデジタル化された数値が 1 ずつ変化することになる。これを AD 変換の分解能と言い，量子化誤差となる。AD 変換において不可避な誤差であり，この誤差を低減するにはビット数を増大する以外に無い。

その他の誤差として，センサーの零点，非直線性，AD 変換回路素子の温度依存性などがあるが，ここでは割愛する。

2.2 DA 変換

DA 変換は，制御系における制御演算値，情報系における CD や配信された音楽信号など，離散化されたデジタル情報を連続のアナログ情報に変換することである。この動作において，制御信号の場合は，図 2 に示したように，CPU での制御演算値がそのまま図 7 に示すような回路によって電圧値に変換されてアクチュエータ等に与えられる。表 1 は DA 変換回路の特徴を比較[5]したものである。表中の $\Delta\Sigma$ 形は図 5(4)で入力がデジタル信号，出力がアナログ信号とした構成で，オーディオ信号の DA 変換に多く適用される。

情報系の場合は高分解能で高精度が要求され，且つ高速変換が必要となる。オーディオ装置においては，高分解能化のため，図 3 に示すように，デジタル入力信号が補間処理によってアップサンプリングされ，DA 変換器で電圧信号に変換される。これはサンプリング周波数による折り返し雑音を低減するためで，出力周波数を入力周波数の 2 倍以上にして，折り返し雑音の中心周波数を移動することにある。CD の信号は 16 ビット，44.1 kHz のサンプリング周波数で収録されているが，図 8 に概要を示すように，出力周波数は 88.2 kHz 以上とし，可聴域周波数の上限である 20 kHz との差を 68.2 kHz 以上として，雑音の下限周波数との間に信号が存在しない帯域を作る。

このアップサンプリングのための補間信号（挿入データ）は標本化函数と標本値との畳み込み演算によって行う。周期 T のデジタル信号をインパルス列とし，区間 "$-1/2$ T，$1/2$ T" 高さ 1 の理想フィルター（矩形波）に入力すると，高さ x_k の各インパルス信号に対して，その出力

第 1 章　半導体

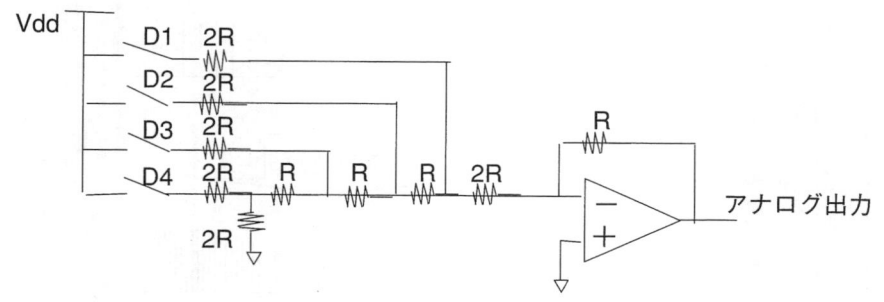

(a) R-2R抵抗ラダー形DA変換器

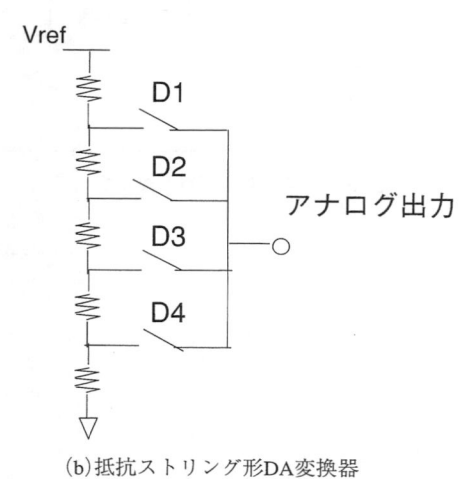

(b) 抵抗ストリング形DA変換器

図 7　DA 変換回路の例

表 1　DA 変換器の比較

名　称	サンプリングレート（Hz）	分解能 (bit)	特　徴	用　途
抵抗ラダー型	10 M〜DC	12〜6	小面積，低消費電力	サーボ，制御
抵抗ストリング型	1 M〜DC	12〜6	小面積，低消費電力	電子ボリューム
電流出力形	400 M〜DC	12〜8	高速	映像信号処理，通信
$\Delta\Sigma$ 形	10 M〜100 K（オーバーサンプリング）	24〜18	高分解能	音声処理

http://www.dsl.hiroshima-u.ac.jp/~iwa/text/LB10.ADC.pdf

は図 9 に示す時間波形となり，SINC 関数 $x_k \sin\left(\frac{\pi}{T}t\right) \big/ \left(\frac{\pi}{T}t\right)$ で表される。

　各インパルス信号に対する出力を合成することで，滑らかな連続信号となり，デジタル信号が補間されたことになる。すなわち，出力信号 $y(t)$ は次の函数となる。

$$y(t) = \sum_{k=-\infty}^{\infty} x_k \sin\left(\frac{\pi}{T}(t-k\tau)\right) \big/ \left(\frac{\pi}{T}(t-k\tau)\right)$$

図8 信号補間処理後 DA 変換

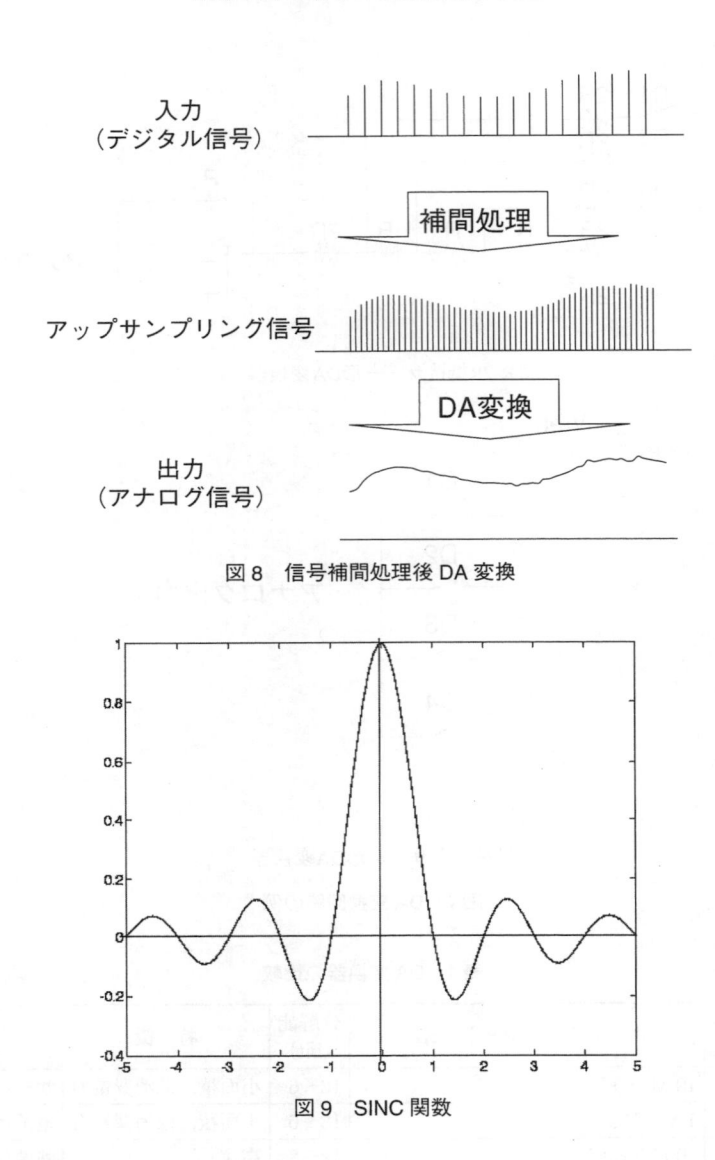

図9 SINC 関数

しかし，SINC 函数は無限区間〔−∞，∞〕で定義される函数のため上式の演算には無限区間のデジタル信号が必要となり現実的ではない。そのため，実用では一定区間で打ち切って演算するが，打切り誤差の発生が問題となる。この問題を解消するため，最近は図11に示すような一定区間で定義される標本化函数が提案されている。図10の標本化函数[6]は，区間〔−2.2〕で定義される区分多項式函数で表現された函数$\Psi(t)$ である。この函数$\Psi(t)$ による畳み込み演算で

$$y(t) = \sum_{k=-2}^{2} x_k \Psi(t-k\tau)$$

出力信号$y(t)$ は図11に示すような連続信号として得られ，離散間隔内の任意の点における補

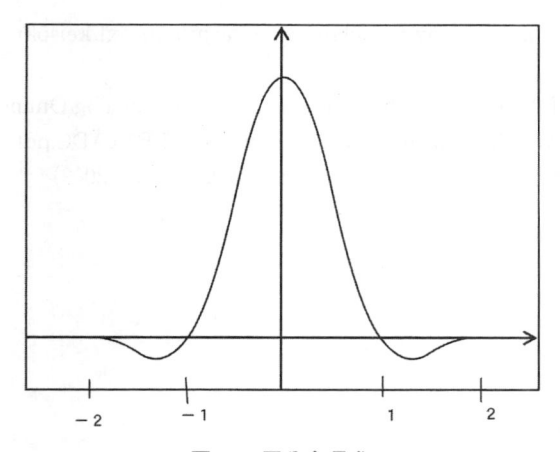

図10　区分多項式

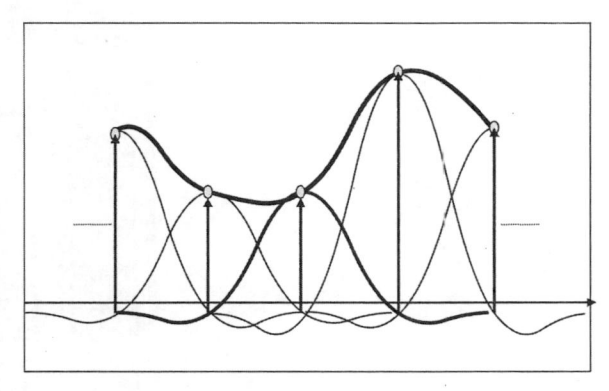

図11　信号補間によるDA変換

間信号値を出力することができる。

　以上，音響信号におけるDA変換について主に概要を説明したが，画像系においても同様な処理技術が採用されており，制御系においては入力と出力の時間的位相ずれが問題ないシステムにおいては上記の補間処理による高解像度化が行われる。

文　　　献

1) 相良岩男，A/D・D/A変換回路入門（第2版），日刊工業新聞社（2006）
2) オリックス・レンテック㈱，http://www.orixrentec.co.jp/tmsite/know/know_ad2.html

3) 三橋渉,計測工学 03, http://www.mlab.ice.uec.ac.jp/mit/text/keisoku/2006/Siryo/03Slide-print-2x2.pdf
4) テキサスインストルメント㈱, http://www.tij.co.jp/jcm/analog/OnlineSeminar/
5) 岩田穆, http://www.dsl.hiroshima-u.ac.jp/~iwa/text/LB10.ADC.pdf
6) 寅市和男ほか, 電気学会論文誌, 123 C (5), p 928 (May 2003)

第2章　マイクロプロセッサのアーキテクチャ

前島英雄*

1　はじめに

車載用マイクロプロセッサのアーキテクチャとして，高信頼化，低消費電力化，さらに高性能化が必要であるが，本稿ではこのようなニーズに適合し，近年，革新的な進歩を遂げている機器組み込み型マイクロプロセッサに焦点を当てる。それらのマイクロプロセッサの動向を示し，特に最近，話題となっている高性能化，低消費電力化を実現した技術を中心として，特徴的なマイクロプロセッサを挙げ，それらの構成，仕様などを述べる。最後に，車載用を考慮した上で，今後の課題についても言及する。

2　マイクロプロセッサの動向

1980年代に入り，これまで主流であったCISC（Complex Instruction Set Computer）型マイクロプロセッサに対抗するかのように，RISC（Reduced Instruction Set Computer）型マイクロプロセッサが登場した。この結果，両陣営の激しい競争が続き，パソコン分野ではソフト互換性からCISC（X86）アーキテクチャ（Pentium）が圧倒的な強さを続けているが，機器組み込み型分野では高性能化のみならず低消費電力化にも強いRISCアーキテクチャが主流になってきた。図1に示すように，いずれのアーキテクチャにおいても，半導体微細化，パイプライン技術による動作周波数（クロック）向上，DSP（Digital Signal Processor）内蔵などの機能向上，SIMD（Single Instruction Multiple Datastream）によるデータ処理の並列度向上など，アーキテクチャ，機能向上による高性能化ならびに低消費電力化が行われてきた。さらに，2000年代に入ると，VLIW（Very Long Instruction Word）アーキテクチャ，マルチコア，リコンフィガラブル（Reconfigurable）アーキテクチャなどの命令レベルの並列処理，プロセッサ・レベルの並列処理，1チップに搭載するプロセッサ数の増加に加え，応用に適合するためにプロセッサ構成の再構築，といった新しい動きが出てきており，益々の性能向上が図られている。特に，この動きは性能向上の要求の高いマルチメディア分野において顕著である。この傾向は，車載用マイクロプ

---

*　Hideo Maejima　東京工業大学　大学院総合理工学研究科　物理情報システム専攻　教授

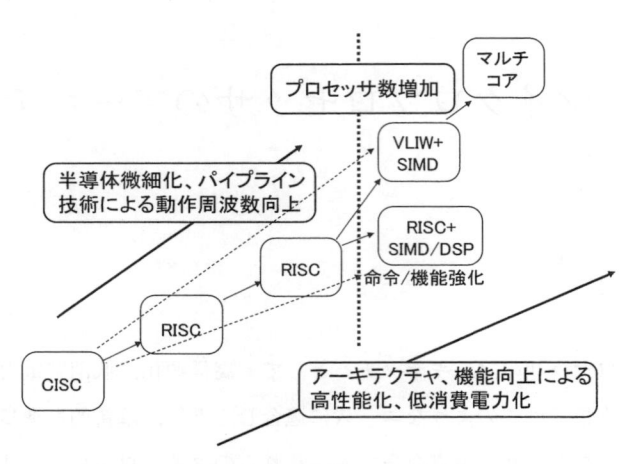

図1 マイクロプロセッサ・アーキテクチャの動向

ロセッサにおいても，ナビゲーション，レーダー，ABS を始め，快適性，安全性などを追求した色々な機能が必要になってきており，マイクロプロセッサの性能向上は不可欠となってきていると考えられる．

3 高性能化技術

マイクロプロセッサがより多くの分野へ進出することができた，最も大きな要件となっている高性能化技術について示す．

3.1 パイプライン技術

マイクロプロセッサの高性能化の主要因はクロックの向上で，半導体微細化に伴う素子速度向上があるが，それ以上にパイプライン技術によるところが大きい．パソコン，サーバに用いられている Pentium 4 では，30 段を超えるスーパパイプラインにより 3 GHz を超えている．

3.2 SIMD 技術

図 2 に示した SIMD 技術は，1 命令で複数のデータを並列処理する技術であり，データレベルの並列処理によって実行サイクル数の低減が図られている．マルチメディア分野における画像処理，音声処理，グラフィクス処理などに使われている．

3.3 ベクタ演算技術

図 3 に示したベクタ演算などのデータ処理の並列化も多くの機種で用いられている．3 次元グ

第2章 マイクロプロセッサのアーキテクチャ

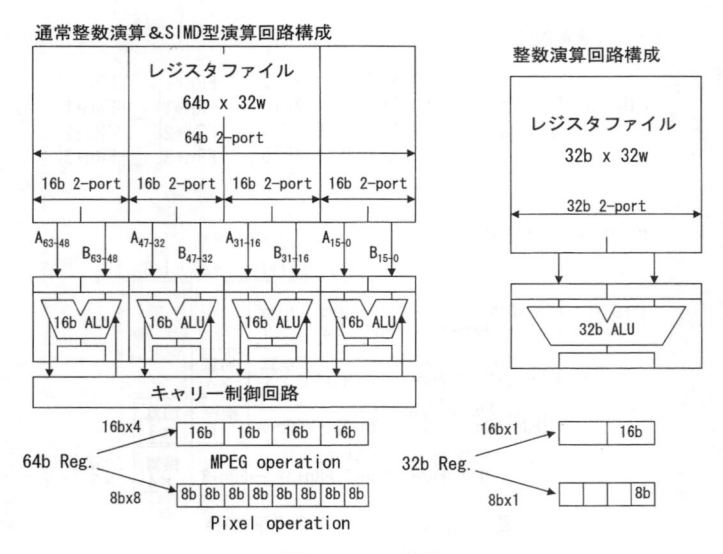

図2 SIMD技術

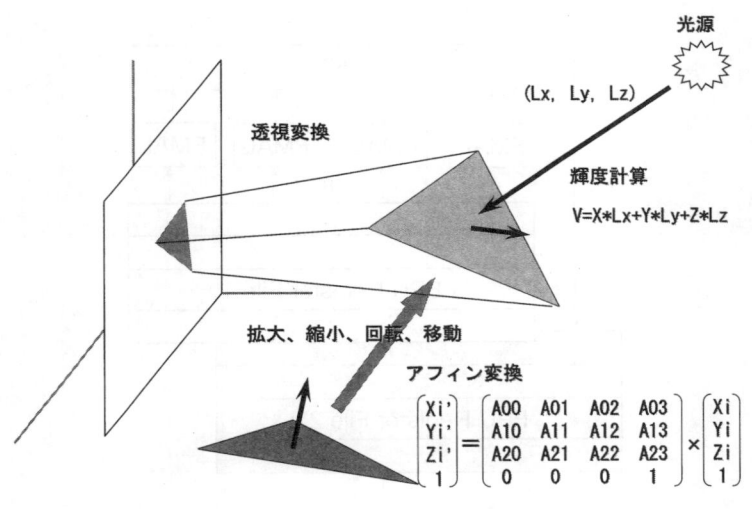

図3 ベクタ演算技術

ラフィクス（座標変換など）におけるベクタ演算の高速化を実現している。図4は4次元ベクトル変換演算の例を示したものであるが，その演算パイプライン動作の様子がわかる。また，図5はその演算機構成を示したものであるが，多数の演算器を並列動作させて，少ないクロック数で演算を実行できることがわかる。この例では，4行4列の行列演算に必要な28演算（乗算16回，加算12回）を4クロックで実行できる。

(1) 演算内容

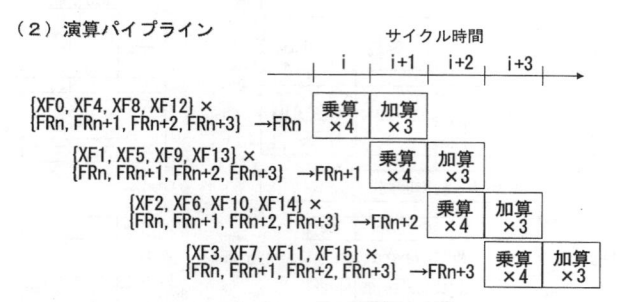

$$\text{FTRV XMTRX, FVn}:\quad n=0,4,8,12 \quad \begin{bmatrix} XF0 & XF4 & XF8 & XF12 \\ XF1 & XF5 & XF9 & XF13 \\ XF2 & XF6 & XF10 & XF14 \\ XF3 & XF7 & XF11 & XF15 \end{bmatrix} \times \begin{bmatrix} FRn \\ FRn+1 \\ FRn+2 \\ FRn+3 \end{bmatrix} \rightarrow \begin{bmatrix} FRn \\ FRn+1 \\ FRn+2 \\ FRn+3 \end{bmatrix}$$

(2) 演算パイプライン

図4 4次元ベクトル変換演算例

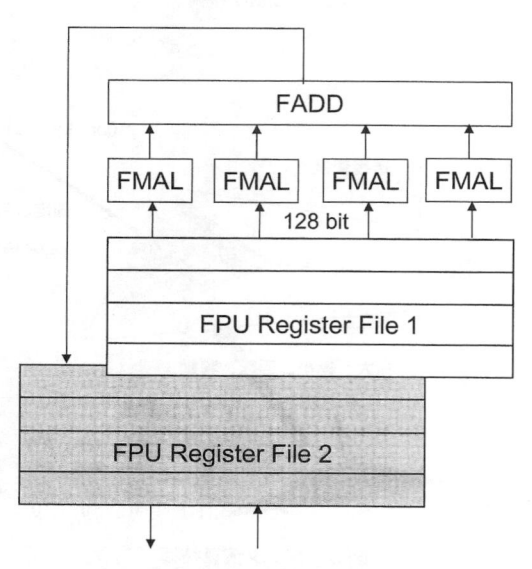

図5 3D対応高速浮動小数点演算器の構成

3.4 マルチコア技術

以上述べた3つの基本技術に加え，最近になって複数のプロセッサを1つのチップ上に搭載したマルチコア技術によりプロセッサ・レベルで並列化したマイクロプロセッサも出現している。最新の Cell Processor では，64ビットアーキテクチャの PPE 1台，SPE 8台で 256 GFLOPS を実現している。この結果，図6に示したように，1チップのマイクロプロセッサが数年前のスーパコンピュータを凌ぐようになってきている。パソコンで使われているインテル・チップにおい

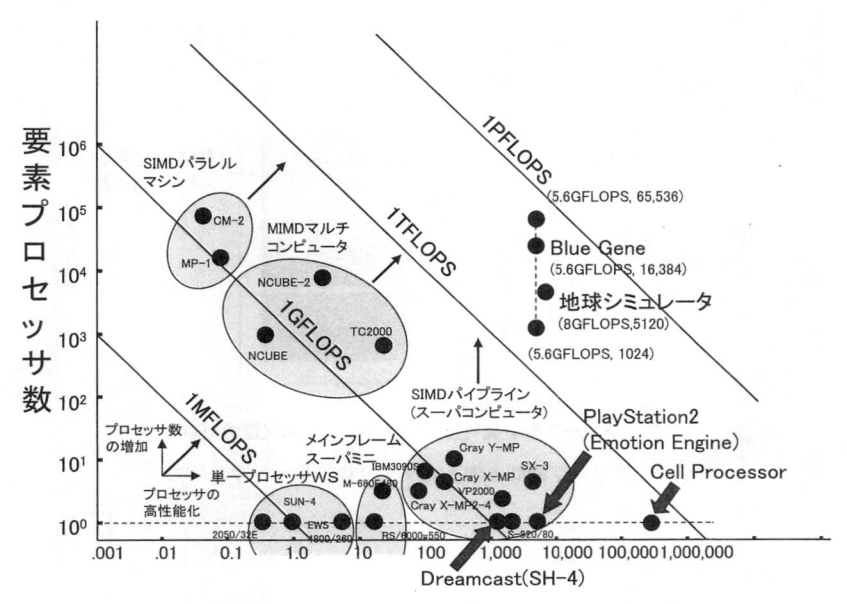

第2章 マイクロプロセッサのアーキテクチャ

図6 高速演算マイクロプロセッサの動向

ても2コアのものが主流となっている。

3.5 リコンフィガラブル・プロセッサ技術

さらに，個々のプロセッサを目的に応じて再構成するリコンフィガラブル技術も実用化に入りつつある。車載用マイクロプロセッサにとって，このような先進の技術をどう取り込んで行くかが今後の大きな発展に寄与するものと考えられる。

4 低消費電力化技術

マイクロプロセッサの高性能化のための高動作周波数動作及び，電池による長時間動作を必要とする組込み型における情報携帯機器において，消費電力の増加が問題になってきた。この問題を回避するため，従来からいろいろな低消費電力化のための技術が開発されてきており，さらにこの分野の新しい技術が研究開発されている。ここではそれらについて述べることにする。

4.1 スリープ・スタンバイ技術

図7に，不要な電力消費を削減するスリープ機能[1]について示す。スリープとは文字通り，マ

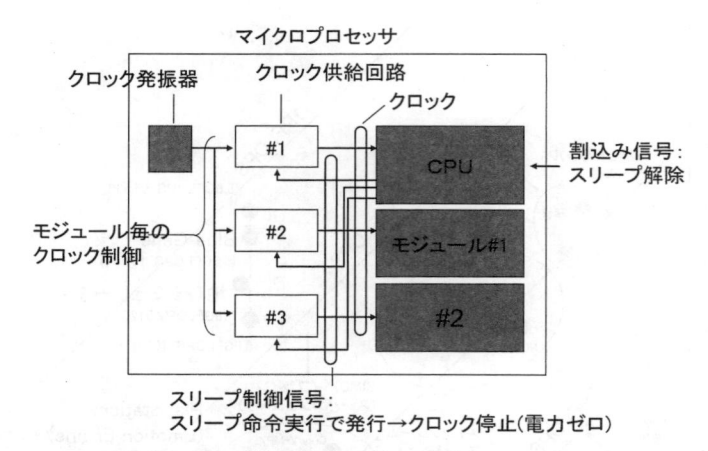

自動車用半導体の開発技術と展望

図7　スリープ機能を備えたマイクロプロセッサの構成

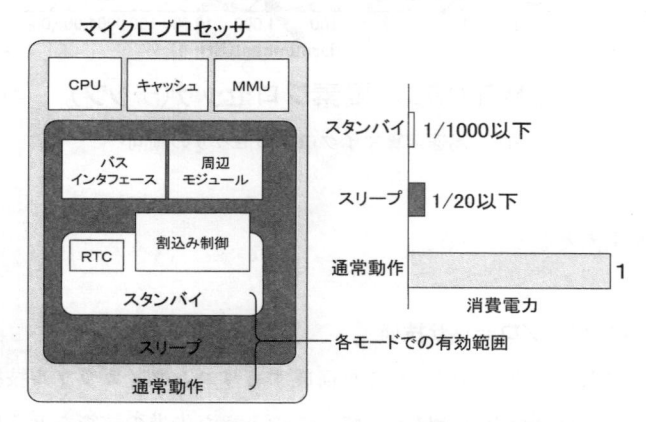

図8　スリープ・スタンバイの適用範囲と効果

イクロプロセッサが動作する必要のない時に「眠る」技術である。クロック発振器から供給されるクロックは，クロック供給回路を介してCPUや各種のモジュールなどの要素コアに供給され，CPUコアの実行するSLEEP命令によってクロック供給回路から供給されるクロックを停止（クロックの信号レベルを固定）させ，それぞれのコアの動作を停止させる。これによって，コアを構成するCMOS素子は電力消費がなくなる。一旦「眠った」コアは，外部からの割込み信号（例えば，パソコンの場合ではキーボード操作など）によってスリープ状態が解除され，通常動作に移行する。さらに，スタンバイ機能や可変クロック制御なども多く使われてきており，図8のスリープ・スタンバイの適用範囲と効果に示すように大きな効果を得ている。通常動作ではマイクロプロセッサの全領域が動作し，この時の消費電力を1とすると，CPUを始めとするマイクロプロセッサの中心部がスリープするスリープ状態では1/20以下の消費電力に下がる。さら

に，RTC（Real Time Clock）や割込み制御などの部分を除いて動作を停止するスタンバイ状態では1/1000以下にまで電力が抑えられる。

4.2 マルチコア技術

マイクロプロセッサの消費電力は，動作周波数，電源電圧の二乗に比例するので，マルチコアにおいては，複数のコアによる並列動作により，個々のコアの動作周波数を下げ，それによって電源電圧も下げることができるため，複数のコアが同時動作するのにも拘らず，消費電力を下げることが可能となる。例えば，図9に示すように，単一のコアを持つマイクロプロセッサが，400 MHz，2Vで動作する場合と比較して，4コアを持つマイクロプロセッサでは，個々のコアを1/4の動作周波数100 MHzで，それによって1/2の電源電圧1Vで動作させることができる。この場合，4コアが並列動作しても，単一コアのマイクロプロセッサに比べて1/4程度の電力消費に抑えることができる。この場合は単一コアとマルチコアが同等の性能をもつ条件での比較であるが，同等の電力消費で比較すれば，マルチコアは単一コアの2倍以上の性能が期待できる。

さらに，マルチコアの場合，低動作周波数動作，低消費電力に加え，複数のコアという冗長性を有しているため，高信頼性をもった構成が可能となるので，一般の情報機器用よりも高信頼性が要求される車載用マイクロプロセッサにとって，大変都合の良いアーキテクチャと考えられ，今後の活用が期待される。

4.3 リコンフィガラブル・プロセッサ技術

マルチメディアのように多様な処理を必要とする分野では，FPGA（Field Programmable Gate Array）と同じような概念で構成されたリコンフィガラブル・プロセッサによる応用に最適な構成制御などにより，効率的な処理により処理性能のみならず，消費電力についても最適化が図られている。

単一コア
CPU
動作周波数：400MHz
電源電圧：2V
消費電力：
$\propto 400 \times 2^2 \times 1 (コア)$
$= 1600$

マルチコア
CPUコア1　CPUコア2
CPUコア3　CPUコア4
動作周波数：100MHz
電源電圧：1V
消費電力：
$\propto 100 \times 1^2 \times 4 (コア)$
$= 400$

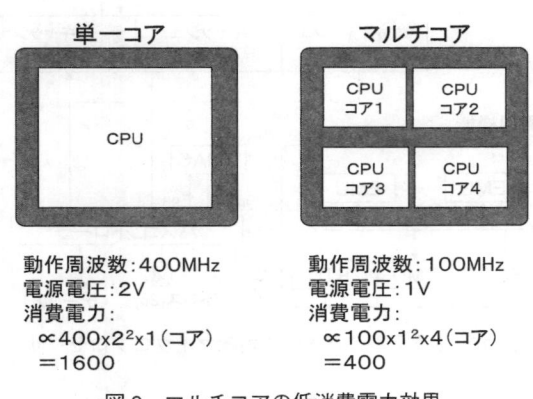

図9　マルチコアの低消費電力効果

4.4 デバイス技術

半導体微細化に伴い，電源電圧を下げる必要があり，このため MOS しきい値電圧 Vth の低減によりリーク電流が消費電力の大きな部分を占めるようになってきた．これを解決するために，MOS しきい値電圧 Vth 制御や基板バイアス電圧制御などの技術が開発されてきた．

5 マイクロプロセッサの実例

本節では 1990 年代，2000 年代のマルチメディア分野向けの特徴あるマイクロプロセッサの構成及び仕様について述べる．

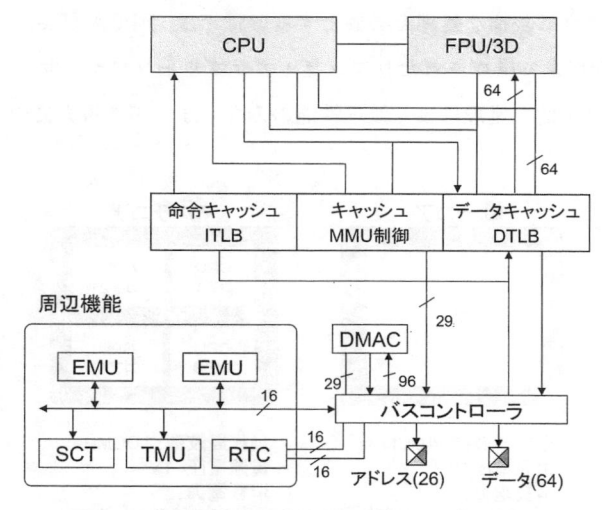

5.1 3次元高速演算回路内蔵マイクロプロセッサ[2]

図 10 はルネサステクノロジ社の SH-4 の構成を示したもので，1990 年代半ばに開発されたマルチメディア指向のマイクロプロセッサである．2 命令を同時処理するスーパースカラ・アーキテクチャの CPU に加え，3 次元グラフィクス処理を高速に実行する演算回路を備えた浮動小数点演算プロセッサ（FPU）を主軸に，命令及びデータキャッシュメモリ，メモリ管理機構（MMU）をもっている．さらに，各種の周辺機能を備えており，システム集積型マイクロプロセッサである．これらの機能を駆使し，200 MHz, 1.4 GFLOPS の高性能仕様により，ナビゲーション・システム，携帯電話を始め，高性能コントローラにも活用できる．

図 10　3 次元高速演算回路内蔵マイクロプロセッサ

第 2 章 マイクロプロセッサのアーキテクチャ

5.2 Cell Processor[3]の構成

図11はIBM社，ソニー・コンピュータ・エンタテイメント社などによって2000年代半ばに次世代ゲーム機用として開発されたマルチコアのマイクロプロセッサである．PPE（Power Processor Element）と呼ばれる64ビットの主エンジンに，演算実行を主に実行するSPE（Synergistic Processor Element）と呼ぶ8個のコアを集積している．最高動作周波数は4 GHzで，この時，256 GFLOPSの性能を引き出す．消費電力は70〜80 Wに達するが，圧倒的な演算性能により，3次元グラフィクス処理を超高速で実行する．カラーレーザープリンタなどでの画像処理応用にも期待される．

5.3 FR 1000[4]の構成

図12は2000年代半ばに，富士通によってHDTV信号処理などに向けて開発されたシンメトリックなマルチプロセッサ構成をもつマルチコアのマイクロプロセッサである．同じ仕様の4つのVLIWアーキテクチャのコアを有し，533 MHzで動作し，51.2 GOPS（Giga Operations Per Second）の性能で，さらに，電源電圧1.2 V時には3 Wとこのクラスでは低消費電力である．

6 今後の課題

以上，最近のマイクロプロセッサの動向，高性能化技術，低消費電力化技術とマイクロプロセッサの実例などを述べてきたが，マイクロプロセッサの今後の課題について考える．まず，高性能化の決め手となってきたマルチコア技術については，より多数のコアが使われるようになるに従い，これらを有効に活用するためのソフトウェア技術，メモリスループットを高める新しいメモリ・アーキテクチャ技術などが課題となる．さらに，半導体の微細化に伴うリーク電流の増加

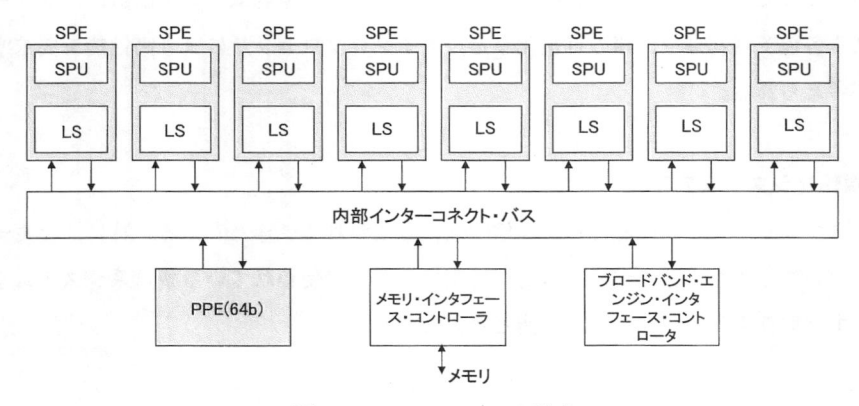

図11 Cell Processor の構成

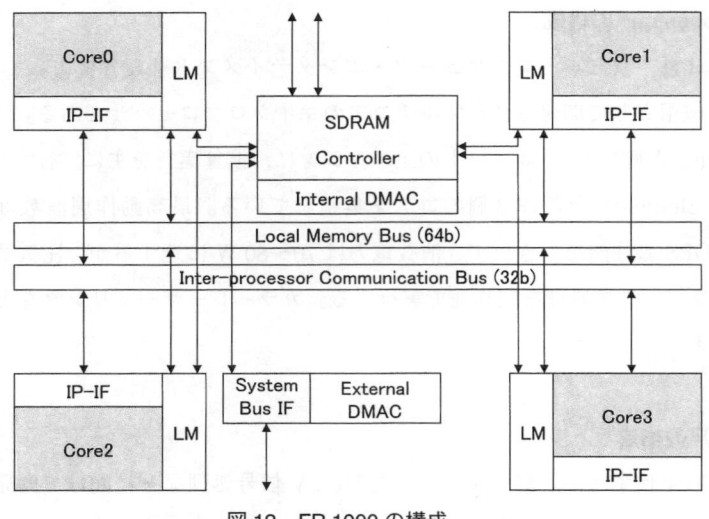

図 12　FR 1000 の構成

は低消費電力化にとって，より深刻となり，デバイス・プロセス，回路，論理方式における総合的な解決法が不可欠な課題になると考える。

　車載用のマイクロプロセッサにとっては信頼性が重要であり，マルチコア技術による冗長システム構成，低動作周波数，低消費電力が重要な鍵を握っていると思われる。今後，益々向上して行くマイクロプロセッサの性能を考えると，マイクロプロセッサ自身に加え，以下のことが大きな課題として挙げられる。

6.1　高性能マイクロプロセッサの使途

　安全性，快適性に高性能を振り向けていくことが考えられる。高度なデータ処理として，インターネットや車内LANなど車内外からの多くの情報を融合し，リアルタイムで処理する必要性がより高くなってくると思われる。特に，安全性のための画像認識，音声認識，センサー情報から得られる各種予測制御や情報の可視化など，マイクロプロセッサにより高性能を要求する多くの応用が考えられる。

6.2　高信頼化システムの実現

　マイクロプロセッサの高性能性は，高信頼性にも使われるべきと考える。特に，マルチコアの可能性について述べたてきたが，宇宙用，航空機用などで使われている多重系システムを同等のレベルにまで取り入れていくことが可能と考えられる。

第2章 マイクロプロセッサのアーキテクチャ

文　献

1) H. Maejima, M. Kainaga, K. Uchiyama, "Design and Architecture for Low-Power/High-Speed RISC Microprocessor：SuperH," 電子情報通信学会欧文誌, E 80-C (12) 1539-1545 (Dec. 1997)
2) O. Nishi, F. Arakawa, K. Ishibashi, S. Nakano, T. Shimura, K. Suzuki, T, Y. Totsuka, K. Tsunoda, K. Uchiyama, T. Yamada, T. Hattori, H. Maejima, N. Nakagawa, S. Narita, M. Seki, Y. Shimazaki, R. Satomura, T. Takasuga, A. Hasegawa, "A 200 MHz 1.2 W 1.4 GFLOPS Micro-processor with Graphic Operation Unit," IEEE ISSCC, pp. 288-289 (Feb. 1998)
3) Dac C. Pham, Tony Aipperspach, David Boerstler, Mark Bolliger, Rajat Chaudhry, Dennis Cox, Paul Harvey, Paul M. Harvey, H. Peter, Hofstee, Charles Johns, Jim Kahle, Atsushi Kameyama, John Keaty, Yoshio Masubuchi, Mydung Pham, Jurgen Pille, Stephen Posluszny, Mack, Riley, Daniel L. Stasiak, Masakazu Suzuoki, Osamu Takahashi, James Warnock, Stephen Weitzel, Dieter Wendel, Kazuaki Yazawa, "Overview of the architecture, circuit design, and physical implementation of a first-generation cell processor," *IEEE Journal of Solid-State Circuits*, 41, (1), pp. 179-196 (Jan. 2006)
4) Tetsuyoshi Shiota, Ken-ichi Kawasaki, Yukihito Kawabe, Wataru Shibamoto, Atsushi Sato, Tetsutaro Hashimoto, Fumihiko Hayakawa, Shin-ichirou Tago, Hiroshi Okano, Yasuki Nakamura, Hideo Miyake, Atsuhiro Suga, Hiromasa Takahashi, "A 51.2 GOPS 1.0 GB/s-DMA single-chip multi-processor integrating quadruple 8-way VLIW processors", *IEEE International Solid-State Circuits Conference*, XLVIII, pp. 194-195 (Feb. 2005)

第3章 パワー半導体

1 車載用パワーデバイスの現状と今後の課題

藤平龍彦*

1.1 はじめに

　気候変動防止のための CO_2 排出量の削減，環境保護のための排気ガスのクリーン化，高止まりとなっている交通事故件数の低減，情報化に代表される利便性の向上などを目的として，自動車の電子化が進んで来ている。燃料電池車やハイブリッド車に代表される電気自動車の実用化と普及，燃料噴射のタイミングや噴射量，吸気量，点火タイミングの精密制御による燃費の改善，四輪の駆動力や制動力の精密制御によるスリップ防止や車両姿勢の安定制御，全電子制御のトランスミッションやパワーステアリングの普及，カーナビゲーションや通信機能の装備など枚挙に暇がない。電子化の進展に伴って，自動車一台当りに使用されるパワーデバイスの数も増加の一途を辿っている。自動車の中でパワーデバイスは，モータ，ソレノイドバルブ，ランプ，点火コイル，DC/DC 電源などに電力制御用として使用されている。電力制御においてはその効率を改善することが燃費改善に直結し，パワーデバイスに関して言えば電力制御に伴う発生損失の低減，そして小型・軽量化と低い故障率が求められる。現在，比較的大電力の制御には IGBT (Insulated-Gate Bipolar Transistor) モジュールが，比較的小電力の制御にはパワー MOSFET やパワー IC が主に用いられている。

1.2 IGBT モジュール

　IGBT モジュールは，産業用機械・ロボット等のモータ駆動，インバータ，大容量電源や UPS などの用途に向けて 1990 年頃に実用化され，車載用としては 1997 年頃からハイブリッド車のモータ駆動に使用されてきている。2007 年 3 月時点で実車に搭載されている最新の IGBT チップは第五世代チップ[1]であり，図 1 に示すように世代を重ねる度に損失低減と小型化が進められた結果，第五世代チップは第一世代チップとの比較で損失も面積も半分以下に低減されたものとなっている。第三世代以降の IGBT チップの断面構造と主な開発技術を図 2 に示す。第三世代まではエピタキシャルウェハへのライフタイム制御を使いプレーナゲートの微細加工技術の進展が特

---

* Tatsuhiko Fujihira　富士電機デバイステクノロジー㈱　電子デバイス研究所　所長

第3章　パワー半導体

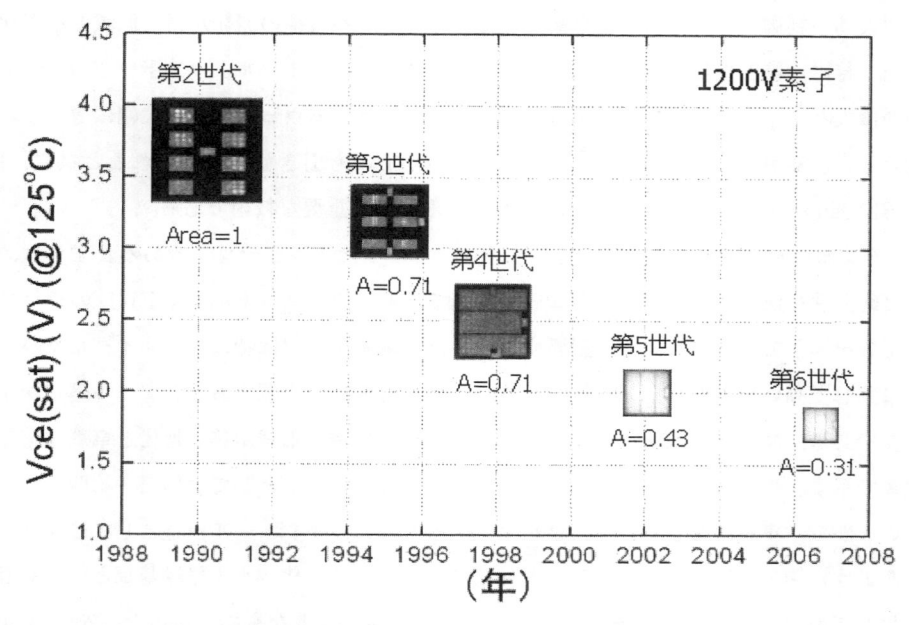

図1　IGBTチップの世代による飽和電圧とチップ面積の推移

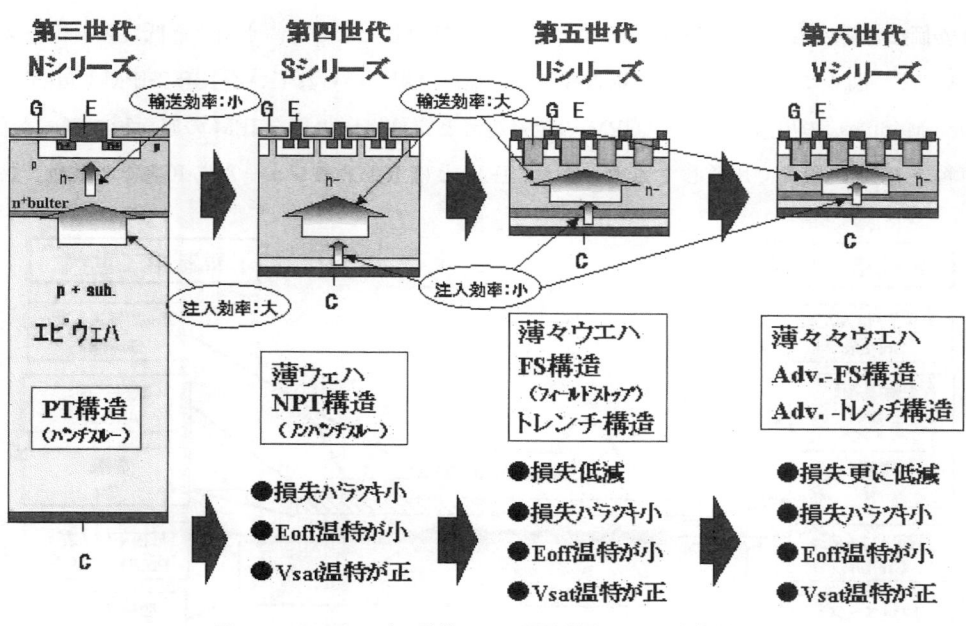

図2　IGBTチップの世代による開発技術とその改善効果

性改善を引っ張ってきたが，第四世代以降はトレンチゲート技術の開発やライフタイム制御に頼らずに注入効率制御でキャリア濃度を最適化できる薄ウェハ技術の開発が損失低減と小型化の鍵であった。特に，第五世代で開発された薄ウェハ技術であるフィールド・ストップ（FS）技術[2]は，導通損失とスイッチング損失の両方に大きな影響を与えるウェハ厚さを大幅に薄くすることを可能とした。第六世代以降のチップにおいて，IGBT にも引き続き用いられると共に，FWD（Free-Wheeling Diode）にも用いられることになる極めて重要な技術である。

　IGBT モジュールの損失を決めているのが IGBT チップと FWD チップであるとすれば，その放熱性と耐久性を決めているのがモジュール構造である。放熱性は IGBT や FWD のチップサイズへの影響を通してコストに大きく影響する。また，車載用途では特に冷熱サイクルやパワーサイクルに関して高い耐久性が求められており，これら耐久性を支配するモジュール構造が果す役割は重要である。図3に車載用 IGBT モジュールの断面構造を車載用第一世代と車載用第二世代との比較で示す。車載用第一世代の IGBT モジュールは，チップとしては第三～第四世代のチップを用いながら，車載用としての耐久性を確保するために，モジュール構造としては図3の左側に示したように銅・モリブデンのクラッド材放熱ベースとチッ化アルミ絶縁基板という高価な材料を使用しており，一般産業用モジュールと比較して高コストなものであった。2006 年からハイブリッド車に搭載が始まった車載用第二世代 IGBT モジュールでは，小型・低損失の第五世代 IGBT チップを用いると共に，図3の右側に示したように銅製放熱ベースとアルミナ絶縁基板という安価な材料の組合せで車載用としての耐久性を確保したことで，小型化と低コスト化が図られている[3]。図4に，ハイブリッド車の昇圧コンバータ用にいられている IGBT-IPM (Intelligent Power Module) の出力面積密度（IPM の定格電流と定格電圧の積を IPM の底面積で割った値）を車種と IPM の世代で比較して示す。なお，IPM とは IGBT モジュールに IGBT の駆動，保護，

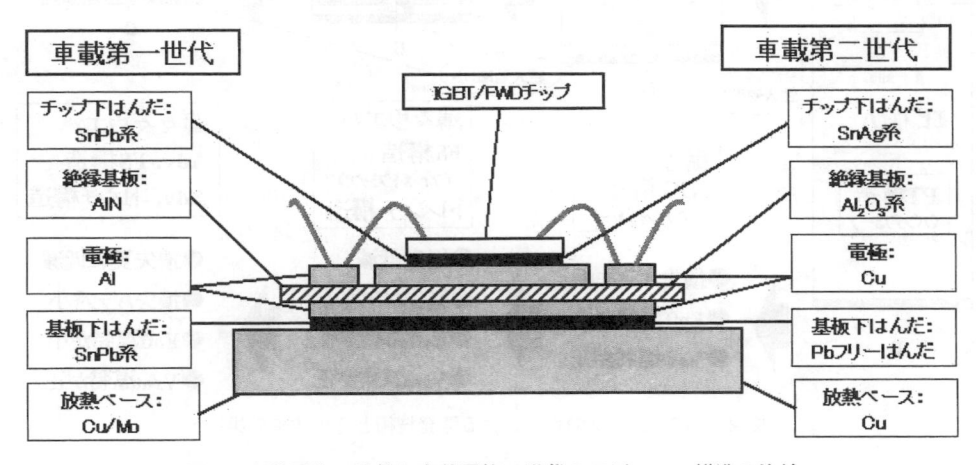

図3　車載用第一世代と車載用第二世代のモジュール構造の比較

第3章　パワー半導体

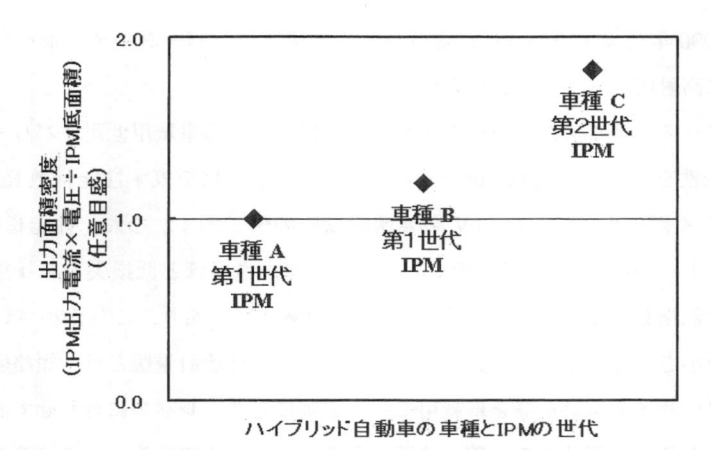

図4　ハイブリッド車用昇圧コンバータIPMの出力面積密度の車種と世代による比較

デバイス温度出力，電池電圧出力などの機能を内蔵させたもののことである．図4から明らかなように，車載第二世代IPMでは車載第一世代IPMと比較して出力面積密度の大幅な改善が達成されている[4]．

今後に目を向けると，この2007年春には一般産業用に第六世代IGBTモジュールのリリースが開始される[5]．第六世代IGBTモジュールでは，チップの損失低減に加えてパッケージの放熱性を一段と向上させることによって一世代分の小型化が達成される．車載用としては，この第六世代IGBTチップを用いた車載用第三世代IGBTモジュールが2009年頃にはリリースされるであろう．問題となるのは2010年頃のリリースが想定される第七世代（車載用としては2012年頃のリリースが想定される車載用第四世代）である．IGBTの損失低減は限界に近づきつつあると考えられ，一世代分の損失低減を達成するためにはデバイスの大幅な変更が必要となるであろう．MOSゲートサイリスタ等の新デバイス構造を検討すると共に，SiC，GaN等新材料の可能性も視野に入れてゆく必要がある．小型化の面からはパッケージの放熱性の更なる向上や保証温度の向上も検討する必要があると考えられる．

1.3　パワーMOSFET

パワーMOSFETは，電源，蛍光灯電子バラスト，小型モータの駆動，小容量UPS，携帯用電子機器のパワーマネジメントなどに使用される．前述のIGBTが少数キャリアの注入による伝導度変調を利用して飽和電圧を下げる大電力向け，高耐圧向けのデバイスであるのに対して，パワーMOSFETは多数キャリアのみを利用したデバイスであり，高周波向け，低耐圧向けのデバイスと位置付けられる．1980年頃に民生用で実用化され，破壊耐量と耐久性が向上された1980年代中頃からまず低耐圧品がソレノイド，小型モータ，ランプ等の駆動用に車載用としても使用

され始めた。1990年代後半頃からは，電気自動車の降圧コンバータやメタルハライドランプのインバータ等に高耐圧品も使用されて来ている。

　図5に，パワーステアリングのモータ駆動などに使用される車載用低耐圧パワーMOSFETに関して，低損失性を表す性能指数Ron・Qgdとチップの小型化を表す性能指数Ron・Aの推移を，富士電機デバイステクノロジーの60V高破壊耐量版の例で示す。なお，性能指数Ron・Qgdはオン抵抗とゲート・ドレイン間電荷の積であり，これが小さいほど低損失であり高周波で使えることを表す。性能指数Ron・Aはオン抵抗とチップ面積の積であり，これが小さいほど同じ損失でチップ面積を小さくできることを表している。また，高破壊耐量版とは，短絡耐量，アバランシェ耐量，パワーサイクル耐量等を車載用モータ駆動に必要なレベルに合わせて高く設計したデバイスのことであり，汎用品との比較で破壊耐量を大幅に高めている一方で性能指数は犠牲にしている。図5に戻ると，微細加工技術の進展とデバイス構造の革新によって，車載用低耐圧パワーMOSFETの低損失化と小型化は順調に進められて来ている。第二世代までは二段ウェルを用いたDMOS（Double-Diffused MOS）構造が使われ，性能指数の改善は微細化に頼っていた。第三世代では擬平面接合（QPJ）技術[6]とドレイン・バラスト抵抗技術[7]が開発され，DMOSのpn接合を浅くしてチャネル抵抗を低減しながら，またドリフト領域のキャリア濃度を高めてドレイン抵抗を低減しながらも破壊耐量を高めることが可能となった。第四世代ではトレンチゲート技術[8]が開発され，第五世代以降はトレンチゲート技術に擬平面接合技術を融合しドレイン・バラ

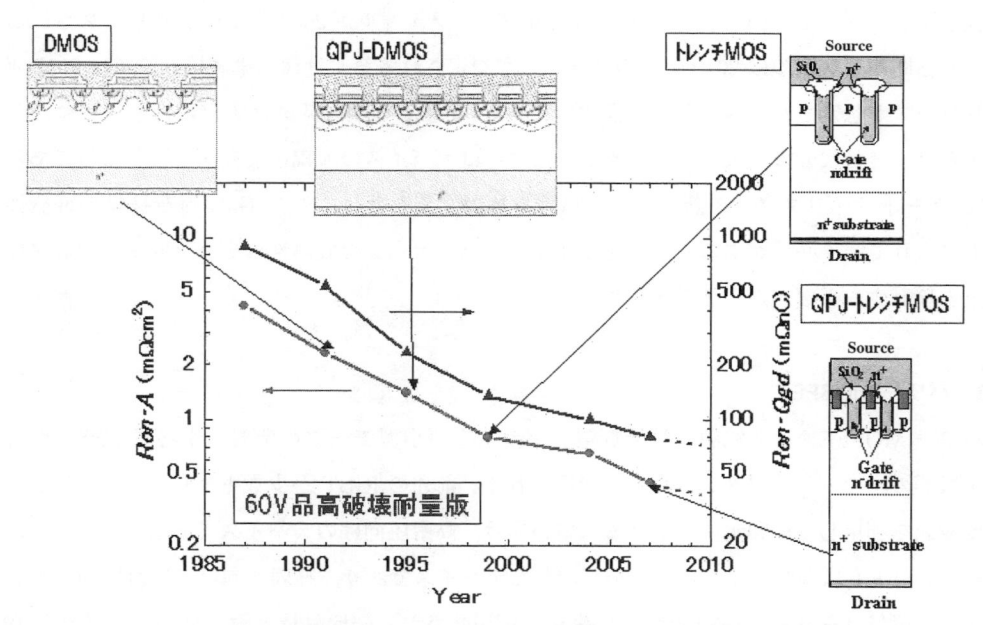

図5　車載用低耐圧パワーMOSFETの性能指数と開発技術の推移
（富士電機デバイステクノロジーの例）

第3章 パワー半導体

スト抵抗技術も引き続き併用すると共に,微細化とプロセスばらつきの低減によって性能改善が進められている。

2007年中のサンプル出荷が予定されている第六世代チップの性能指数は,第一世代と比較して Ron・Qgd も Ron・A も約 1/10 程度にまで改善される見込みであるが,車載用低耐圧パワーMOSFET の場合も,問題は 2011 年頃のリリースが期待されている第七世代である。現状の技術の延長上で破壊耐量は維持しながら性能指数を一世代分改善する目処はまだ立っていない。新技術の導入やデバイス構造の大幅な変更も検討する必要があると思われる。また,先に述べた新材料の一つである GaN は,低耐圧パワー MOSFET の代替候補としても期待されている。

高耐圧パワー MOSFET の性能指数の推移を,富士電機デバイステクノロジーが市場で入手できた範囲の市販 600 V 品の例で図6に示す。1990 年代までの性能指数の改善は緩やかであり主に半導体微細加工技術の進展によっていたが,2000 年頃ほぼ同じ時期に二つの新技術がそれぞれ独立に開発され,性能指数の改善は一気に進んだ。新技術の一つは先に低耐圧品の説明で述べた擬平面接合技術であり,平面を擬して形成された浅い pn 接合を高耐圧品向けにはストライプ状の配置で使うことにより均一濃度シリコンの理論限界に対しあと 10% までの性能改善が可能となり,Ron・Qgd と Ron・A が共に従来の約 60% へと大幅に改善された[9]。もう一つの新技術は超接合(スーパージャンクション:SJ)技術[10]である。従来は均一な濃度で形成されていたドリフト領域に三次元的に交互に配置した pn 接合を設けることによって上述の理論限界を超える

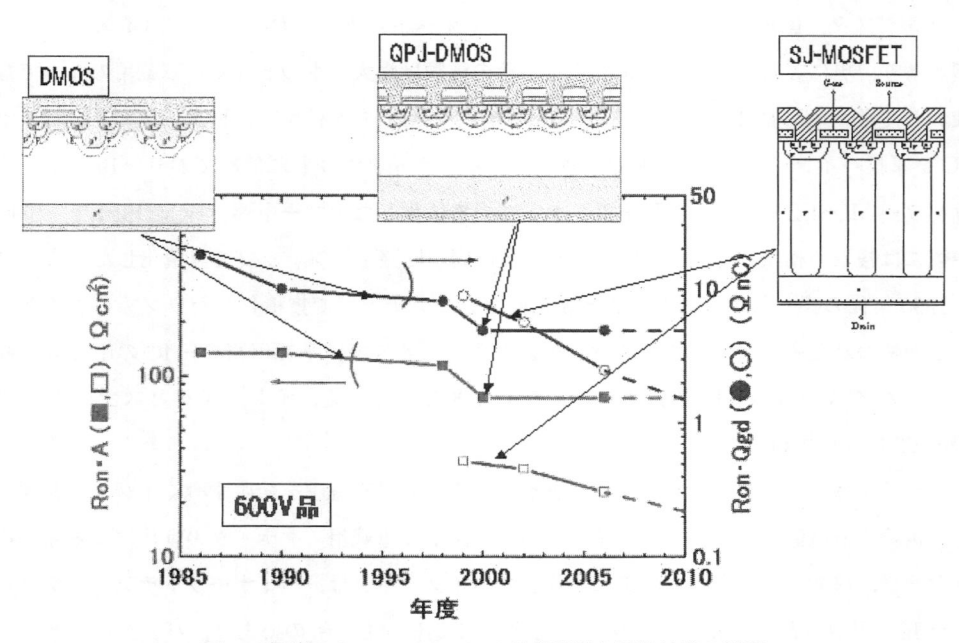

図6 高耐圧パワー MOSFET の性能指数と開発技術の推移
(富士電機デバイステクノロジーが入手できた市販品)

性能の実現が可能となり，Ron・Qgd は同レベルのまま Ron・A が従来の約 30% へと劇的に改善された[11]。

高耐圧パワー MOSFET では，その後の学会発表において超接合技術の適用による性能改善が数多く報告されている。市販品での性能改善も順調に進んではいるが，学会発表における性能改善[12]と較べると改善のペースが遅い。この原因は，三次元的な超接合構造の製造の難しさにある。性能改善のためには超接合構造を微細化する必要があるが，プロセスばらつきの低減の難しさや微細化した場合の製造コストの上昇がその壁となっている。今後の更なる性能改善のためには，超接合構造を低コストで微細化するためのプロセス技術の革新が求められる。新材料 SiC，GaN も，高耐圧パワー MOSFET 代替候補として期待されている。

1.4 パワー IC

パワー IC は，電源，小型モータやソレノイドやランプの駆動，プラズマテレビの発光制御用のドライバ，携帯用電子機器のパワーマネジメントなどに使用されている。これまで述べてきた IGBT やパワー MOSFET がパワーデバイスにおけるデバイスの種類を表すのに対し，パワー IC という分類はパワーデバイスを集積化した製品形態を表し集積化の方法や集積化されるパワーデバイスの種類を問わない。したがって，その範囲は広く，集積化方法では厚膜ハイブリッド IC，プリント基板，マルチチップ，シングルチップなど，集積化されるパワーデバイスではバイポーラトランジスタ，IGBT，パワー MOSFET，ダイオードなど，それぞれのデバイスには縦型，横型があり，更にこれらの組合せを考えるとその種類は膨大なものとなる。車載用のなかで数多く使われてきたものに限って振返ると，1970 年代には既にバイポーラトランジスタとバイポーラ IC を厚膜ハイブリッド IC 技術で集積化したイグナイタが使われ始めており，1980 年代終盤にはパワー MOSFET と周辺回路をワンチップで集積化したスマートパワー MOSFET，1990 年代中頃には複数の横型パワー MOSFET と複数の周辺回路をワンチップで集積化した統合パワー IC，1990 年代の終わり頃には IGBT と周辺回路をワンチップで集積化したワンチップイグナイタなどが使われ始めている。本稿では，紙面も限られるので，車載用パワー IC の中でも比較的パワーデバイスの占める比率が大きいものを代表として考え，イグナイタとスマートパワー MOSFET について概説する。

イグナイタは，エンジンの点火プラグを点火するために高電圧を発生すべくイグニッションコイルへ供給する電流を制御するデバイスである。図 7 に車載用イグナイタの世代による開発技術，パッケージ，機能の推移を示す。第二世代までのイグナイタは，バイポーラトランジスタとバイポーラ IC，受動部品を圧膜ハイブリッド IC 技術で集積化したものであり，パッケージとしては主にキャンタイプのパッケージが使用されていた。1990 年代の中頃登場した第三世代のイグナ

第3章　パワー半導体

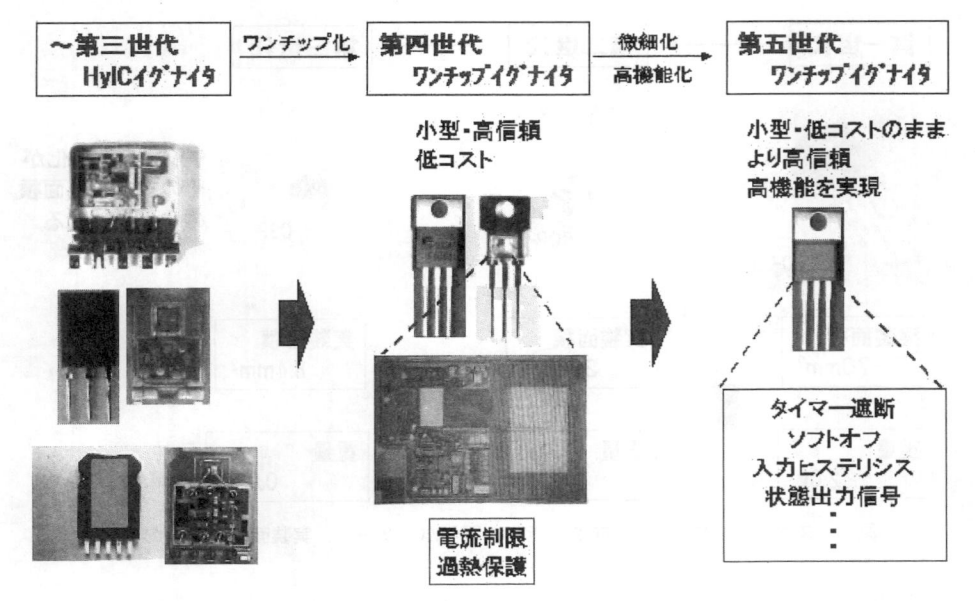

図7　イグナイタの世代と開発技術，パッケージ，機能の推移

イタでは，パワーデバイスとして高破壊耐量化が実現されたIGBTの使用が可能となり高出力化が図られると共に，高冷熱サイクル耐量化が図られたトランスファーモールドタイプの樹脂パッケージを用いることでコストの低減が進んだ。1998年に実車搭載が始まった第四世代イグナイタでは，高破壊耐量のIGBTと駆動，保護，電流制限回路をワンチップに集積化する自己分離技術が開発され，更にはディスクリートパワーデバイスの標準パッケージであるTO-220の高冷熱サイクル化が可能となり，これらの技術を用いることで容積と重量が数分の一に低減されると共にコストも大幅に低減されたワンチップイグナイタが実現されている[13]。ワンチップイグナイタへはその後過熱保護機能が集積化されてきているが，燃費の更なる改善のためにより高度な機能の搭載を求める点火システム側の要求に対して，IGBTを集積化したワンチップ型であるが故にアナログ回路の高精度化に困難を伴うデバイス側の技術開発のスピードが追いつけていないという課題がある。現時点では，小型，低コストではあるが機能の限定された第四世代ワンチップイグナイタと，大型，高コストではあるが高度な機能を搭載した第三世代ハイブリッドICイグナイタが，それぞれ得意の分野を分担してシステム側の要求に対応している。今後は，小型，低コストと高機能を両立させた第五世代イグナイタの登場が待たれるが，第五世代イグナイタを実現する技術の候補としては，ワンチップイグナイタのアナログ回路技術の高度化とCOC（Chip-on-Chip）技術によるツーチップイグナイタ[14]とが期待されている。

スマートパワーMOSFETの世代によるパッケージ外形，プリント基板への実装面積，重量の

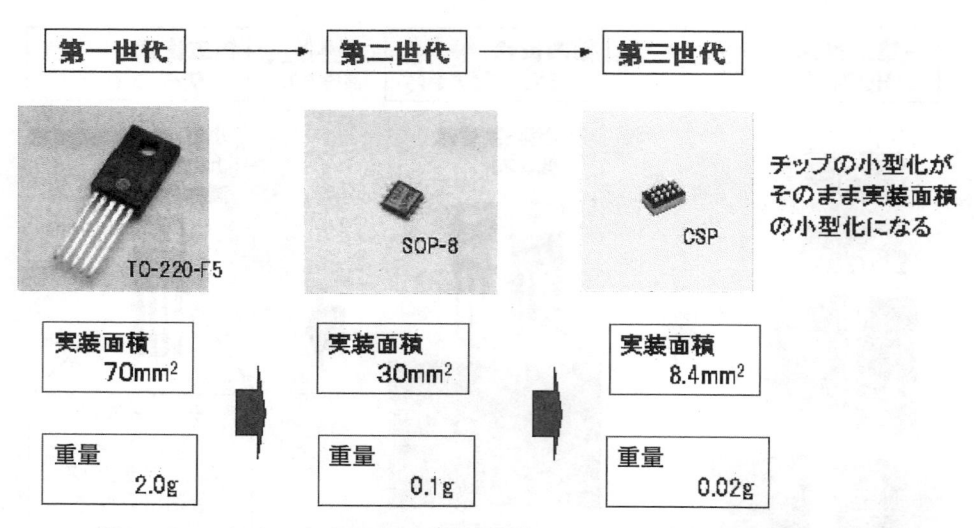

自動車用半導体の開発技術と展望

図8 スマートパワー MOSFET の世代と開発パッケージ，実装面積，重量の推移

推移を図8に示す。第一世代のスマートパワー MOSFET は，ディスクリートパワーデバイスの標準パッケージを改良して端子数を増やしたものであったが，1990年代後半に使われ始めた第二世代のスマートパワー MOSFET では SOP やパワー SOP といった表面実装型パッケージが導入され，実装面積，重量共に大幅な改善が見られた[15]。2006年に発売された第三世代スマートパワー MOSFET では，特定の用途に限定されてはいるが困難な実装信頼性の問題が克服され，初めて CSP（Chip-Size-Package）が採用された[16]。CSP 採用の効果は大きく，実装面積，重量共に，第二世代に対して更に数分の一に改善されている。スマートパワー MOSFET の実装面積と重量の改善は，このようにパッケージ技術の開発に負うところが大きいが，パッケージの小型化の前提条件として微細加工技術の進展と出力段に使われているパワー MOSFET の性能指数の改善によるチップ面積の縮小があることを忘れてはならない。なお，第三世代における CSP の採用はスマートパワー MOSFET の今後の改善に大きな意味を持つ。CSP による実装面積がベアチップ実装による実装面積よりも小さいというだけではなく，微細加工技術の進展や出力段パワー MOSFET の性能指数の改善が，CSP を用いることで，そのまま実装面積の改善とコストの低減に直接反映されるという方程式が確立したからである。今後は，この延長線での実装面積の更なる縮小と共に，縮小されたスマートパワー MOSFET の統合パワー IC への集積化，COC 技術の活用によるスマートパワー MOSFET の大電流化が進むと期待される。もちろん，その前提となるのは微細加工技術と出力段パワー MOSFET の性能指数の改善である。スマートパワー MOSFET や統合パワー IC における出力段パワー MOSFET の改善は，今後三次元デバイス化の方向に進むと考えられる。三次元デバイスの一例として，富士電機デバイステクノロジーが開

第 3 章　パワー半導体

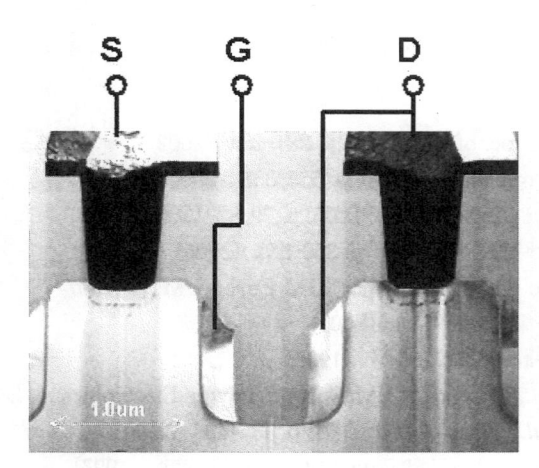

図 9　三次元パワーデバイスの例
（富士電機デバイステクノロジーが開発中の TLPM の断面写真）

発中の TLPM（Trench Lateral Power MOSFET）の断面写真を図 9 に示す。トレンチ内面に沿って U 字型にパワー MOSFET を設けることで，単位面積当りのトランジスタ数を 2 倍以上に高めることが可能となっている[17]。TLPM 以外にも三次元デバイスはいろいろ提案されており，近い将来の実用化が期待される。

1.5　おわりに

　車載用パワーデバイスの代表として，IGBT モジュール，パワー MOSFET，イグナイタ，スマートパワー MOSFET の進化，開発技術と今後の展望を概説したが，他にも PN ダイオードやショットキー・バリア・ダイオード（SBD），統合パワー IC など，自動車には多くの種類のパワーデバイスが使用されている。これらのパワーデバイスも現在まで進化を重ねてきており，今後も新技術の開発や新材料の導入によって更に進化してゆくものと期待される。IGBT やパワー MOSFET，ダイオードは，既存技術の延長上では性能改善の限界が近づいているが，学会ではトレンチ構造や超接合構造を利用した三次元デバイスによる性能改善が多数報告されている。一方で SiC の SBD が発売され，限定された用途ではあるが民生市場で使われ始めている。今後は，Si 三次元デバイスの進化，微細化と SiC，GaN 等の新材料デバイスの実用化がパワーデバイス性能革新の鍵を握るものと思われる。

文　　献

1) M. Otsuki, *et al.*, Proc. of ISPSD'02, p. 281-284 (2002)
2) T. Laska, *et al.*, Proc. of ISPSD'00, p. 355-358 (2000)
3) Y. Nishimura, *et al.*, Proc. of ISPSD'05, p. 79-82 (2005)
4) 西浦彰ほか,富士時報, **79** (5), p. 350-353 (2006)
5) M. Otuki, *et al.*, to be published in PCIM Europe, May (2007)
6) 小林孝ほか,特許第 3240896 号 (2001)
7) 藤平龍彦ほか,特許第 2937185 号 (1999)
8) T. Yamazaki, *et al.*, Proc. of PCIM Europe, Power Electronics, p. 263-268 (2003)
9) T. Kobayashi, *et al.*, Proc. of ISPSD'01, p. 435-438 (2001)
10) T. Fujihira, *Jap. J. of Applied Phys.*, **36**, p. 6254-6262 (1997)
11) J. Deboy, *et al.*, Proc. IEDM, p. 683-685 (1998)
12) K. Takahashi, *et al.*, Proc. of ISPSD'06, p. 297-300 (2006)
13) T. Fujihira, Proc. of CIPS'00, p. 36-44 (2000)
14) T. Theobald, *et al.*, Proc. of ISPSD'01, p. 303-306 (2001)
15) Y. Yoshida, *et al.*, Proc. of ISPSD'01, p. 271-274 (2001)
16) 木内伸ほか,富士時報, **78** (4), p. 277-281 (2005)
17) S. Matsunaga, *et al.*, Proc. of ISPSD'06, p. 329-332 (2006)

2 パワーデバイス[1~4]

内藤治夫*

自動車用パワーデバイスは，チョッパおよびインバータなどの電力変換回路に用いられる素子である。エンジン自動車用途では，これまで電動パワーステアリングなどのいわば補機に適用されてきた。最近ではハイブリッド自動車が発売され，その後ハイブリッド方式適用車種は増加の一途である。ハイブリッド自動車では電力変換器回路は主機であるので，その容量も大きく，スイッチング周波数や損失などの動作特性に対する要求も厳しい。今後，ハイブリッド自動車が自動車の主流となり，さらに電気自動車の実用化に至れば，自動車用パワーデバイスの重要性はさらに大きくなる。

本節では，用途・容量を問わず電力変換回路の必須素子であるダイオードと，自動車用パワーデバイスとしてよく用いられるMOSFETとIGBTについて解説する。

2.1 パワーデバイスの概要

パワーデバイスは，ダイオードばかりでなく総ての種類の素子をオン・オフ素子，つまりスイッチング素子として用いる。いわゆる線形電子回路では，例えばトランジスタは入力信号の増幅素子として用いられるが，パワーデバイスとしてのトランジスタはこの増幅作用は利用しない。

ダイオードはそれ自身がオンする時点，およびオフする時点を制御できない。この時点はダイオードが接続されている回路（これをダイオードにとっての外部回路と呼ぶ）により決まる。これに対して，MOSFETとIGBTはそれ自身のオン・オフ時点を制御できる。このことはオン期間，つまり電圧のパルス幅を制御により自由に変えられると言うことを意味する。この機能により，PWM（Pulse Width Modulation：パルス幅変調）制御などが実現できるのである。

参考までに，本節では取り上げない，したがって自動車用パワーデバイスとしてはほとんど用いられることのないサイリスタはオン時点は制御できるが，オフ時点は制御できず，外部回路によりサイリスタに流れる電流が0になるか，このことと同義語であるが，逆バイアスされる時点でオフする。

2.2 ダイオード
2.2.1 ダイオードの静特性

ダイオードの回路記号を図1に示す。端子A, Kはそれぞれアノード端子，カソード端子と

---

* Haruo Naitoh　岐阜大学　工学部　人間情報システム工学科　教授

呼ばれる。ダイオードのオン・オフ条件は以下のとおりである。

①オン条件：順バイアス（端子Kよりも端子Aの方が高電位）

　オン状態では図1に示す矢印の方向に電流が流れる。この方向が順方向である。これと反対の方向が逆方向である。

②オフ条件：逆バイアス（端子Aよりも端子Kの方が高電位）

　このバイアス状態は，外部回路により決まる。このオン時およびオフ時の電圧・電流特性は，理想的には図2(a)で表される。図中，

・垂直の太線はオン状態に対応し，理想的にはダイオードの抵抗値は0
・水平の太線はオフ状態に対応し，理想的にはダイオードの抵抗値は無限大

　オフ状態は逆方向の電流を流さない状態である。換言すれば，ダイオードは印加される逆バイアス電圧に耐えると言うことである。この特性を逆阻止特性という。この特性はダイオード（およびサイリスタ）に特有のもので，かつ有用な特性である。MOSFETとIGBTにはこの特性はない。MOSFETとIGBTを逆バイアスにすると，破壊される。

　実際のダイオードの静特性では，図2(b)に示すように，オン時には0.数～数Vの電圧降下が

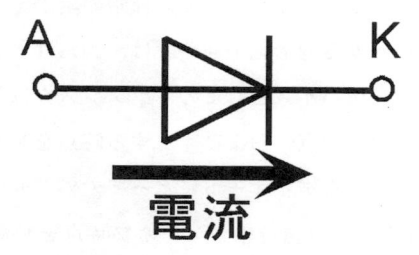

図1　ダイオードの回路記号

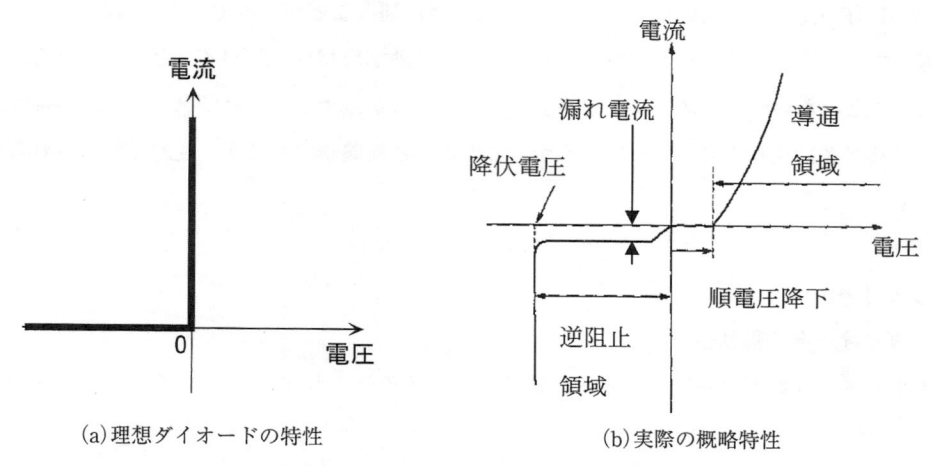

(a)理想ダイオードの特性　　　(b)実際の概略特性

図2　ダイオードにおける電圧・電流の静特性

第 3 章 パワー半導体

生じ，オフ時には数 μA〜数 mA 程度の逆方向電流が流れる。それぞれ順電圧降下，漏れ電流と呼ぶ。漏れ電流は実用上は全く問題とならない。図 2(b) のオフ状態で逆方向電圧を大きくしていくとダイオードは耐えきれず破壊する。この時の電圧を降伏電圧と呼ぶ。

2.2.2 ダイオードの構造と高耐圧化

ダイオードは，図 3 に示す PN 接合が一つある構造である。(a) はオン状態で，P 層 N 層に正孔と自由電子が拡散している。(b) はオフ状態で，正孔と自由電子はそれぞれアノード端子とカソード端子に吸い寄せられる。図中斜線で示した領域は空乏層と呼ばれ，正孔と自由電子共に存在しない。これは不純物が注入されていない真の半導体（真性半導体）の材料（シリコン）と同じ状態である。この空乏層が逆電圧を阻止する。図 4 に各種材料の抵抗率を示す。真性半導体は文字通り「半」導体で，抵抗値としては，導体と絶縁体の中間であるが，図から分かるようにかなり大きく，絶縁体と考えて差し支えない。

パワーデバイスは高耐圧化が重要である。その目的で，図 5 に示したように PN 接合の間に真性半導体の層を挿入することもある。これを i 層（intrinsic 層）と呼ぶ。i 層は空乏層をその分

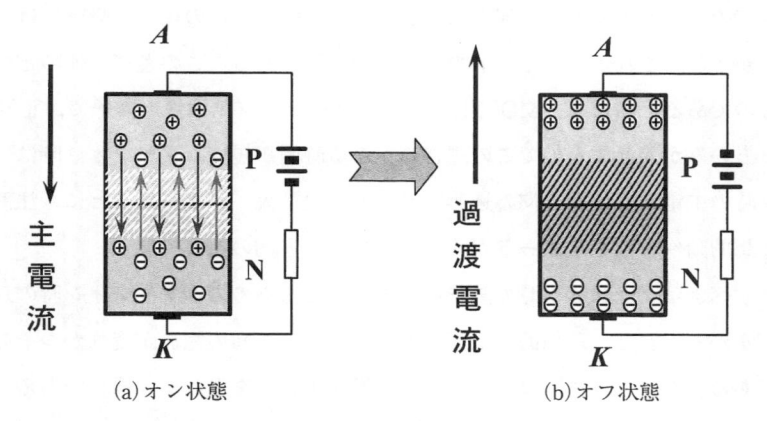

図 3 オン状態とオフ状態の正孔と自由電子の配置

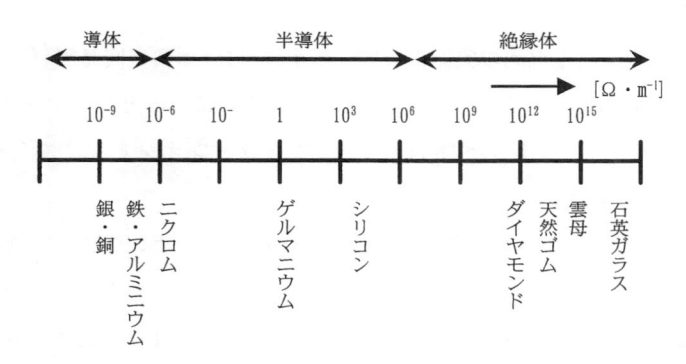

図 4 各種材料の抵抗率

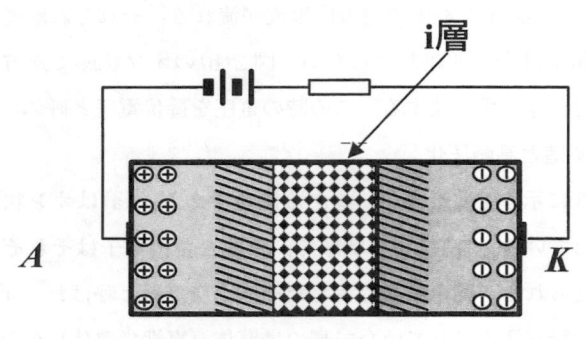

図5　i層を挿入したダイオード

厚くするので，耐電圧が大きくなる。その引き替えに，導通時に正孔と自由電子の移動すべき距離が長くなるので，順電圧降下が大きくなるのはやむを得ない。

2.2.3　ダイオードの動特性

オン状態からオフ状態への遷移をターンオン，逆の遷移をターンオフと称する。図3に示したとおり両状態での正孔と自由電子の配置は著しく異なるので，この遷移は瞬時には完了せずある程度の時間がかかる。これがダイオードの動特性の原因である。この遷移は他のどの半導体素子でも生じるものである。ただし，MOSFETはユニポーラー（単極性）素子で，正孔と自由電子のどちらか一方のみが関与するのでこの遷移にかかる時間が短い。ターンオフ時は一時的ではあるにせよオン時の主電流とは逆方向の過渡電流（逆回復電流）が流れることにも注意されたい。この電流は理想的動作ではダイオードが流すはずのない方向の電流である。

実用上考慮すべきはターンオフ時の動特性である。こちらの方がターンオン時の遷移よりずっと長く時間がかかることと，理想的には流れるはずのない方向の電流が流れかつそのピーク値が大きいからである。ターンオフ時はダイオードが逆阻止特性を取り戻す過程であるので，ターンオフ時の動特性を逆回復特性と呼ぶ。この現象を，キャリア（正孔と自由電子）の偏在（蓄積）に起因することからキャリア蓄積効果と呼ぶ。

ここでダイオードの逆回復電流の実測例を図6に示す。(a)は測定回路図（直流電動機を負荷とした降圧チョッパ回路）である。トランジスタTrをオンにするとダイオードDiは逆バイアスでターンオフ，Trをオフにすると Diは順バイアスでターンオンする。ダイオードの電圧v_{di}および電流i_{di}の波形が(b)である。

(b)において，白の長方形で示した期間がダイオードのターンオン期間，灰色の長方形で示した期間がターンオフ期間である。ターンオン期間では若干の時間の過渡現象，つまり電流の立ち上がり現象があるが，期間も短い。ターンオフ期間では，ターンオン期間よりも長く，かつ点線で囲んだ部分の大きな逆方向電流（回復電流）が流れていることが分かる。

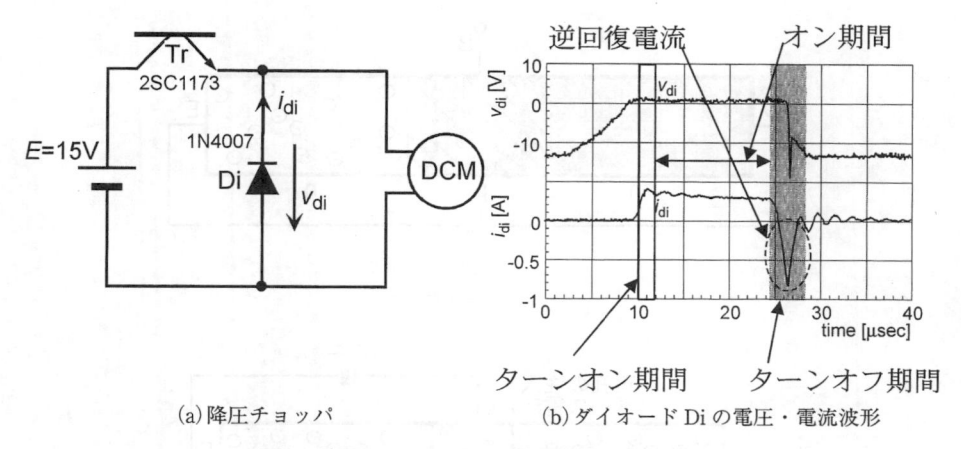

(a) 降圧チョッパ　　　　　　(b) ダイオード Di の電圧・電流波形

図6　降圧チョッパによる逆回復電流の実測例

2.3　トランジスタ

2.3.1　パワートランジスタ

トランジスタの基本を説明するため電力用のトランジスタ（パワートランジスタ）を例に取る。ただし，パワートランジスタは今日実用されなくなった。

トランジスタは図7(a)に示すようにN層，P層，N層の三相構造である。これをnpn形と呼ぶ。電力用半導体として用いられるのはこの形である。層順を逆にした構造がpnp形である。

パワートランジスタはその増幅作用は利用しない。導通状態で取り得るのはオン，オフの二つだけである。ダイオードと異なるのは，このオン，オフの時点を制御できることである。

2.3.2　パワートランジスタのオン・オフ条件

まず第一に逆バイアス（図7(a)でエミッタ（E）がコレクタ（C）よりも高電位の状態）は禁止である。逆バイアスするとトランジスタは壊れる。ただしこれは逆バイアス方向の電圧には耐えられないのであって，順バイアス状態でオフしている時は，この順方向の電圧には耐えるのである。

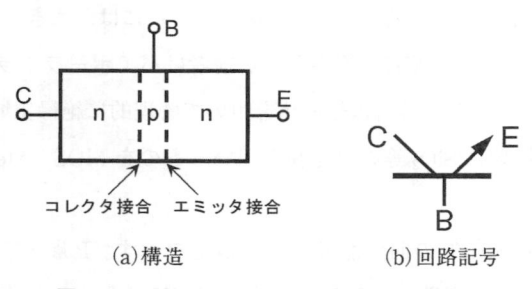

(a) 構造　　　　　　(b) 回路記号

図7　npn形トランジスタの構造と回路記号

(a) オフ状態

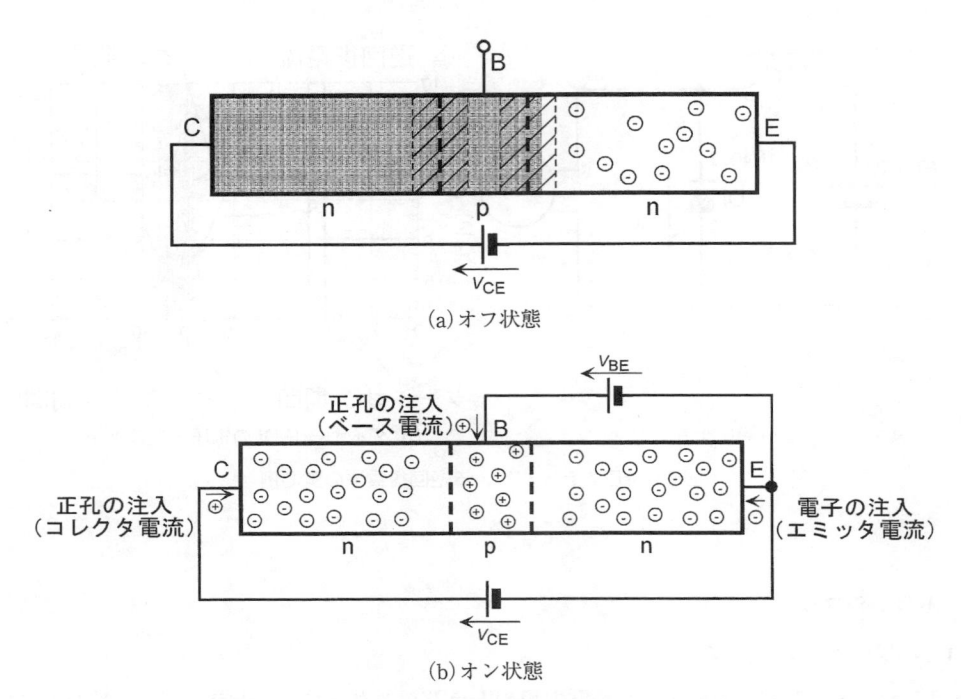

(b) オン状態

図8 トランジスタのオフ状態とオン状態（定常状態）

オン・オフ条件は順バイアスにて
・オフ状態：ベース電流を与えない：図8(a)
・オン状態：ベース電流を与える　：図8(b)
である。ただし両図とも定常状態の図である。

2.3.3 パワートランジスタの過渡状態

ダイオードと同様，オン→オフ，オフ→オンに遷移する際には，図8(a), (b)の中間の状態，つまり過渡状態を経由する。トランジスタの場合もターンオフ時の過渡現象の方が時間が長く，実用上問題となる。

2.3.4 MOSFET

FET（Field Effect Transistor：電界効果トランジスタ）には，大きく分けると接合形（Junction FET：JFET）と絶縁ゲート形に分類される。前者はバイポーラトランジスタと同様に，空乏層によって絶縁領域を形成し，後者は絶縁体を用いて物理的に絶縁領域を形成する。絶縁ゲート形の中でも，特に絶縁体に SiO_2 等の酸化膜を用いるものを MOS（Metal-Oxide-Semiconductor）形と呼ぶ。

図9にNチャネルMOSFETの回路記号と基本構造を示す。P層・N層を逆にしたものはPチャネルMOSFETである。型番によりPチャネル形，Nチャネル形を判別することができる。

第 3 章　パワー半導体

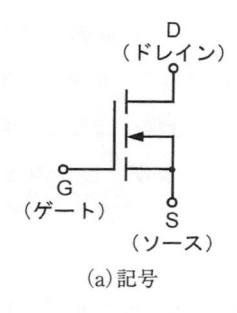

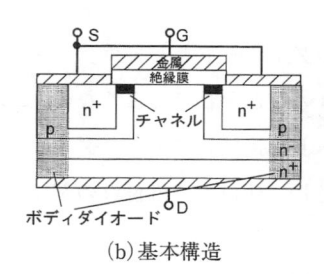

図 9　MOSFET
(a) 記号　　(b) 基本構造

2SJ で始まるものは P チャネル形，2SK で始まるものは N チャネル形である。バイポーラトランジスタと同様に，メーカー独自の型番を付しているものもある。ここでは N チャネル MOSFET について説明する。

　MOSFET はゲート，ドレイン，ソースの 3 つの端子を持つ。基本的には，ゲート電位がソース電位より低い場合，ソース・ドレイン間は $n^+ \cdot p \cdot n^+$ であるので，ソース・ドレイン間は逆バイアスで電流はほとんど流れない。逆に，ゲート電位がソース電位より高い場合は順バイアスで，ゲートの絶縁膜と P 層の境界付近に P 層の少数キャリアである電子が引き寄せられる。ゲート電位を高くするほど，多くの電子が集中する。この領域をチャネルという。チャネルでは，電子が過剰な状態で，P 形半導体が N 形に反転する。これにより，ドレイン・ソース間は $n^+ \cdot n \cdot n^+$ となり，導電性を持つ。したがって，ドレインからソースの向きに電流が流れる。この点から，MOSFET のゲート，ソース，ドレインの各端子はバイポーラトランジスタのベース，エミッタ，コレクタの各端子に相当する。

　このように，MOSFET は，片方のキャリア（P チャネル MOSFET では正孔，N チャネル MOSFET では電子）のみがトランジスタのオン・オフ動作に関わっていることから，ユニポーラトランジスタと呼ばれる。バイポーラトランジスタとの違いは，

・ゲートが絶縁され，電圧のみで制御できるため，ゲート駆動電力が小さい
・キャリア蓄積効果がなく，高速スイッチング動作が可能
・片方のキャリアしか導通に寄与しないのでオン時の導電率はバイポーラ素子よりは低く，したがって電圧降下が大きいため，オン状態での損失が大きい
・構造上 i 層を挿入できず，高耐圧化が困難で取り扱える電力は一般に小さい。

などである。

　この特徴から，MOSFET は小容量で高速スイッチングが要求されるドライブ電源に適している。MOSFET の多くは，図 9(b) の灰色で示すように，ドレイン・ソース間の PN 接合によりボディダイオードと呼ばれる逆並列ダイオードが寄生している。電圧形インバータや 2/4 象限チョ

ッパなどのドライブ用電源では，MOSFET や IGBT は個々に必ず逆並列のダイオードを接続して使用する。このダイオードとしてボディダイオードを活用できる。ボディダイオードの特性は，逆回復電流が大きいなどそれほどよくない。この特性が用途の仕様に満たない場合は，MOSFET に直列にダイオードを接続してボディダイオードを機能しないようにし，MOSFET と直列ダイオードの全体に対して逆並列に外付けのダイオードを接続する。

2.3.5 IGBT

IGBT は Insulated Gate Bipolar Transistor の略で，絶縁ゲートバイポーラトランジスタとも呼ばれる。MOSFET の高速スイッチング特性・電圧駆動形ゲートと，パワートランジスタの高耐圧性を兼ね備えたスイッチング素子である。現在，中・大容量の用途に最も多く適用されている。パワートランジスタは IGBT により完全に駆逐された。

IGBT の回路記号と基本構造を図10に示す。ゲート（バイポーラトランジスタであるが，ベースではなく，ゲートと呼ぶ）は MOSFET と同様の絶縁構造で，ゲート・エミッタ間電圧でオン・オフ制御できる電圧駆動形である。

IGBT の特徴を以下に挙げる。

・ゲートが絶縁されており，電圧駆動形であるため，駆動電力が少ない
・パワートランジスタに比べ，高速スイッチングが可能であるが，キャリア蓄積効果は存在するため，MOSFET ほどの高速スイッチングは難しい
・i 層の挿入により高耐圧化が可能で，中・大容量用途に適している

2.3.6 素子モジュール

MOSFET や IGBT がドライブ回路（2/4象限チョッパやインバータ）で使用される場合は，2つの素子が直列接続され（これをレグと呼ぶ），さらには2または3本のレグが並列接続されてドライブ回路を構成する。このため，製品としては，1つのモジュールに2つの素子を入れた 2 in 1 モジュール，6つのスイッチを入れた 6 in 1 モジュールが市販されている。

IGBT はほとんどの場合，逆並列ダイオードと対をなして使用されるので，IGBT モジュール

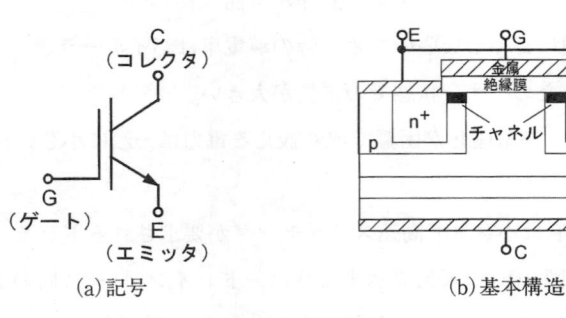

図10 IGBT

には逆並列ダイオードも組み込んだ製品も多い。

モジュールを使用すれば，占有体積も小さくり，配線や配線検査の手間を省くことができる。2 in 1 モジュールは 2/4 象限チョッパ，6 in 1 モジュールはインバータで使用されることが多い。両モジュールの外観と内部配線をそれぞれ図 11，図 12 に示す。

2.3.7　IPM

IPM（Intelligent Power Modules の略。三菱電機や富士電機の呼称。東芝は IPD：Intelligent Power Devices）は，前項の逆並列ダイオード付き IGBT に，ゲートドライバ回路，制御 IC，過電流・過電圧保護など様々な保護機能，診断回路まで付け加えた回路モジュールである。モジュール単体で 3 相インバータまたは 4 象限チョッパとしてほぼそのまま使える。

2.4　パワーデバイスの過渡現象の問題点

パワーデバイスの過渡現象は，チョッパやインバータの回路を構成する際に配慮が必要である。主要な問題点は，スイッチング損失とデッドタイムに係わる。両者はともにスイッチング周波数の上限を制約する。

2.4.1　スイッチング損失

素子の損失とは素子で発生する電力で，素子の両端の電圧と流れる電流の積である。理想素子は無損失である。オン状態で電圧がゼロ，オフ状態では電流がゼロであるから，両者の積，つまり電力は常にゼロだからである。実際の素子では，オン状態でも PN 接合に起因する 0.7 V 程度の電圧降下があり，オフ状態でもマイクロ A の桁の漏れ電流が流れるので，損失が発生する。それぞれオン損失，オフ損失と呼ばれる。オフ損失は無視できるほどの大きさである。これらはスイッチング損失ではない。

この損失に加えて，過渡現象に起因する損失がある。過渡状態の電圧降下・電流波形の例は，ダイオードについて既に実測波形を図 4(b) に示した。この波形は IGBT，MOSFET でも同様である。これを説明のため模式的に描いた図が図 13 である。過渡状態では電圧・電流共にゼロではないので損失が発生する。図中では斜線で示した。この損失は，毎回のスイッチング動作に起因するものでスイッチング損失と呼ばれる。当然，スイッチング周波数に比例するので，損失の点からスイッチング周波数の上限の制約条件になる。

2.4.2　デッドタイム

パワーデバイスがインバータやチョッパに使われる時は，レグ構成，つまり直列接続されて使われる。これを図 14 に示す。理想的には素子 1 と 2 のオン/オフ，オフ/オンは同時に行えるのだが，過渡現象を考慮するとそれは禁則である。パワーデバイスのターンオン・オフ中の導通状態は，厳密には，電流が流れている以上，不完全ではあるがオン状態である。よって上下の素子

183

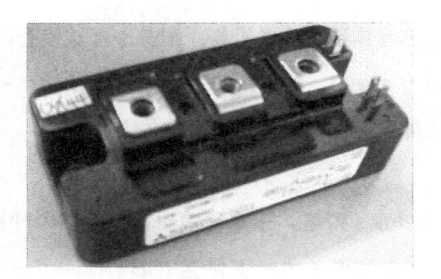

自動車用半導体の開発技術と展望

(a) 外観

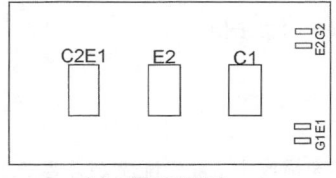

(b) 端子面概略

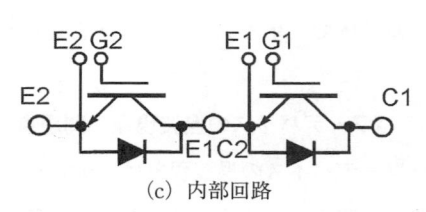

(c) 内部回路

図11　2 in 1 モジュールの例
(CH 150 DY-24 H, 三菱電機製)

(a) 外観

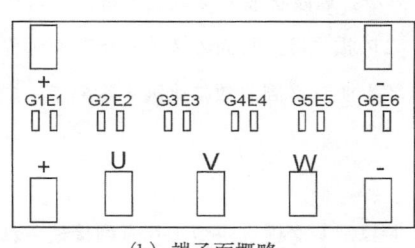

(b) 端子面概略

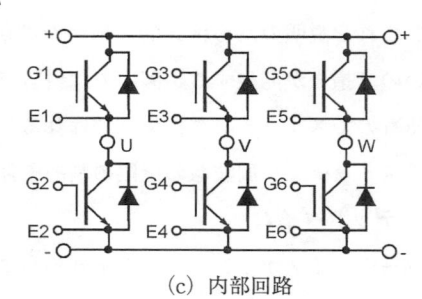

(c) 内部回路

図12　6 in 1 モジュールの例
(6 MBI 100 J-060, 富士電機製)

第3章　パワー半導体

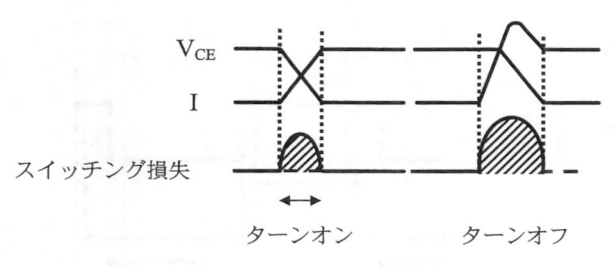

図13　スイッチング損失

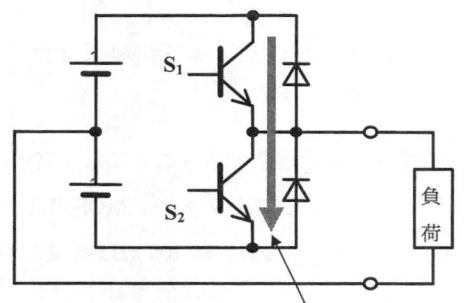

1, 2 の素子が同時にオンすると、膨大な短絡電流⇒素子破壊

図14　1-レグ構成のインバータ原理図

に同時のオン信号（ベース電流＞0）とオフ信号（ベース電流＜0）を与えると，過渡期間中，両素子が同時に導通する。これは図12から明らかなように直列の二素子が電源を短絡することとなり，膨大な電流が素子を流れて，素子を破壊する。

　これを防止するために設けるのがデッドタイムまたはデッドバンドと呼ばれる期間である。これを図15に示す。図中，コンパレータの出力パルスの立ち上がりおよび立ち下がりエッジが，スイッチ S_1 と S_2 の理想的なターンオン・オフの時点である。この図の例では，ターンオフ時刻は立ち下がりエッジに一致させるが，ターンオン時刻は少し遅らせる。これによる両時刻の時間差がデッドタイムである。この時間中は上下両素子が同時にオフする。

　デッドタイムの時間幅はターンオフの所要時間を基にして決める。先に指摘したように，ターンオフの過渡現象の方がターンオンの場合より長いからである。

　ターンオフ期間の目安は，現状素子ではIGBTで $10\,\mu sec$，MOSFETで $1\,\mu sec$ 程度である。この時間幅も素子のスイッチング周波数の制約条件である。素子のオン・オフ期間共にターンオフ期間より長くなければいけないからである。IGBTを例に取ると，仮にオン・オフ期間が限界の $10\,\mu sec$ であるとすると，最大のスイッチング周波数 f_{SWX} は

$$f_{SWX} = \frac{1}{2 \times 10\mu} = 50\,\text{kHz}$$

図15　デッドタイム

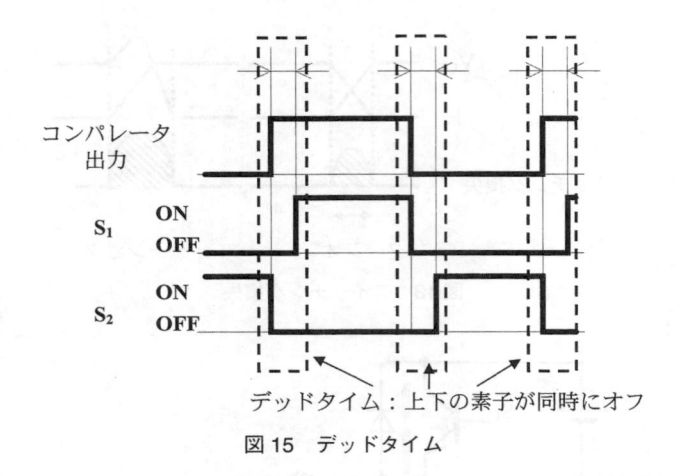

　もちろんこれでは，オン・オフ期間中すべて過渡現象と言うことになり実用に耐えない。この f_{SWX} を参考にして，実用上は 10 kHz 程度で使用することが多い。MOSFET の場合はターンオフ期間が IGBT の 1/10 程度であるからスイッチング周波数は 100 kHz 程度とするのである。

文　　献

1)　松波弘之,「半導体工学」, 昭晃堂（1983）
2)　松村正清,「半導体デバイス」, 昭晃堂（1986）
3)　電気学会半導体電力変換方式調査専門委員会編,「半導体電力変換回路」第 8 版（1995）
4)　安部可治編著,「パワーエレクトロニクスとシステム制御」, オーム社（1991）

3 インバータ

松平信紀*

3.1 はじめに

　自動車におけるモータ駆動は，その黎明期のバッテリー車に始まり，次いで第2次世界大戦後の一時期に普及したバッテリーバスとして再生し，現在のEV（PEV，HEV）におけるインバータを用いた電気推進へと進化した。

　昨今の自然環境破壊の伸長に鑑み，省資源，省エネルギーシステムへの社会の関心は益々高まっている。1960年代後半の大気汚染拡大の影響もあり通産省大型プロジェクト（1971年発足）によるEV開発推進は多大の関心を集めたが，その後の原油価格の下落に伴いその関心が薄れてしまった。1980年代には，地方自治体や電力会社の強力なバックアップにより，EV開発の機運が再燃し，1990年前後の米国加州の排気ガス規制プログラム提示と法制化の動き，また，1997年の地球温暖化防止京都会議での議定書の採択により，省資源，省エネルギーシステムの開発ニーズが急速に高まり，電気推進以外のモータ駆動の領域へと進行している。

　直近では，ブラジル，ロシア，インド，中国等"BRICS"と称する新経済大国の台頭をはじめとする新興国の経済活動が活発になったことによる世界規模のエネルギー消費拡大や中近東の情勢不安定に伴う原油高の影響がエコロジー重視の加速要因となり，ハイブリッド車市場への進出に慎重であった欧米諸国が相次いで開発加速の表明をする事態となった。

3.2 インバータ普及の背景

　近年のインバータ駆動モータの普及には社会環境変化の影響が大きく，省資源，省エネルギーシステム志向型の製品，部品への転換ニーズが強く働いている。その背景には，世界の人口推移，エネルギー資源とその消費動向，鉱物資源の状況等々現状への危機感がある。

　また，自動車用途に関しては，情報，環境，安全，老齢化・弱者対応のニーズが高い。ハイブリッド車に用いられるインバータ駆動モータ系はその状態量把握が容易なため情報，環境関連諸量の予測や実測が容易な点もあり，今後の更なる普及と進化発展が期待される。

3.2.1 パワーデバイス

　インバータ駆動モータの普及に関しては過去，現在を問わず半導体パワーデバイスの進化に負うところが大である。

　実用化された半導体材料として1960年台まではゲルマニウム（Ge），1960年代以後は現在に至ってもシリコン（Si）をベースにしたパワーデバイスが主流である。

---

*　Nobunori Matsudaira　元㈱日立製作所　自動車機器事業部　事業部長付

自動車用半導体の開発技術と展望

インバータ用のパワーデバイスとしては，1960年代後半以降はサイリスタと高速ダイオードが使われていた。1970代後半パワートランジスタが高圧化されるにつれ特に商用200 V系以下の用途で広く使われるようになった。一方，高圧側については1980年代よりGTOの進化が見られ鉄道車両用や一般産業用の交流モータ駆動に利用されるようになった。

IGBTがインバータに広範に利用されるようになったのは1990年代に入ってからであり，現在，中・高圧系で主流の座を占めるにいたった。

パッケージングについては，低圧小電力用はプリント基板に実装可能なディスクリートタイプ，小・中電力用は冷却用の銅（一部ではアルミ）ベース上に絶縁基板を介してパワーデバイスを接続したモジュール構造，大電力，大電流用は両面冷却可能な圧接構造のものになっている。また，ディスクリートタイプを除きドライバと一体化したインテリジェントパワーモジュールが多い。

現在のパワーデバイスの棲み分けは大雑把に，

- バイポーラトランジスタ　　低中圧・小電力，低周波数用途（数10 kHz以下）
- MOSFET　　　　　　　　　低中圧・小電力，高周波数用途（数100 kHZ以上）
- IGBT（IPM）　　　　　　　中高圧・中電力，低周波数用途（数10 kHz以下）
- GTO　　　　　　　　　　　高圧・中大電力，極低周波数用途（500 Hz以下）

に区分できる。鉄鋼用，電車用などの用途ではすでにGTOからIGBTへの世代交代がはじまっている。

自動車用途に使われるMOSFETはオン抵抗が大きい割に蓄積電荷が少なく高周波動作向きである。IGBTはオン抵抗が小さいが蓄積電荷が多く高周波動作用途には向かない。

オン抵抗と耐圧の協調関係の目安としてバリガ指数（Baliga's Figure of Merit）がある。換言すれば，半導体チップの単位面積当たりで取り扱える電力比を示す指数と見てよい。

　　バリガ指数　∝　4＊ブレイクダウン電圧＊＊2/オン抵抗

以下にバリガ指数の値を示す[1]。

- Si：　　　　　　　1
- SiC：　　　　　　620
- GaN：　　　　　1,400
- ダイアモンド：23,000

インバータ用途としては，バリガ指数の高い材料は垂涎の的である。蓄積電荷が少なく，高周波動作が可能であるため小型軽量でも良質な電力供給源に出来る。指数が1桁高いということは，デバイス損失が1/10になることを意味する。バリガ指数の高い材料は現状単結晶の精製にまだ多くの技術課題を抱えておりSiCについてもスイッチングデバイスの実用化は2030年頃と予測されている。SiCについては現在まだ一部のショットキーバリアダイオードに適用されているに

第3章　パワー半導体

過ぎない。当面はユーザニーズの進化に合わせてSi固有の限界性能打破に向かって，より高度なプロセス技術への改善努力が続く。

　将来，SiCデバイスが実現すれば自動車用のエンジン室搭載の条件を難なくクリアしてくれるものとなる。さらに進んで，ダイアモンド系半導体ともなれば，冷却系の問題が払拭できる利点がある。

3.2.2　モータ駆動方式

　インバータによるモータ駆動方式は，供給される電源の性質上，一般産業用や家電用途に見られる商用電源から可変周波数電源を作るAC—AC変換方式と，自動車用途に見られる直流電源から可変周波数電源を作るDC—AC変換方式の2つがある。いずれの場合も全体をまとめてインバータと称しモータ回転速度に見合った可変周波数の供給電源となる。

　AC—AC変換方式はコンバータとインバータを併せて2つ又は3つの変換器を必要とする。

・順変換器（コンバータ）＋逆変換器（インバータ）
　　　（AC ⇒ DC）　－　（DC ⇒ AC）

・順変換器（コンバータ）＋チョッパ（DCDCコンバータ）＋逆変換器（インバータ）
　　　（AC ⇒ DC）　－　（DC ⇒ DC）　－　（DC ⇒ AC）

・昇圧型順変換器（コンバータ）＋逆変換器（インバータ）
　　　（AC ⇒ DC）　－　（DC ⇒ AC）

　DC—AC変換方式は1つの変換器の場合と2つの変換器を持つ場合がある。

・逆変換器（インバータ）
　　　（DC ⇒ AC）

・チョッパ（DCDCコンバータ）＋逆変換器（インバータ）
　　　（DC ⇒ DC）　－　（DC ⇒ AC）

　チョッパ機能をもつ後者は，直流入力電源の電圧変動率が大きい時に前段のチョッパにより負荷として使うモータの運転状態に適した直流電圧に改質し，インバータ部の各デバイスの電圧利用率，電流利用率の双方を高めることで，総合的に優れたインバータとすることができる。

3.2.3　インバータの歴史

　インバータによるモータ駆動方式は，1960年代半ばに紡糸用のポットモータの揃速制御や抄紙機駆動モータや遠心分離機駆動モータ用の周波数変換器的な用途が多かった。1970年代に入り，高度経済成長期に入って，省力化を目指した鉄鋼業の圧延ラインのテーブル駆動用モータの可変速制御用途や超高速遠心分離機等の特殊用途への進出がはじまった。1970年代半ばになるとオイルショックの余波を受けて省エネルギー目的で，当初は既設の大容量風水力機械の駆動モータを商用周波数より低い周波数領域で可変速制御する用途への拡大が始まり，その後，新規設

備への適用やベクトル制御技術の確立を見て圧延主機や車両動力性能実験用のダイナモメータ等，従来，直流機が主流の高精度制御設備へと拡がった。この時期まではパワーデバイスはサイリスタであった。その後，1980年代に入りGTOやパワートランジスタの進化を見て，PWM制御が当たり前の時代に入り，電車や搬送機用途は勿論，一般家電向けも含めその用途を大きく広げてきた。1990年代に入ってIGBTが市場に出るとサイリスタ用途は一部大電力用に限られてしまった。

　PWM制御の概念は，従来の電圧型インバータ，電流型インバータの概念を超越したものであるので，電力回生のために逆並列接続したコンバータを追設する必要もなく，また，電源側やモータ側への低次数高調波の流出も少なくなり高調波フィルタの簡素化や除去にも寄与している。

　自動車用のインバータとしては現状，HEVやPEV用の推進モータ，発電機やポンプ，コンプレッサ，ファン駆動モータ用途が主である。一般にはマルチインバータで複数のモータ，発電機を個別に制御することが多い。制御方式は電気推進に関する部分は，要求機能から来るモータの性格上位置センサ付きのベクトル制御インバータであり，速度制御範囲が狭い用途や始動失敗時の再始動が許容できる用途では，簡易制御のDCブラシレスモータが採用される。

3.3　自動車用インバータへの要求特性

　インバータ駆動モータシステムに求められる設計要件は，システム品質維持，向上の観点から
　　要件群1：低価格，小型・軽量，適正寿命
　　要件群2：高効率，高機能・高性能，安定品質・高信頼性，安全性
が挙げられる。要件群1と要件群2は互いに相反する性格の内容であることから，これらを如何に両立させるかが重要である。以下では事例として図1に示すEVの車両駆動用モータシステムを前提に記述するが，他の用途についても同様の考え方で課題を捉えてゆけばよい（図1参照）。

3.3.1　電気品の設計要件

　インバータ駆動モータシステムを構成するインバータ，モータ，モータコントローラをここでは電気品と称することにする。電気品仕様を固めるためには以下の項目を明確にしておく必要がある。

(1) 基本動力性能

　基本走行モード，車両諸元から必要な動力性能や応答速度が決まる。この動力性能に基づき，変速条件を決めれば，駆動モータの出力性能を決めることが出来る。登坂性能，加速性能から基底回転数，最大トルク／最大出力が決まる。最高速度から最大回転速度が決まる。

(2) 使用環境条件

　使用環境条件は適用部品等の寿命予測を行うために不可欠なものである。また，電気品の冷却

第3章 パワー半導体

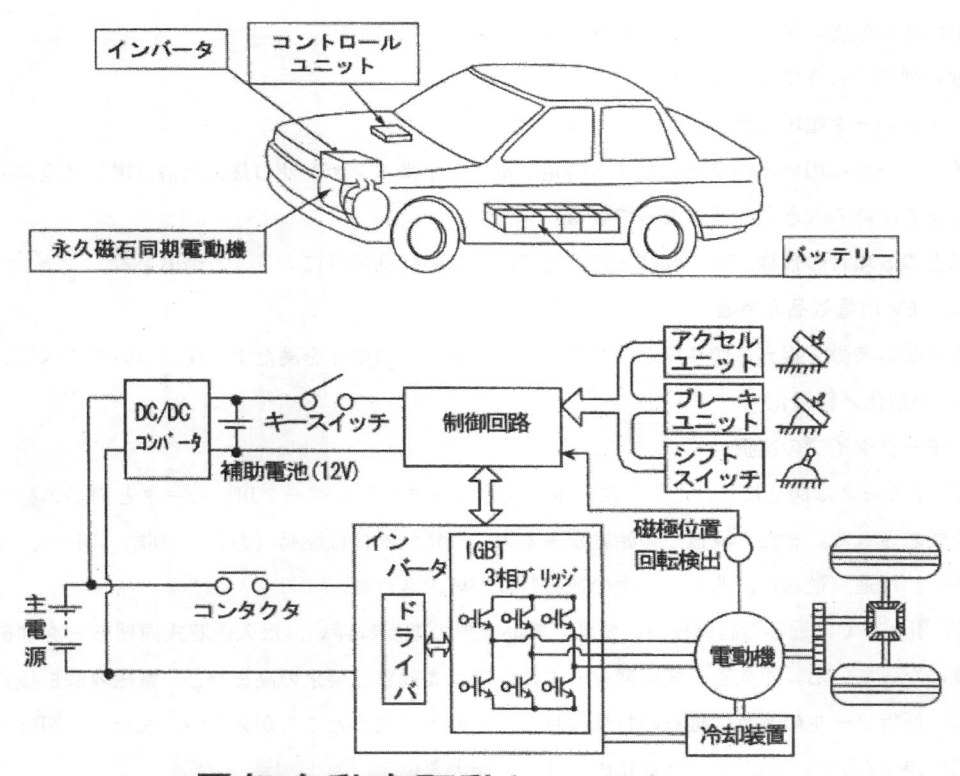

図1 電気自動車（EV）駆動システム

条件を決める上でも欠かせない内容である。
(3) バッテリー電圧（入力電圧）

　一般にバッテリーの質量，容積は搭載部品の中でも比較的に大きな比率を示す。また，EVの車体構造や航続距離・燃費を制する基本の部品でもある。従って，上限電圧を除き電気品都合によるバッテリー側仕様変更の自由度は少なく，バッテリー側からの要求に従うことが多い。

　充放電特性の経時変化，放電深さ，内部抵抗の温度特性などからインバータ入力の最高電圧，最低電圧を決めることが出来る。

(4) モータ特性

　基底回転速度における最大トルク／最大出力からインバータの電流仕様が決まる。基底回転速度，最高回転速度，極数から運転周波数が決まる。また，モータ特性，走行モードにより制御方式を決める。一般的には

・停止状態⇔基底回転速度の間は定トルク特性
・基底速度⇔中間回転速度の間は定出力特性

・中間回転速度⇔最高回転速度の間は定電圧特性

に近い制御を行うことになる。

(5) インバータ電圧定格

　インバータに用いるパワーデバイスの定格電圧や平滑コンデンサの最大定格は電気品全体の電圧定格を決める大きな要因になっている。

　以上の5項目の仕様が固まればEV駆動用電気品の詳細設計に入ることが出来る。

3.3.2　EV用電気品の特徴

　電気品の特徴を捉える切り口として前述のEV側からの要件を満たす手段について述べる。

(1)　小型化／軽量化

① モータタイプの選択

　EV用モータは図2に示したように、電車用のモータやエレベータ用のモータと同様の動力性能を要求される。また、坂道での始動があるので、電気的には駆動（力行）、制動（回生）、前進（正転）、後進（逆転）に関し4象限の運転特性が要求される。

　EV用としては近年の制御技術、要素／部品技術の進歩に伴い、永久磁石式同期モータ制御が主流になっている。永久磁石式同期モータの台頭は高効率化要求の高まりと、電磁界解析技術の進歩、解析ツールの普及、磁石の特性改良と価格低下に負うところが大きい。また、同期モータは損失が少ないので小型化、軽量化のメリットが大きい。

② インバータ

　パワーデバイスとして大電力を扱えるIGBTの出現は、その駆動段が小出力の電圧駆動で済む

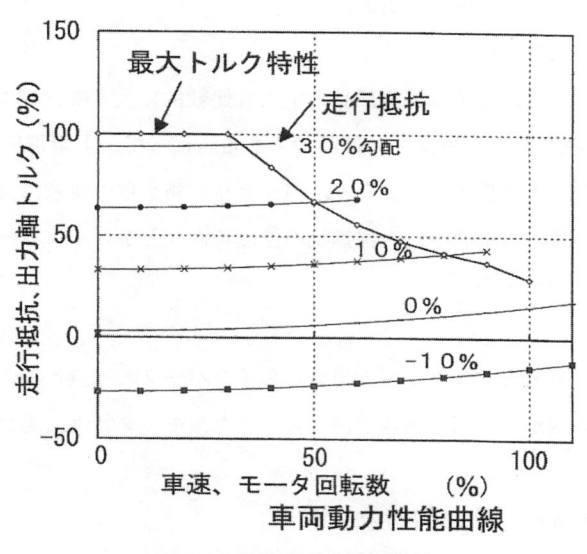

図2　車両要求動力性能曲線

第3章 パワー半導体

こと、比較的に高速のスイッチング動作が出来るので出力周波数1kHz程度までのPWM制御が可能なことが強みである。電車用インバータや鉄鋼用の圧延主機でもすでに実用段階に入っており、もちろん、EV用としてもパワーデバイスの主流になっている。

制御方式としてはマイコンの高性能化により、1チップでベクトル制御まがいの界磁成分制御／トルク成分制御を独立に行うことも可能なため、電気品の運転領域全域に亘って最高効率運転を可能としている。したがって、モータの電気装荷、磁気装荷に関し限界設計が可能となってきた。図3に高性能マイコンを用いたモータ制御の構成事例を示す。

EV用電気品は、鉄道車両に例えれば環状線型と郊外線型の双方の使われ方であり、超高速車両型の使われ方ではない。小型化／軽量化のためには、短時間定格領域と連続定格領域の切り分けを特に明確にする必要がある。

また、小型化／軽量化の手段として冷却性能を良くするのが有効である。ただし、冷却のための付属部品が増えるため総合的な判断がいる。電気品内部で発生する損失は大容量化に伴い当然増加する。大容量機では液冷式が、中小容量機では空冷式が主流である。沸騰冷却式やヒートパイプ式の方策もあるが、自動車用途では部品配置の自由度が少なく実用化はされていない。

(2) 高効率化

① モータ，インバータ

エネルギー消費という観点で、EVでは所要の走行パターンにおける平均効率を用いることが多い。したがって、高効率化の狙い目も平均効率の向上となる。

モータは高トルク時の銅損の急増、高回転域での鉄損、機械損の急増があるのに対し、インバータでは回転速度に依らず、出力トルク見合いの損失を発生する。このため多頻度で使用する走

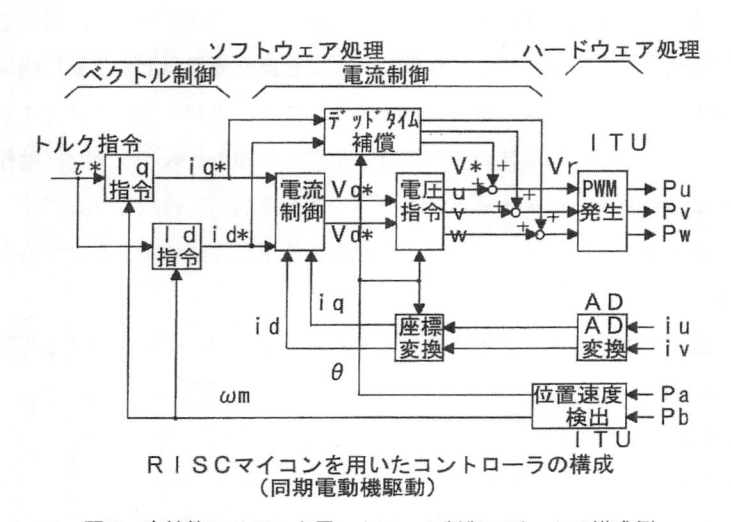

図3 高性能マイコンを用いたモータ制御ロジックの構成例

行パターンに照らした損失配分が必要である。

② 制御

モータの出力特性全域にわたって，それぞれの動作点において最高効率になるようにマッチングすることが望ましい。

同期モータの場合，励磁成分のId，トルク成分のIqの関係が入力電圧如何によらず常に最高効率になる点を選ぶ。

③ システム

システム効率を上げるために，大容量用途では前述のように，直流昇圧回路を設け，パワーデバイスの利用効率を上げると共に低回転速度ではより低く，高回転速度ではより高い電圧に調整して高いシステム効率を得るのも良い。家電用のPAM併用インバータはこの先行応用例である。

(3) 低価格化

すでに量産体制にあるエンジン搭載車の相当機能部品の価格がターゲット価格である。したがって，価格競争力の点でのハードルは極めて高い。

現状可能な低価格化手段は，汎用部品の徹底的な利用とその問題点の早期摘出，使い方の工夫，部品の改良，高機能，高性能部品への切り替えなどの改善策である。

ユニットレベルでは，汎用部品の仕様にあわせ，電圧利用率，電流利用率を高め，最大限の能力を引き出すことである。また，部品，回路，構造の簡素化，簡略化を図るとともに，実装性の改良や高集積化を進め，部品数低減や工数低減などの地道な積み上げを行う。

(4) 高信頼性

インバータは高機能部品が普及してきたとは云え，まだ，多数の部品，部材で構成される。さらに，自動車用は一般産業用や家電用に比べ温度環境が格段に厳しいため，要求信頼性に応える適正な信頼性設計が求められる。特に，異種材料の接合部や境界面での信頼性確保が欠かせない。

信頼性評価のネック部品であるパワーデバイスとしては，デバイス内で発生する損失評価が重要である。損失については，通電時のオン抵抗に依存する損失とスイッチング動作時の損失の両者の和を考慮する必要がある。スイッチングデバイスと逆並列に接続されるダイオードについても同様の評価が必要である。ダイオードはその回復特性挙動についても注意する必要がある。

3.3.3 電波雑音

インバータは自明のことながらノイズ発生源である。インバータ内部のノイズ発生要因として
1. マイコンクロック系のノイズ
2. 制御電源スイッチングノイズ
3. パワーデバイススイッチングノイズ

がある。1，2項については比較的にエネルギーレベルが低く対策し易い。3項についてはパワー

第3章 パワー半導体

デバイスの高速動作と相反する関係にあり，回復特性が良くない高速ダイオードに出会った時のその対策は悩ましい。変位電流の流出量を最小限に抑えることに全力投球するしか手がない。

駆動モータとインバータを一体化することは変位電流の流出路の一端を断つことであり，しかも，対策が難しい交流出力側を断つことになるので大きな効果が期待できる。

いずれにしても，接地線の配索については充分な注意が要る。

3.3.4 電気品の将来動向

車載用部品は，一般部品に比べ，振動，温度等の耐環境条件が特に厳しい。さらに輪をかけて，パワーデバイスは自己発熱を伴う宿命を負う。一方で，EV用電気品を既存の部品と区別することなく，通常のエンジン室内搭載部品として扱いたいというカーメーカのニーズは根強い。

SiCデバイスなど車載部品に特化した部品開発が先行しそれが一般市場に拡大して行く構図も今後は十分に考えられる。

(1) モータ

高性能材料，特に鉄心材や磁石の特性改良は今後とも期待できる。この結果，構造の単純化も夢ではなくなる。解析技術の進歩も著しいので構造面での最適化の余地がある。製造技術の進歩による高密度実装技術も今後の成果が待たれる。

(2) インバータ

パワーデバイスとしては，当面，シリコン系材料を母体に低損失デバイス，高耐熱デバイス，ソフトスイッチングデバイスの改良，開発が進められるが，特にSiC系デバイスの早期実用化を切望する。

回路的には，低損失スイッチング回路，ソフトスイッチング回路の台頭が考えられる。この成果は，低損失かつ高速デバイス実現の効果と併せて電波雑音の大幅低減につながる。

デバイス構造の超微細化，超小型化が進めば電動機との一体化が進む。SiC系デバイスの出現は温度環境性の著しい改善，向上が必至である。その他のパワー系部品や制御関連部品の耐熱性向上も同期化が求められる。

(3) 制御用部品他

エンコーダや磁極位置検出器は取り付け寸法上また温度環境上きびしい条件にさらされる。高精度，高安定度のセンサレス制御法の確立にかける期待は大きい。

さらなる高性能／高機能マイコンの出現はEV関係の情報マネージメントの充実，開発期間短縮，開発コストのより一層の低減につながる。

3.3.5 リサイクル関係等

現状リサイクル対象となるインバータ部品は限られている。当座は大物素材の再利用とリビルド，リペアによるユニット再利用が主流である。素材回収，再利用率の拡大は環境保全のために

もさらに重要になってくる。

また，電気品に使用される有害物質の廃棄や使用に関しては，WEEE（Waste electrical and electronic equipment），RoHS（Restriction of the use of certain hazard-ous substances in electrical and electrnic equipment）等の諸規制に対応しないと当該地域への輸出が出来ないことになり，規制面でのグローバル化対応も避けられない。

3.3.6 電気品の機能，性能検証

初期のインバータ駆動系では，インバータ単体，モータ単体それぞれの試験を済ませ合体させれば駆動系としてそこそこの特性を引き出すことが出来た。しかし，現在の駆動系では全運転領域でのベストマッチングを要求されるために単体試験そのものが困難になってきた。従って，少なくともインバータとモータを組み合わせた状態での詳細検証試験が不可欠である。

DCブラシレスモータなど簡易制御法を採用するため，モータ特性を解析的に求めることが出来ない場合にはモータが理想正弦波で駆動される条件下の解析データをあらかじめ1次近似解として求めておく。この近似解と詳細試験結果を比較照合して相関関係を把握して実験式を誘導する。こうすれば，その後の設計手段として理想正弦波に対する解析解が十分な設計精度を提供してくれる。

詳細試験結果があれば，負荷装置と組み合わせた場合でも，計測が容易なインバータ入力とモータ回転速度（すなわちインバータ運転周波数）を計測・監視することにより，負荷装置の挙動実態を詳細に把握できるメリットがあり，従来のあいまいな負荷装置との仕様取り決めから一歩突っ込んだ仕様取り決めが可能になる。

また，昨今の品質問題に見られるように，製造物責任の忌避とも思われる話題が事欠かない。自動車用途においては電気品に使用される材料の許容温度の面で特に温度環境が厳しいので耐環境性評価試験に基づく部品の実力把握は欠かせない。

3.4 インバータの構造と適用例

3.4.1 インバータの構造

水冷インバータの構造例を図4，5に示す[2]。

インバータ部品の理想配置は煙突効果により暖気が上方に流れるように，プリント基板を上下に立てる配置が望ましい。しかし，実態は外形形状，寸法の制約とハーネス類の引回し，冷却パイプの引回しの制約もあって上下の空気の自然対流が余り期待できない場合が多い。

個々の装着条件下での使用部品の設計目標寿命は，市場要求相応のレベルにする必要がある。

3.4.2 インバータの適用例

HEV適用時のシステム構成を図6に示す。燃費向上の差によってシステム構成は異なる。

第3章 パワー半導体

- 直接水冷方式による熱抵抗低減
  - ⇒ チップシュリンクによる原低
  - ⇒ 水冷Cuベースによるモジュール小型化
- 小型PCB開発 (モータ制御回路とドライバICを集約)
- 低価格電流センサを組み込んだパワーモジュール
- 長寿命・高信頼度モジュール

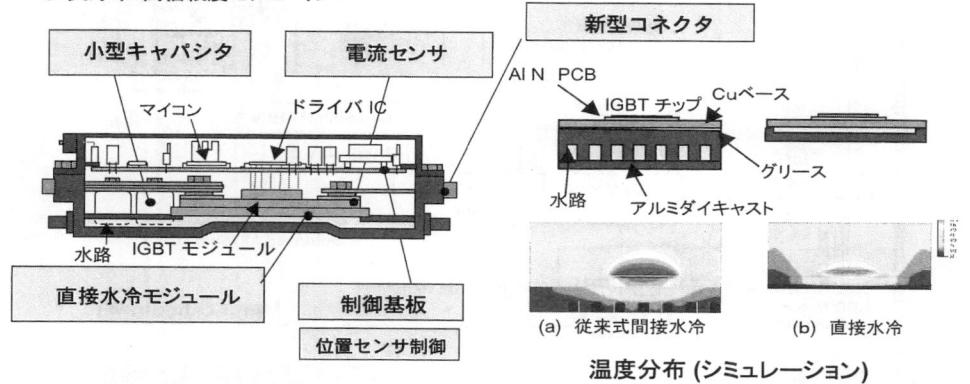

図4 水冷インバータの構造概念図

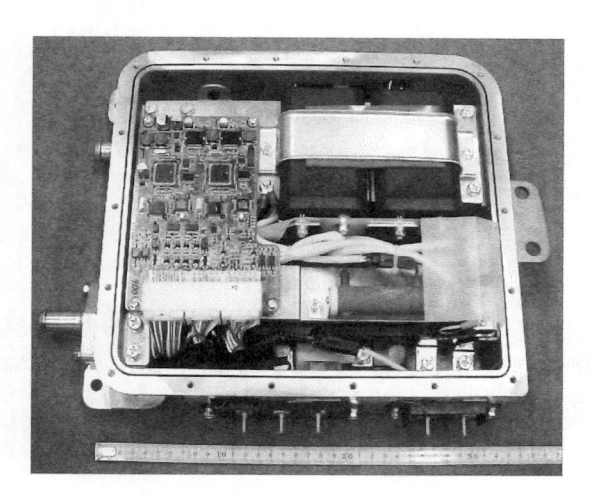

図5 水冷インバータの外観写真
（600 V, 600 A モジュール使用）

インバータ駆動モータシステムについては，一般産業用途や社会インフラ関連用途で定着し，家電用途，IT関連用途で一気に花開いた感があるが，自動車関連用途については，すでに量産体制が整ったエンジン搭載車関連部品に比べまだ量的に格段の差がある。特に数キロワットを超える領域では価格面でまったく対抗できない生産規模である。一方，始めに概括したように，開発途上国においての今後の自動車の伸びは大きい。ここでより環境にやさしい車を提供しないと，第2，第3のCO_2問題に発展しかねない。いまが踏ん張りどころである。

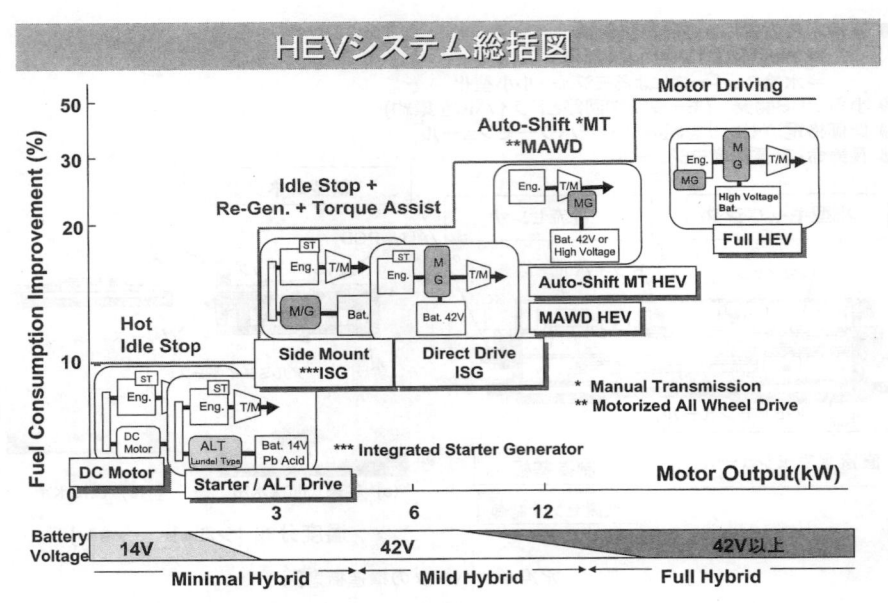

図6 HEVシステム構成と燃費改善効果の概念

文　献

1) ㈶新機能素子研究開発協会編, NEDO 委託業務調査研究報告書 (2004.3)
2) 浜田・吉原・濱野,「低燃費で地球に優しく, 力強い, HEV システムの開発」, 日立評論, pp 11-14 (2004.5)

第4章 電子回路およびネットワーク

1 センサ信号の高精度可変利得増幅と走査回路

加藤和男*

1.1 はじめに

自動車の環境,安全,燃料経済性,等の観点から各種センサの装着数が増加し,上級車では100個に及ぶと言われている。計算機制御システムにおいて,多数のセンサからのアナログ電圧／電流信号を走査(マルチプレクス),増幅,A/D変換して効率よく統一的に処理できるものはアナログ入力装置(回路/システム)とよばれる。

本稿では先ず,アナログ入力装置の発展,現状主要な低レベル差動信号走査方式,差動回路のコモンモードノイズ除去率(CMRR)などについて考察する。

次いで,性能,価格,信頼性,等に優れ,車載用に適す半導体差動スイッチ方式の可変利得差動増幅器と信号走査回路について,ノイズ対策の観点から詳細な設計／開発事例を述べる。増幅器性能は,入力電圧±10 mV〜±5 V(6レンジ可変利得),精度0.1%,入力インピーダンス$10^9\Omega$//数pF,コモンモード除去比(CMRR)160 dB,同走査速度5000点/s,等で,mVレベルの熱電対をはじめ多数の各種センサを高精度に処理できる。

最後に,信号走査技術の応用として,入,出力システム信頼性向上技術について述べる。

1.2 センサのアナログ入力装置の発展過程と低レベル信号走査方式

センサ信号のアナログ入力装置は'50年代中のデータロガーや工業用テレメータに端を発しており,その発展過程は,増幅,走査技術,布線長,等の変遷に見られる。a) 初期(〜'65)の構成は,技術的に容易なセンサ毎個別増幅,高レベル信号走査,センサ配線長の長い集中方式であった。次いで,b) 現状主流の方式は図1に示すように低レベル走査と可変利得増幅,短配線長である。この方式は個別増幅方式に比較して表1に示した様な特徴があるが,高度なアナログ回路技術を要し技術者不足の問題がある。そのため今後は,c) センサ毎に増幅,A/D変換を1チップ化(又は積層実装)した個別デジタルセンサ化方式が期待されているが,表1の1,2,4に示した利点(特に4)は受け継ぐべき課題である。最近車載用センサでも話題になってきたセンサのプラグ&プレイ(PnP)の動き[1]などは,上記の課題,設計効率を軽減できる一つの方向で

---

* Kazuo Kato 技術コンサルタント

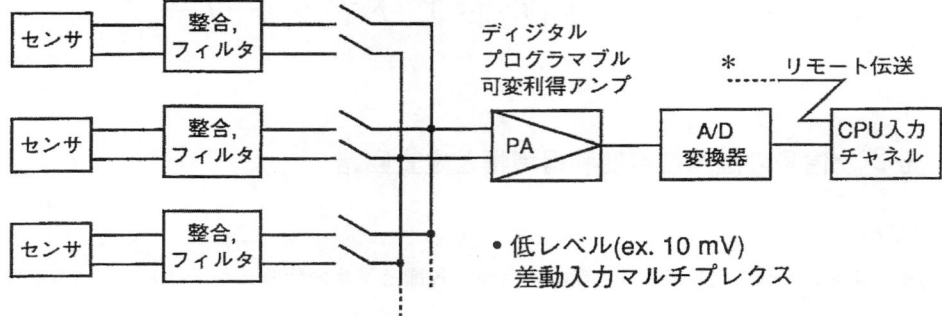

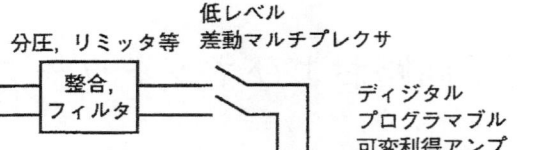

自動車用半導体の開発技術と展望

図1 アナログ入力システム：現行主流の方式

＊注：サブシステム毎にまとめて小規模分散化してリモート伝送

表1 個別増幅に対するマルチプレクス技術の得失評価

評　価　内　容	得　失	備考（理由，対策など）
1. 特性ばらつき最小	○	共通部の特性が同一
2. 回路コストが安価	○	共通部による回路部品数削減
3. 回路実装規模が小形	○	同上による実装面積縮減
4. 動作信頼性向上	○	モニタ入力によるオンライン自己チェック
5. クロストーク誤差発生	×→○	アクティブガードシールド技術で対応可
6. 時分割動作遅れ	×→△	遅れを許容しうるシステム設計

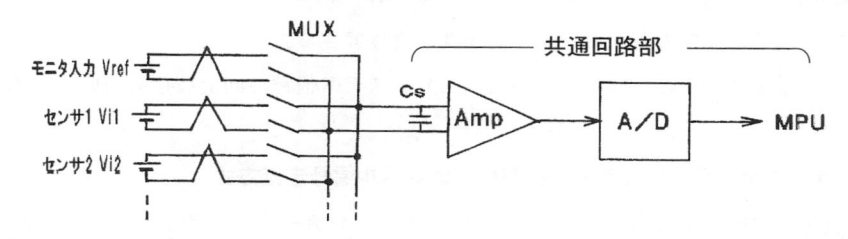

あろう．以下，ⓑ現状主流の方式について述べる．

図2は汎用アナログ入力装置（AI）の構成例[2]を示す（大規模集中の詳細例）．この装置の技術課題（難しさ）は，広範囲入力（FS±10 mV〜≧±5 V）/高精度（≦0.1％），高コモンモードノイズ除去率（120 dB＜，できれば140 dB），寄生容量影響除去（クロストーク＜0.1％），高入力インピーダンス（＞MΩ）などにある．

低レベル信号の場合には差動入力構成は必須である．図3に差動入力回路のコモンモード等価回路とその不平衡誤差 V_{nm}，コモンモードノイズ除去率 CMRR を示す．センサが次のような構成，環境にある場合には誤差の原因となるコモンモード電圧が発生する．すなわち，

①ホールセンサのように信号源がブリッジ回路構成の場合．
②信号源と回路システム側の接地系統が異なる場合（図3）．

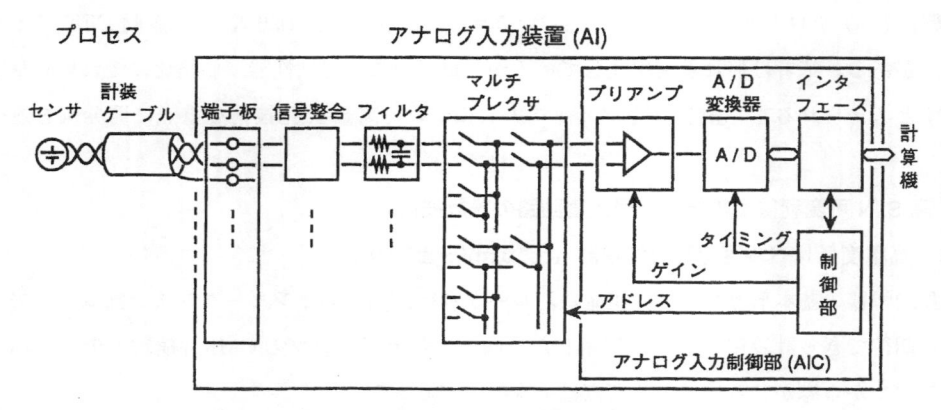

第4章　電子回路およびネットワーク

図2　汎用アナログ入力装置の構成

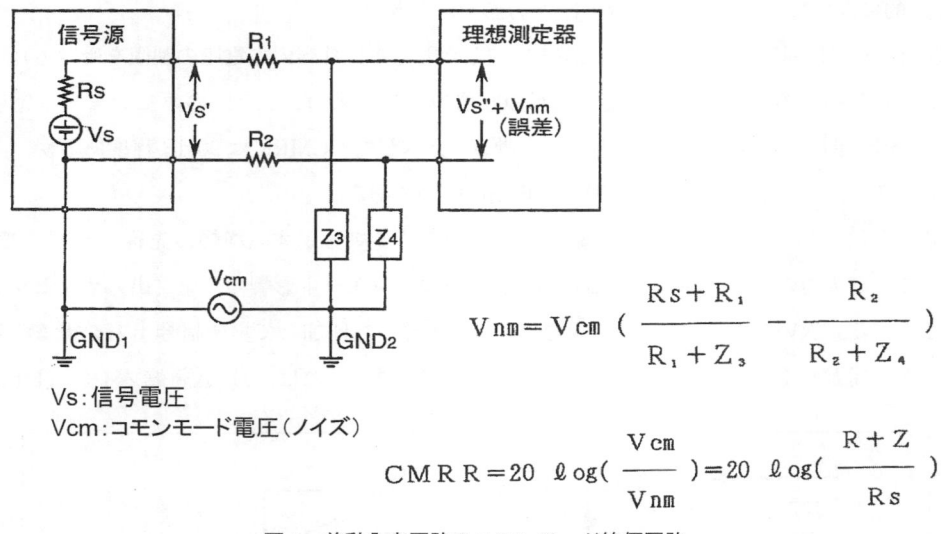

$$V_{nm} = V_{cm} \left(\frac{R_s + R_1}{R_1 + Z_3} - \frac{R_2}{R_2 + Z_4} \right)$$

$$CMRR = 20 \ log\left(\frac{V_{cm}}{V_{nm}}\right) = 20 \ log\left(\frac{R+Z}{R_s}\right)$$

図3　差動入力回路のコモンモード等価回路

③微少な信号源から配線するような場合。
④電気炉内の熱電対（センサ）のように，センサに電源リークや誘導がある場合。

　等価回路は，図3のように信号源側インピーダンス R_s 及び配線抵抗 R_1, R_2 と対地インピーダンス Z_3, Z_4 との分圧，平衡度の問題となる。印加ノイズとそれによる誤差の比，V_{cm}/V_{nm} をコモンモード除去比（率，CMRR）と言い，低レベル信号（ex. 10 mV）の場合には実用的に 120 dB（10^6, $= 10 \ V/(10 \ mV \cdot 0.1\%)$）以上の比が必要である。高信号源側抵抗の場合には Z_3, Z_4 を極大化できる絶縁入力が好まれるが，絶縁部にもリークや寄生容量が存在するため，上記の値は必ずしも容易ではない。

　差動構成が可能な CMRR の高い回路方式としては，1) 水銀リレー絶縁方式（仮称，以下同様），

2) 積分型（アナログ部一括）絶縁方式，3) チョッパトランス入力方式，4) 差動 FET スイッチ方式，がある．筆者は何れも実用化しているが，以下，ここでは性能／価格比に優れ自動車応用に適すと考えられる 4) 差動 FET スイッチ方式について高 S/N 化技術を重点に開発例を述べる．

1.3 高 S/N 可変利得増幅器と信号走査回路の設計技術[3]

1.3.1 高精度低レベル可変利得増幅器（±10 mV～±5 V）

差動増幅器の基本形としては，正確な閉ループ利得，高入力インピーダンス，高コモンモード除去が期待できる計装用アンプを採用した．図 4 は計装用アンプの CMRR 検討モデルを示した．このモデルから導かれる式による要点は，次の 3 点である．

1) 抵抗ばらつき Δ は前段では CMRR に影響せず，後段のみが影響する．
2) 相対的に高利得では前段の CMRR 1，2 の影響が大きい．
3) CMRR 大には利得 G 1，G 2 とも大がよい（しかし G 1 は許容入力電圧の制限を受ける）．

図 5 は低レベルの差動増幅に必要な利得 500 倍のアンプ入力に 50 Hz のコモンモード電圧 Vcm のみを印加した場合のアンプ出力電圧変動 V_0' を示した．CMRR は 90 dB 程度あるが，非線形性も大きく，これが平衡度調整の難しい理由の一つである．

図 6 に今回開発，採用した CMRR 極大化の基本アイデアを示す．増幅に先行した期間 T_S でコモンモード入力のみを印加し，負帰還制御によりコモンモード影響のアンプ出力オフセット電圧を 0 にする．次いで増幅期間 T_H で入力信号（差動分）も印加して増幅信号出力を得る．サンプリング周期が短く期間 T_S，T_H のノイズ成分が一定と見做せば，1) 低周波ノイズ（1/f 真性

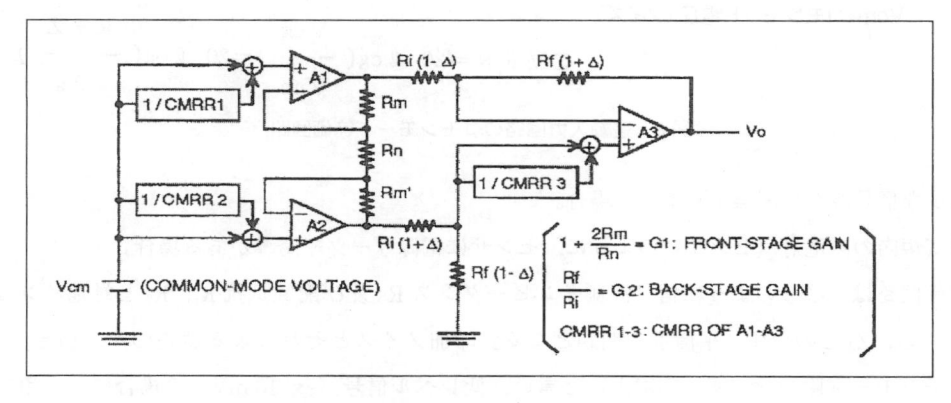

$$CMRR = \cfrac{1}{\left(\cfrac{1}{CMRR1} \pm \cfrac{1}{CMRR2}\right) + \cfrac{1}{CMRR3 \cdot G1} + \cfrac{4\Delta}{(1+G2)G1}}$$

図 4　計装用アンプのコモンモード除去率モデル

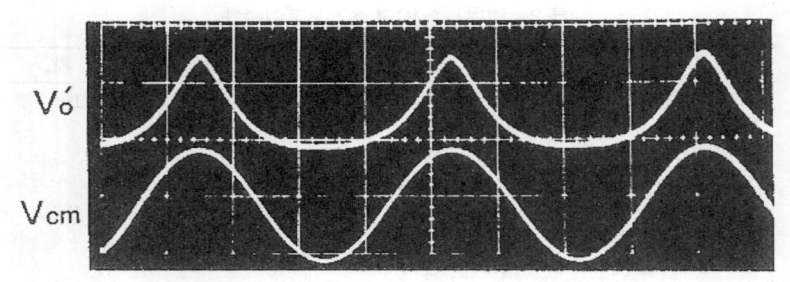

第4章 電子回路およびネットワーク

Vó: Equivalent output voltage 0.2 V/D, 5 ms/D
Vcm: Common-mode
  input voltage   10 V/D,   ″
  @ G =500

・CMRRは90dB程度あるが非線性が大きい

図5 コモンモード電圧による計装用アンプの非線形誤差

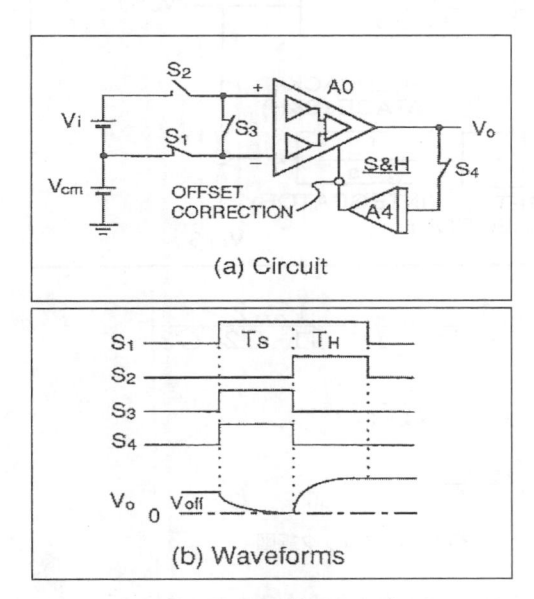

(a) Circuit

(b) Waveforms

新アイデア：CMRR極大化
定義の実行：

入力にコモンノイズ信号のみを印加してゼロ調整する。（低周波ノイズ*は一掃）

*ex.
・低周波コモンノイズ
・入力オフセット/温度ドリフト
・低周波誘導ノイズ
・回路の経時劣化
・回路基板リーク　など

図6 計装用アンプのコモンモードサンプリングホールド

ノイズ含む）電圧の影響，2) アンプのオフセットや温度ドリフト，3) 回路の経時変化，4) 低周波誘導ノイズ，5) 回路基板リークノイズ，など殆どのノイズが除去可能になる。

表2に本計装アンプに使用したICオペアンプ（741世代型）の特性を示す。初段用には入力インピーダンスと入力雑音電圧が重要である。

図7に本計装アンプのオフセット補正時のブロック線図を示す。このブロック線図によるアンプの入力換算オフセット Voff (in) を式に示す。オフセット電圧は初段，2段目は実際上影響な

自動車用半導体の開発技術と展望

表2 使用したIC オペアンプの特性

項　　目	記　号	前　段	後　段
開ループ利得	G_ol	1.7×10^5	2×10^5
折点周波数	f_c (Hz)	10	5
零 dB 帯域	f_T (MHz)	1.7	1.0
スリューレイト	SR (V/μs)	10	0.5
入力インピーダンス	Z_i (Ω)	$10^{13}//1$ pF	2×10^6
オフセット電圧	V_{off} (mV)	2	2
オフセット温度ドリフト	V_d (μV/℃)	15	10
入力雑音電圧	v_N (nV/$\sqrt{\text{Hz}}$)	20	25
コモンモード電圧除去比	CMRR (dB)	95	90

・初段用は入力インピーダンスと入力雑音電圧が重要

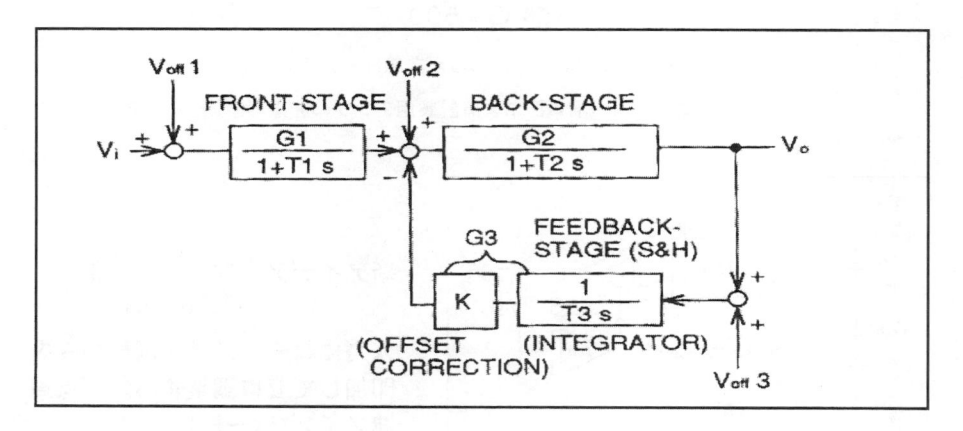

$$V_{off(in)} = \frac{V_{off}1}{1+G2 \cdot G3} + \frac{V_{off}2}{1+G1 \cdot G2 \cdot G3}$$

$$- \frac{V_{off}3}{1/G3+G1 \cdot G2}$$

$$\therefore \quad V_{off(in)} \simeq - \frac{V_{off}3}{G1 \cdot G2}$$

図7 アンプオフセット補正時のブロック線図

く，出力電圧の S/H 帰還アンプ分のみとなるため，0.1% よりも十分小さくできる。

なお，増幅器のトータル利得 G は 1～500 までを 6 段階の可変利得とし，FS 入力の ±5 V～±10 mV をカバーしている。その際，前，後段の利得配分 G1，G2 は，全体の整定時間（0.1% 整定）が短縮でき，かつ利得依存性が少ないような観点から，可及的に偏らないように配分した。

図8に計装用アンプの試作回路を示す。スイッチ部には集積度の高い CNOS・IC スイッチおよび IC デコーダを用い，演算抵抗は 0.1% 精度の金属皮膜抵抗を用いた。その他の要点は，
①帰還抵抗と寄生容量による時定数を低減するため抵抗網を並列化して直列数を減らした。
②スイッチは熱起電力，切り替えスパイク電圧を相殺するため，差動対で使用している。

第4章 電子回路およびネットワーク

③サンプルホールド帰還積分アンプ（A4）のCR回路はリップルノイズの平均値ホールドになるように，低閾値ダイオードを用いて時定数が振幅反比例の非線形フィルタで構成している。図9は前記の非線形フィルタの効果を確認した実験結果で，サンプルホールド回路出力電圧

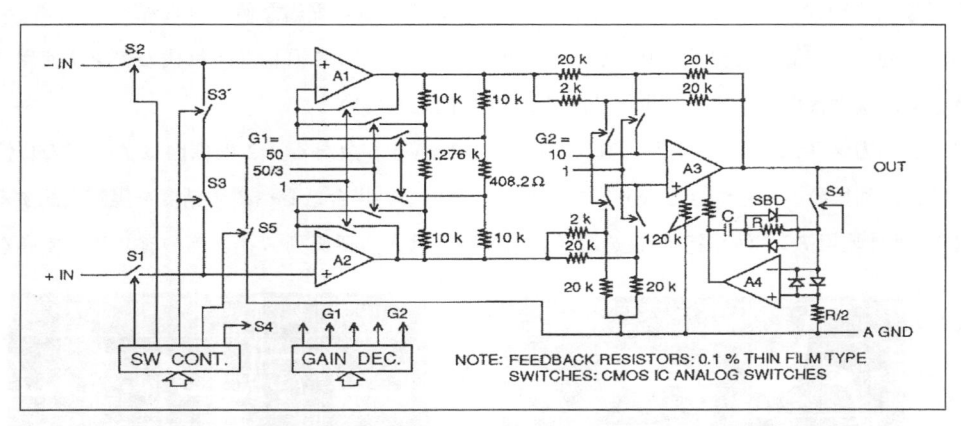

要点
- 寄生容量の時定数短縮⇒帰還抵抗部の並列化（抵抗値低減）
- スイッチ部の熱起電力，切替ノイズ低減⇒差動対構成
- 出力ノイズ分の平均値ホールド⇒A4部の非線形フィルタ

図8　計装用アンプの試作回路

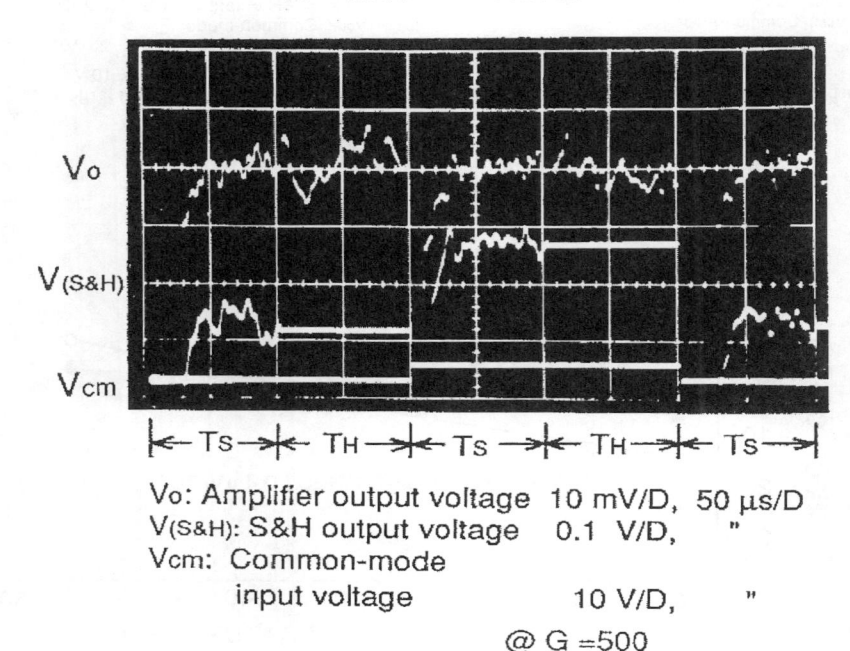

Vo: Amplifier output voltage　10 mV/D, 50 μs/D
V(S&H): S&H output voltage　0.1 V/D, ″
Vcm: Common-mode
　　　input voltage　　　　　10 V/D, ″
　　　　　　　　　　　　　　@ G ≒500

見所：V(S&H)はノイズの平均値をホールド

図9　サンプルホールド回路の平均値ホールド動作

$V_{(S\&H)}$のホールド期間T_Hの電圧は,サンプル期間T_Sのリップル分のほぼ平均値をホールドしていることがわかる。

図10(a),(b)はコモンモード電圧源切り替え時のアンプの出力電圧応答を示している。(a)は入力信号0,(b)は±10 mVで,共に応答時間は計算値[3]に近い妥当な値が得られており,$T_S=T_H$ 100μsの動作(走査速度換算5000点/s*)は問題ない(*注:これは741世代のアンプ使用による性能で,現世代の汎用アンプ単体速度は数10倍向上している)。

アンプ出力ノイズは最大利得時($G=500$)で10 mVp-p余ある。この原因はアンプの真性ノイズで,高利得時のばらつきとなり,フィルタを用いない場合低レベルの精度を実質支配する。

図11は計装用アンプの温度特性を示す。温度特性は入力側直列スイッチの有り無しで異なり,

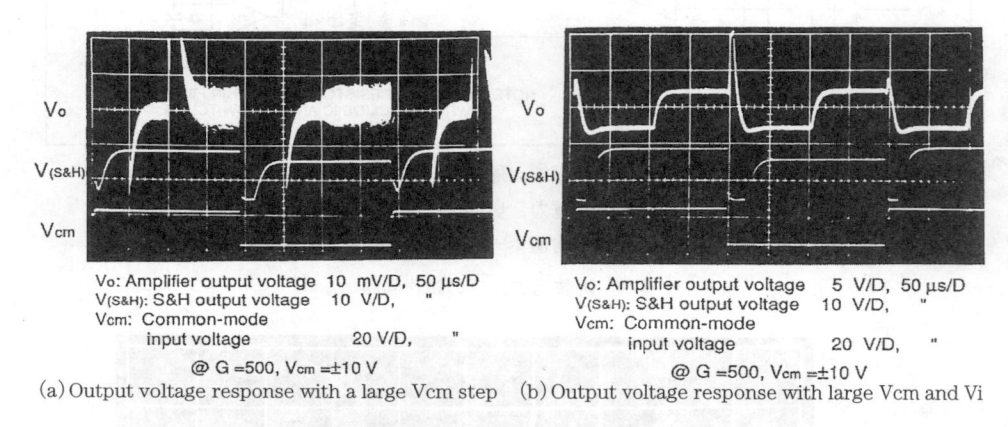

(a) Output voltage response with a large Vcm step　(b) Output voltage response with large Vcm and Vi

・整定時間は40μs程度で計算値(35μs)とほぼ同じ

図10　計装用アンプの出力電圧応答

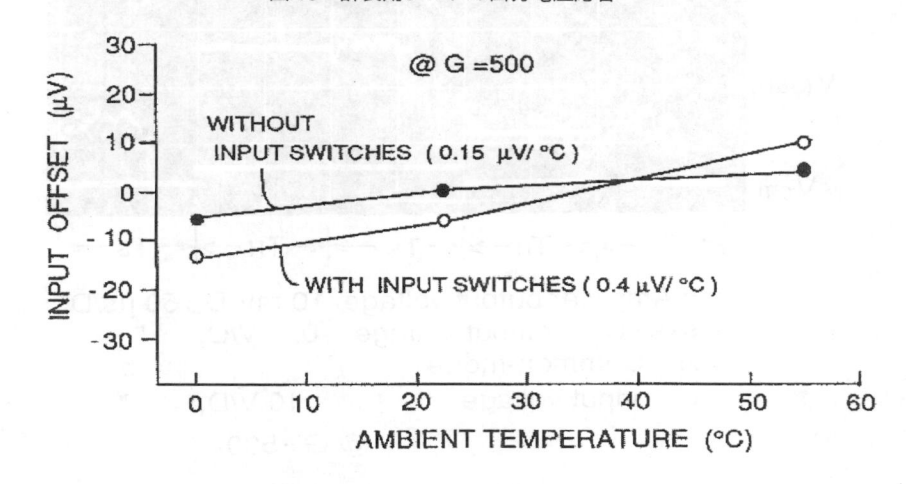

・使用アンプドリフト(15μVΔ℃、表1)の大幅改善

図11　計装用アンプの温度特性

第4章　電子回路およびネットワーク

スイッチを含む場合 $0.4\mu V/℃$，含まない場合 $0.15\mu V/℃$ で，スイッチの差動構成でも完全ではない。しかし，IC アンプ単体ドリフトは（$15\mu V/℃$ typ，表2）の影響は大幅に低減されている。

図12はロックインアンプを使用して測定した低周波交流コモンモード特性を示す。CMRR は最大 160 dB の値が得られており，この値は絶縁アンプに遜色ない性能である。

表3に計装用アンプの代表特性を纏めて示した。表2の使用した IC アンプ単体特性と比較すると，オフセット，ドリフト，CMRR なども大幅に改善された。

1.3.2　同上の信号走査回路への適用

図13に信号走査回路（マルチプレクサ）の構成を示す。信号入力部は CR 平衡フィルタ（$R_F/2$, C_F）を介した差動スイッチ対（S 11-S 12, S 21-22 等）で構成する。この低レベル応用

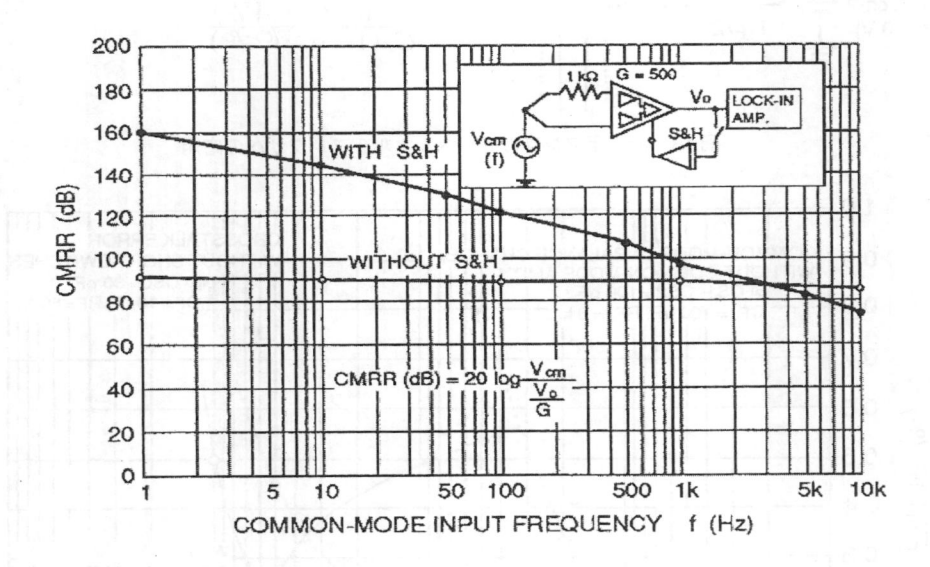

- 絶縁アンプ並のCMRR
- S＆H帰還⇒20dB/DECの低下率

図12　増幅器の交流コモンモード特性

表3　計装用アンプの代表的特性

利　得	1-500, DIGITALLY PROGRAMMABLE (1, 10, 50/3, 50, 500/3, 500, 6 STEPS)*1
利得精度	0.1%　　　FS：±10 mV～±5 V*1
入力オフセット電圧	$5\mu V$
温度ドリフト	$0.4\mu V/℃$
入力インピーダンス	$>10^9 \Omega$
CMRR（G=500, 1kΩ不平衡）	160 dB（DC），140（dB）（10 Hz），120 dB（100 Hz）
サンプル/ホールド期間	$100\mu s$*2

＊：1）許容入力コモンモード電圧 ±10 V
　　2）走査速度は 5000 点/秒（＝$1/2\times 100\mu s$）

自動車用半導体の開発技術と展望

$$\varepsilon = \frac{(CS1-CS2)}{C_F} \rightarrow \frac{(CS1-CS2)}{C_F}(1-k)$$

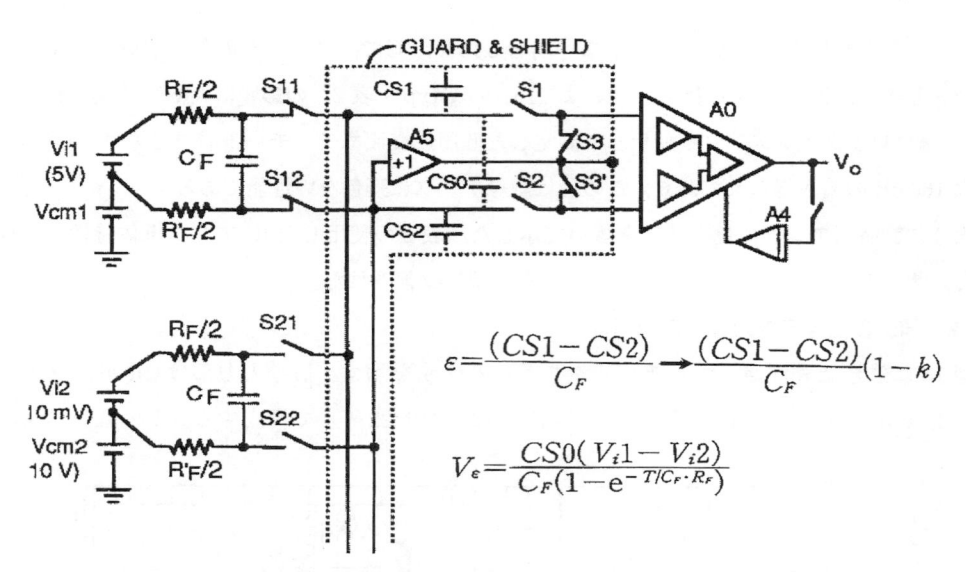

$$V_\varepsilon = \frac{CS0(V_i1-V_i2)}{C_F(1-e^{-T/C_F \cdot R_F})}$$

図13　計装用アンプの低レベルマルチプレクサへの応用

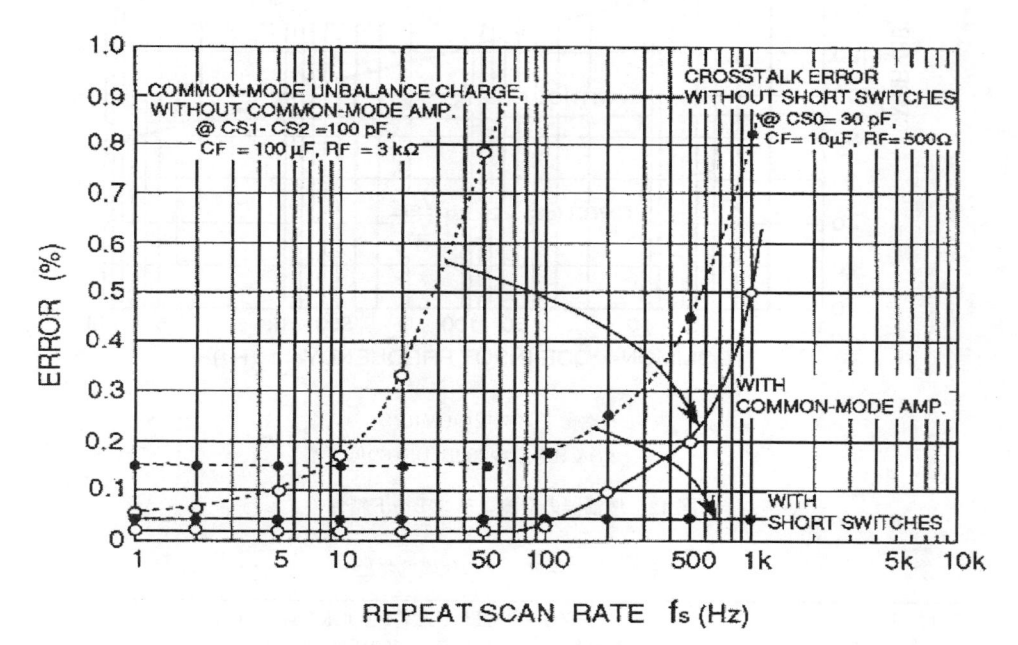

・コモン，クロスとも寄生容量影響（誤差）を除去

図14　低レベル入力マルチプレクサの実験結果

に際して解決すべき誤差要因は二つあり，不平衡充電誤差 ε，及びクロストーク電圧 V_ε として示す．誤差 ε は，コモンモード電圧による不平衡充電であり，寄生容量間に充電に厳密に平衡条件が成り立たない限り C_F には誤差電圧が発生し，減衰には長時間（$>R_F C_F$）を要する．

第4章　電子回路およびネットワーク

誤差 Vε は，差動入力信号のチャネル間クロストークで，5 V→10 mV のようにレベル差がある場合には寄生容量 Cso の影響は 5 V/10 mV 倍に拡大される。

そのため，信号電位とシールド電位間の寄生容量に充電された寄生電荷は，走査毎に利得 k≒1 のガードアンプ A 5 出力のシールド電位を接地電位⇒信号電位に制御し，寄生電荷を全て信号源の C_F に戻す。この場合，寄生容量 ΔC による誤差は $\Delta C/C_F$ から $(1-k) \Delta C/C_F$ に減少する。ガード漏れがあると誤差は僅か残るが，残った分は放電スイッチ S 3，S 3′ を閉じて 0 にする。

図 14 に低レベルのマルチプレクサの実験結果を示す。不平衡寄生容量 (Cs 1-Cs 2) = 100 pF，線間容量 Cso = 30 pF（判りやすくするため実際より多め）で実験した。前述したガードアンプと放電スイッチにより不平衡充電，クロストーク誤差とも大幅に小さくなり，同一点繰り返し走査率 fs が大幅に向上できた。

1.4　ループバック技術による入出力回路システムの信頼性の向上

表 4 は入力系統のループバックテストによる自己診断法を示す。D/A 変換器を介して入力部にモニタ電圧を与え，走査，増幅回路を介した A/D 変換値と D/A 設定値を付き合わせて両者の一致を確認することで自己診断ができ，信頼性が向上できる。既に述べたように，入力走査回路のチャネル依存性は無視できるほど小さいので，経時的な利得変動なども含む精密な自己診断ができる。

同様に出力部についてもループバックテストによる自己診断が可能である。図 15 にその原理を示す。出力ドライバや出力 D/A 変換器から出力機器が動作しない程度の短時間信号を発し，その信号を帰還して，予め測定した正常時の帰還信号との違いを見ることにより，異状の有無を

表 4　入力信号走査方式の特徴とループバック自己診断

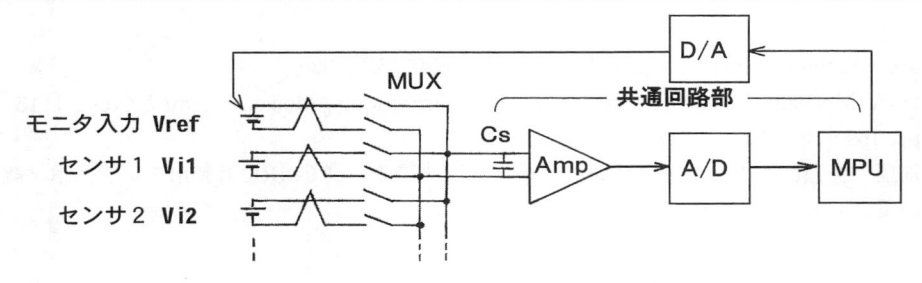

評　価　内　容	得　　失	備考（理由，対策など）
1. 特性ばらつき最小	○	共通部の特性が同一
2. 回路コストが安価	○	共通部による回路部品数削減
3. 回路実装規模が小形	○	同上による実装面積縮減
4. 動作信頼性向上	○	ループバック入力によるオンライン自己チェック
5. クロストーク誤差発生	×→○	アクティブガードシールド技術で対応可
6. 時分割動作遅れ	×→△	遅れを許容しうるシステム設計

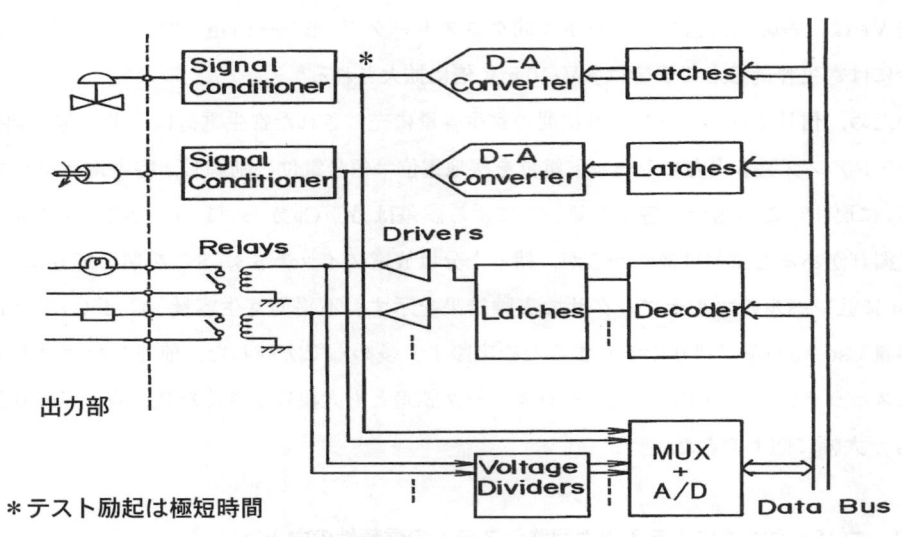

図15 ループバックテストによる出力の自己診断

＊テスト励起は極短時間

出力部

判断できる。

1.5 まとめ

1. センサのアナログ入力装置の発展過程と特徴についてレビューし，低レベルの走査，増幅方式が経済性，信頼性などの点で優れていることを示した。
2. 上記方式の低レベル入力可変利得入力（±10mV〜±5V）の開発例を述べた。開発技術により多くのノイズ影響が除去され，高精度化できる。
3. 制御入，出力回路のループバックによるオンライン自己診断法を示した。この方法により制御システムの信頼性を大幅に高めうる。

文　　献

1) http://techon.nikkeipb.co.jp/article/NEWS/20050725/107026/
2) D. A. McCully, Measurements in Noisy Environments, Measurements & Control, 15, (14), pp. 169–176 (Sept. 1981)
3) 加藤，佐瀬，コモンモードサンプリング帰還法による高CMRR計装用アンプ，信学論文誌，C-Ⅱ, J74-C-Ⅱ-1, pp. 1-10, (1991-1)

2 CAN（Controller Area Network）

福島 E. 文彦*

2.1 CAN とは

CAN（Controller Area Network）は欧州をはじめ世界で最も普及している車載 LAN のシリアル通信規格である。1982 年にロバートボッシュ社が車載用として発表したが，今は工業オートメーションや制御用途にも広く普及している。車では，エンジン部，パワートレイン，ボディ（エアコン，ドアロック，シート，ダッシュボード）など，各部の通信制御に使われている。

2.2 CAN の規格

現在使われている CAN プロトコルは，ロバートボッシュ社により 1991 年に規格化された CAN Specification 2.0 の Part B（CAN 2.0 B，仕様書はボッシュ社 WEB よりダウンロード可能）である。図 1 に示すように，CAN 2.0 B は，OSI 基本参照モデルの物理層（一部）とデータリンク層を定義するが，物理層の信号レベル，通信速度，ドライバやバスの電気的特性などは規定しない。

CAN は国際標準化機構 ISO により 1993 年に ISO 11898 高速 CAN として規格化されたが，現

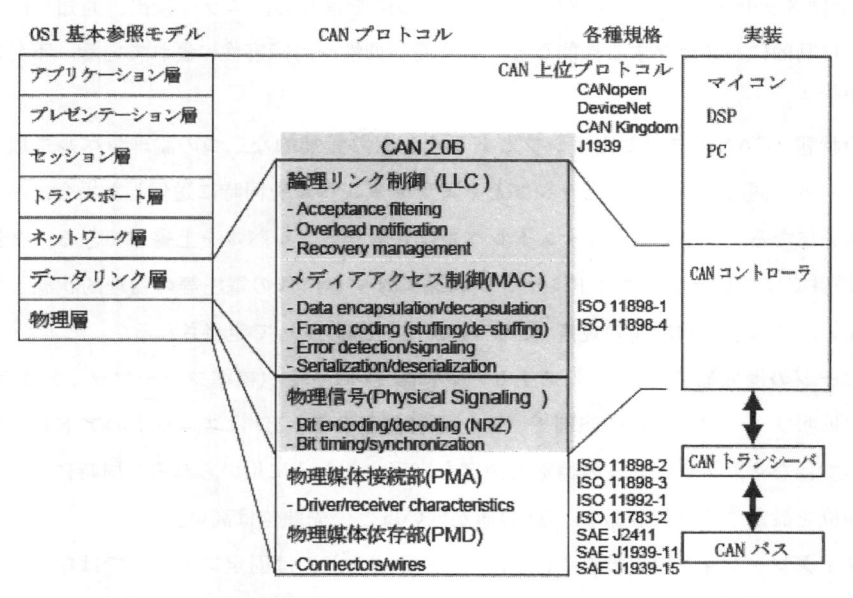

図 1 OSI 基本参照モデルと CAN プロトコルや各種国際規格の関係

---

* Edwardo F. Fukushima　東京工業大学　大学院理工学研究科　機械宇宙システム専攻
　准教授

在はCANプロトコルISO 11898-1：2003，高速CAN（1 Mbit/s）物理層ISO 11898-2：2003，低速（125 kbit/s）フォルトトレラント物理層ISO 11898-3：2003，タイムトリガTTCAN拡張ISO 11898-4：2004として分けられ規格化されている。ISO 11519-2はISO 11898-3に完全に置き換えられていることに注意されたい。他にも，SAEによって単線式のSAE J 2411物理層等の幾つかの規格が策定され運用されている。CANの物理層については，2線式の差動信号方式以外にも単線式も存在すること，また低速フォルトトレラントCANや単線式CANは終端抵抗を必要としないことに注意されたい。

上位プロトコルについては，ISOやSAEでも規定されていなく，メーカーやユーザーが独自に上位プロトコルを自由に実装できる。これはCANの一つの魅力であり利点でもあるが，その反面，メーカー別に互換性の欠いたCANネットワーク／プロトコルが点在することにもなる。互換性を保つために，CiA（CAN in Automation）のCANopenプロトコルやODVA（Open DeviceNet Vendor Association）のDeviceNetプロトコル等，幾つかの上位プロトコルも標準化され，自動車以外の用途にも幅広く実用化されている。

2.3 CANの特徴

CANではメッセージの優先順位や遅延時間の保証をはじめ，エラー検出，通知や問題のあるノードを自動的にバスオフする機能など，実時間制御性や耐障害性に優れている。下記に主な特徴を説明する。

・**バスの状態**：CANバスはレセッシブとドミナントの相補的な二つの論理レベルを取り得る。多数のノードが同時にバスにレセッシブとドミナントレベルを同時に送信した場合，バスはドミナント状態になる。つまり，ドミナントレベルはレセッシブレベルを上書きできる。なお，CAN 2.0 B仕様書では，レセッシブとドミナント状態に対するバスの電圧等の物理的状態との関係を定義しない。これは，物理層の規格（ISO 11898-2：2003等）で定義される。

・**メッセージの優先順位**：CANのメッセージには11ビット（標準フォーマット）あるいは29ビット（拡張フォーマット）の識別子（ID）が付加される。IDはユニットのアドレス番号を設定するのではなく，メッセージの種別と内容を表現するために用いられると同時に，メッセージの優先順位を設定する役目がある。IDの値が低いほど優先順位は高い。

・**コンフィグレーションの柔軟性**：CANバスの各ノードには固定アドレスではなく，それぞれメッセージのIDに対してどのように応答すれば良いかが記述される。このため，CANバス上に接続された既存のノードのハードウェアやソフトウェア，およびアプリケーション層のソフトウェア等の変更をしなくても，同じCANバス上に新しいノードを接続することができる。

・**遅延時間の保証**：CANのメッセージ内のデータ数は0～8バイトの間で調整可能だが，一つの

第 4 章　電子回路およびネットワーク

通信フレーム（通信の最小セット）の最大長は制限される。そのため，バス上の通信は予測可能な時間内に成立することが保証でき，実時間制御が要求されるアプリケーションにも適用できる。

・**マルチキャスト受信**：CAN バス上のすべてのノードは同時にメッセージを受信し，メッセージの ID に応じて必要な処理を行う。

・**システム全体でデータ整合性のチェック**：CAN バス上のすべてのノードは対応した ID でない場合でも，メッセージを受信し独立にデータのエラーチェックをする。通信エラーが検出，通知された場合には全ノードでメッセージは破棄され，送信ノードは自動的に再送を試みる機能を有する。すべてのノードでメッセージが正常に受信された場合のみ，送信は正常に終了するため，高い信頼性を発揮する。

・**マルチマスター**：CAN ではバスがフリーのとき，どのノードもメッセージの送信を始めることができる。

・**非破壊アービトレーション**：CAN バス上に任意のノードが送信中である場合，他のノードはバスがフリーになるまで送信の順番を待たなければならない。次の送信タイミングに二つ以上のノードが同時に送信を開始した場合，CAN ではフレーム内の識別子 ID をビット毎にアービトレーション（調停）し，優先順位の高いメッセージの送信はそのまま続けられ，優先順位の低いノードは送信を止める。いわゆる CSMA/CA（Carrier Sense Multiple Access with Collision Avoidance）方式が採用されており，時間と情報のロスがない優れたバスアクセスの調停方式である。

　具体的には，CAN バス上の各ノードは自身が送信しようとしているビットと，バス上で実際にモニターしたビットのレベルを常に比較している。両者のレベルが同じなら送信を続けても良いが，もしリセッシブビットを送信したが，バス上ではドミナントビットをモニターした場合，そのノードはアービトレーションに負けたことを意味し，直ちに送信を止め，次にバスがフリーになったときに送信を自動的に再開するものである。

・**エラー検出**：CAN では，ビットエラー，CRC エラー，スタッフエラー，FORM エラー，ACK エラーの 5 種類のエラーをチェックし，すぐれたエラー検出性能を発揮する。

・**エラーハンドリング**：各ノードは送信エラーカウンタと受信エラーカウンタの二つのカウンタを持ち，送受信時に自身が原因で発生したエラーの場合は 8 つカウントアップされる。どちらかのエラーカウントが 128 以上になると，ノードはエラーパッシブ状態になる。バス上での通信に参加はし続けられるが，エラーを検出した場合でもバス上にドミナントビットによるエラーフラッグを送信できない。さらに，次の通信を開始する前に待ち時間が設けられ，その間に他のノードが送信を始めた場合には受信モードに切り替わる。つまり，エラーパッシブになったノードの送信はある程度制約される。ただし，エラーパッシブ状態のノードが正常に送信できた場合，送

信エラーカウンタは一つカウントダウンされる。受信が正常な場合もルールに従ってカウントダウンされ，両エラーカウンタが127以下になった時点でノードは正常な状態であるエラーアクティブ状態に遷移する。

送信エラーカウントが256以上になった場合，ノードはバスオフ状態に遷移し，そのノードはCANバスへの通信をしてはいけない。

このように，CANでは一時的なエラーと，永続的なエラーをエラーカウンタにより自動的に判断し，問題を発生しているノードに対しては送信の制限，最終的には完全にバスから切り離すように対処する機能を装備している。なお，CANバスで一定期間以上レセッシブ状態が続いた場合にはバスオフ状態になっていたノードのエラーカウンタはリセットされ，バスオフ状態は解除される機能も有する。

・**フレームの種類**：CANプロトコルでは，メッセージの送受信は4種類のフレームによって表現され，制御される。

フレームとは，通信に用いられる信号（ビット）のまとまりであり，たとえば識別子フィールド，コントロールフィールド，データフィールド，CRCフィールド，ACKフィールドなど，何種類かのフィールドから構成される。各フレームには，下記の役割がある。

データフレーム：送信ノードから受信ノードへデータを送信する。

リモートフレーム：あるノードが，他のノードに対してデータフレームの送信を要求する。

エラーフレーム：送受信時のエラーをバスに通知する。

オーバーロードフレーム：受信ノードが受信メッセージの処理を完了できていなく受信の準備が整っていない場合に，次のデータフレームあるいはリモートフレームの送信を遅延させるために出力する。

各フレームの詳細構成については本書では割愛する。

2.4　CAN半導体デバイスの種類と要件

前項で説明した各種機能，つまりCANプロトコルそのものを実装する半導体デバイスがCANコントローラであり，コントローラとCANバス間の物理インタフェースを担うのがCANトランシーバである。これらのデバイスは多く製品化され，年間数億個が出荷されている。これらのデバイスは耐ノイズ性が高いだけでなく，過酷な環境で動作する能力を有する。

CANコントローラは，スタンドアローンIC，8・16・32ビット各種マイクロコントローラやDSP内蔵ロジック，またはVHDLによるFPGAやASICの実装など，様々な形態で実現されている。最新のCANコントローラはCAN 2.0 B準拠であり，ISO 11898-1に従って実装されている。

第4章　電子回路およびネットワーク

　CANトランシーバは，通信距離，通信速度，耐故障性などの特性を考慮し用途別に何種類か存在するが，これらはCANバス物理層の規格に準拠する。

　デバイスの要件：自動車で使われるデバイス全般に求められる性能も含めて，CANコントローラやトランシーバに求められる主な性能を下記に示す。
・優れた電磁環境適合性 EMC（Electro-Magnetic Compatibility）
　　　　　　　　　　─極めて低い電磁放射量 EME（Electromagnetic Emissions）
　　　　　　　　　　─優れた電磁障害耐性 EMI（Electro Magnetic Interference）
・高い静電気放電性能 ESD（Electro-static discharge）Performance
・バス障害に対して，電源ラインへのショートを許容する
・電源がダウンしたノードは完全にパッシブになる機能，つまりCANバスに接続された他のノードに影響を与えてない設計
・省エネモード機能と，リモートとローカル信号によるウェークアップ機能
・温度保護機能
・低電圧（3.3 V），通常電圧（5 V）や高電圧（24 V，36 V，48 V）での正常動作
・高いコモンモードノイズ除去性能と動作レンジ
・高い入力インピーダンス等

2.5　今後の展望

　各種規格のCANコントローラやトランシーバは，これまで膨大な数が生産され，車載LANで実際に使われてきた実績がある。CANプロトコル面での信頼性やパフォーマンス以外にも，デバイス面での信頼性も実証されているのがCANの大きなアドバンテージであるといえ，各用途での規格化も固まっている発達しきった技術であるともいえる。ただし，全体システムでさらに多くのCANデバイスが使われることになってくるため，個々のデバイスの信頼性をさらに向上させる必要があり，今後も各メーカーから諸性能をさらに向上した製品が開発されていくだろう。

　一方，TTCAN通信規格 ISO 11898-4にフル対応したCANコントローラはまだ本格的に普及していない。TTCANはCANの拡張機能として実装できる利点があり，ISO 11898-1にはその枠組みも用意されているため，普通のCANからTTCANへはスムーズに移行できると期待される。各種アプリケーションでTTCANの有効性が実証されていけば，今後はISO 11898-4に準拠したCANコントローラの開発も進むのではないかと考えられる。

第5章 センサ

1 MEMSと半導体センサ

嶋田　智*

1.1 まえがき

　MEMSは，半導体，ディスプレイに次ぐ次世代製品の中核技術として注目され，2005年に約一兆円のビジネスに成長し2010年までの伸びは年率20%と推定されている[1]。この需要を牽引する製品分野としては，通信，ディスプレイ，メモリー，センサおよび共通技術として高密度実装などの分野が挙げられている。なかでも携帯電話用は全分野の技術に関連するMEMS応用製品の典型であり大きな需要を生み出している。代表的な製品は，RFスイッチ，発振器，インクジェット，DMD（ディジタルミラーデバイス），慣性センサ，シリコンマイクなどを挙げることができる[1]。このようにMEMS技術は情報，家電，自動車，医療各産業を支える基礎的な要素技術として，またものづくり国家を自負する日本にとって極めて重要であり，幅広い高い視野にたって取り組むべきテーマである。ここでは，自動車用センサになぜMEMS技術が必要かという視点から，特に半導体センサに関連して考察する。

　自動車のエレクトロニクス化に伴って電装品が増加し，センサ数も多数使用されるようになりその役割が益々重要になってきた。たとえば，収納可能なルーフの制御には，5つのモータ，8つの油圧シリンダ，13個のセンサが使用されている。最近の車では50個のマイコンとセンサおよびモータを装着している[2]。今後，X-by-wireの進展で，さらにこれらの傾向は加速されるものと思われる。一方，センサの数が増えるにつれて，信頼性向上，センサの兼用化，小型低コスト化が要求されている。

　この要求に応える技術としてMEMSが期待されている。技術の特徴からその理由を考えてみる。まず，半導体材料の性質や製造プロセスとして次の特徴を挙げることができる。

(1) 種々の変量に高感度に応答するため，種々の物理，化学，光学変量を測定することができる。

MEMS（Micro-Electro-Mechanical-System）は，被測定量を電気信号に変換するセンサエレメント（ダイヤフラムなどの機械素子）を半導体の微細加工プロセスを応用してマイクロ化し，信号処理回路と一体化するシステム技術である[1]。

---

*　Satoshi Shimada　㈱日立カーエンジニアリング　電子設計本部　特別嘱託

第5章 センサ

表1 半導体の持つセンシング機能を利用したセンサの例

	原　理	一次変換量	センサ
物性型	ピエゾ抵抗効果	R：抵抗	応力，圧力，力，加速度
	感熱抵抗効果		温度，加速度，流量
	磁気抵抗効果		磁界，変位，角度，回転，方位
	ホール効果	V：電圧	磁界，変位，角度，回転，方位
	光電変換効果	I：電流	光量，画像，変位，角度，回転
構造型	可変静電容量	C：静電容量	変位，圧力，振動，加速度，角速度
	可変インダクタンス	L：インダクタンス	回転，変位，角度

表1に半導体の持つセンシング機能を利用したセンサの例を掲げた。測定原理から物性型と構造型に分類し記載した。

物性型の代表は，ピエゾ抵抗効果を利用した圧力センサや感熱抵抗効果を利用した温度センサ，加速度センサ，流量センサなどである。これらのセンサは，センシング量を一亘抵抗 R に変換した後，付属の LSI で信号処理して 1～5 V の標準出力信号として伝送される。この他，物性型は磁気抵抗効果やホール効果を利用した変位センサや回転センサとしてエンジン制御用センサに使用されている。また，光電変換効果を利用した光センサは CCD を代表に環境認識用画像センサとして使用されている。

構造型の代表は，可動電極の機械的変位を静電容量 C に変換する圧力センサや安全制御用として加速度センサ，角速度センサに使用されている。また。回転数や変位，角度をコイルのインダクタンス変化を利用してセンシングする方法もよく用いられている。

この他に半導体材料自身の性質を利用するものではないが，FET のゲートに感湿膜や感ガス膜を成膜した湿度センサやガスセンサなども用いられる。

(2) センサに用いる半導体材料の選択が豊富。

表1に掲げたセンサに用いられる半導体材料は，Si，Ge，GaAs，InAS，SiC，HgCdTe など原理的には多くの材料がある。圧電効果を有するセラミックスや水晶などの無機材料とその加工プロセスも開発されており自動車用センサの材料として使用されている。特に，水晶は微細加工が容易なため振動ジャイロなどの材料として多く用いられている。この中では地球上で最も多い元素の一つであり LSI との集積化に適した Si（シリコン）が最も多くセンサに用いられている。

(3) 半導体の微細加工プロセス技術の発展による微細化とコストメリットを享受できる。

微細化のメリットは，ダイナミックレンジの拡大や計算速度など性能向上と低コスト化であり，後者は寸法の二乗でその効果を発揮する。さらに省電力化などのメリットもある。

現在のパーソナルコンピュータを日常的に使用している世代にとっては最初のコンピュータ ENIAK と比較してその進化を実感することは難しいであろうが，図1のように性能指数として

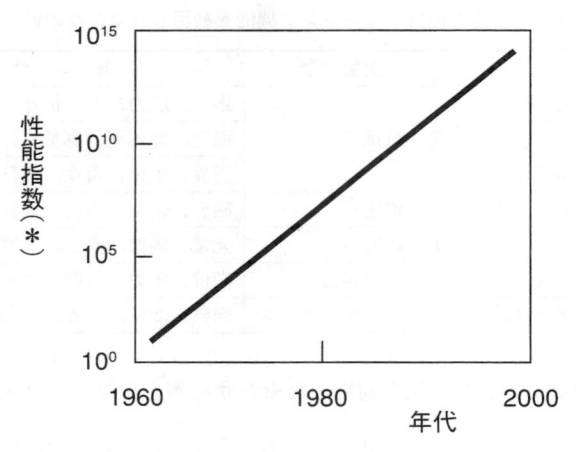

*性能指数＝(ダイナミックレンジ/分解能)
　　　　×小型化率×省電力率×価格低減率

図1　マイクロ化による性能向上

(ダイナミックレンジ/分解能)×小型化率×省電力率×価格低減率をとって，年代推移を見てみるとマイクロ化による貢献メリットがいかに大きいか分かる。また，MEMSのプロセスは，LSIのムーアの法則を15年遅れて追っていると言われている[3]。このように広い意味でMEMSはデバイスのマイクロ化を通じて社会に貢献する重要な技術であると言える。

(4) 集積化 (IC化) によるメリット。

センサに関する微細化メリットは，微小信号を増幅する信号処理回路をセンシングエレメントと一体的に集積化することで，配線抵抗と浮遊容量を低減し増幅度を大きくとることができ，シリコン自身のセンシング感度不足を補うことができることである。ホール係数の小さいシリコンのホールIC[4]が多用されているのはその好例である。

センサの信号処理回路については，一般的なLSIの微細化による計算速度向上や消費電力低減のメリットを享受しながら，マルチセンシング（複数変量の測定）によるセンサの特性補正や精度向上，および診断などの多機能化を実現できる。また，デジタル化とソフト処理によって複雑な演算と微小で非線形なセンサの信号処理が可能となりSN向上に大きな効果をもたらしている。

(5) 高信頼性。

自動車には30,000点の部品が使用され，4,000箇所の溶接，2,000箇所の電子部品の接続を行っており，1,300の検査を実施して出荷される。また，電子制御が進むにつれてソフトウエアのコード行数も30万行と増加する一方である。

自動車用センサが使用される環境は，表2に示すように場所によって異なるが，振動や温度な

ど厳しい環境で使用される。このような環境で15年，20万マイルの作動に耐えるためにはセンサチップとその実装に極めて高い信頼性が必要である[5]。

エンジンルームに取り付ける場合，点火時の高電圧パルスによるノイズの侵入やサージ電圧を防止するフィルタと保護回路が必要であり，また，バッテリー電圧変動に耐えるため出力電圧は電源電圧の変動に比例するレシオメトリックとなっている。センサの出力は1〜5Vのアナログ信号として出力しコントロールユニット（ECU）へ送信する。ECUは，センサの出力電圧を見て診断を行っている。

自動車の環境はセンサを取り付ける場所によって異なる。表2には取り付け場所と温度を示す。エンジンルームに設置する場合には-40〜125℃の広い温度変化の環境で特性確保と15年，20万マイルの作動に耐える長期信頼性が必要である。

センサの信頼性は，センサエレメントと信号処理LSIのみならずチップの実装に大きく左右される。特に，チップの電気接続部と接着部にはパッケージするときの熱によって機械的ひずみが加わる。また，シリコンと機械的性質の異なる樹脂材料やセラミックで構成されることが多いので取り付けつける場所の環境によって熱ひずみや振動が繰り返し加えられる。

高精度，高機能化を果たすために半導体センサの中には多数のトランジスタが形成されこれらが互いに接続されてその機能を果たしている。一般的に多数の部品を組み立てた構造で破損する確率の高い部分は接続部である。半導体センサは，クリーンな高温プロセスで製造され，接続されるため基本的には高品質を確保することができる。もし，センサのLSIのなかにある多数のトランジスタをワイヤで結線することになればその故障確率は極めて高くなる。この視点から半導体センサは集積化してワイヤ結線数を低減することで高信頼性を得ることが可能である。また，配線長を短くすることにより，浮遊容量と外部電波の影響を低減し耐ノイズ性を高めるメリットもある。

因みに，表3に自動車用センサの共通仕様と検討すべき項目を掲げる。

機能仕様としては，マルチプレクサ（MPX）による複数入力の信号切り替えや増幅，AD/DA変換など信号のレベル変換，ゼロ点（オフセット）や感度などの特性補正および診断機能が必要

表2 車載センサの取付け場所と温度

取付け位置	温度（℃）
エンジンルーム	-40〜125℃，エンジン表面：110〜135℃
	エンジン油，ミッション油〜150℃
車室内	-10〜80℃，インパネ，リアパーセル表面：110℃
ダッシュサイド，シート	〜60℃
トランクルーム	〜55℃

であるが，半導体プロセスでLSI化した信号処理回路によってこれらの機能を実現することができる。

図2に示すように，センサは機械，電気，制御要素からなり，これらを制御するマイクロシステムである。センサエレメントに入力される被測定量を増幅し，AD変換後に特性補正や信号調整など演算処理してDA変換し，1～5Vのアナログ信号として出力する。

自動車用センサになぜMEMS技術が必要かという設問の答えとしては，半導体センサ＝MEMSと捉えその特徴をまとめると次のようになる。

(a) シリコン単結晶は種々のセンシング機能を有し，機械的には理想的な弾性を有するので耐疲労性センサ材料として好適。
(b) LSIとの集積化により，複数センサエレメントの信号の増幅，特性補正，診断，較正など多機能化が可能。
(c) 半導体プロセス技術の活用により，量産小型化による低コスト化，電気回路の接続箇所削減

表3 自動車用センサの共通仕様と検討項目

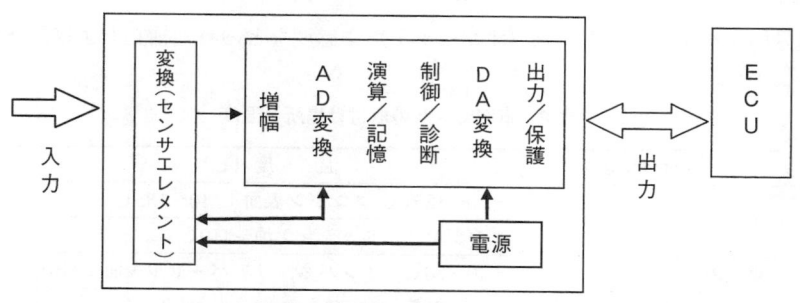

仕様	検討項目
機能	信号切り替え　MPX レベル変換：増幅　AD/DA変換 補正演算：直線化，感度，オフセット，温度補正 ノイズ：フィルタ　電源レシオレトリック 通信・出力　アナログ／デジタル 診断，較正，補修
精度	直線性，ヒステリシス，ドリフト　＜1%
環境	取付け位置：エンジン上流側，下流側，足まわり，室内（コントローラ） 使用温度，高温高湿，耐振性，耐水，耐酸，耐汚損 電気ノイズ：過電圧，サージ　EMI EMC
信頼性	耐久性：15年20万マイル，安全性：規制　TS 16939, FMEA, RoHS
実装	ベアチップ，1チップ／Chip on Chip　プラスチックモールド，CAN，セラミック，プリント基板，CCB, CSP, WLP

センサシステム＝機械＋電気＋制御要素＝MEMS

図2　センサの構成要素とMEMS

第5章 センサ

による高信頼化が可能。
(d) サーボメカニズムの組み込みによる高精度化，診断機能付与による高信頼化が可能。
(e) 振動型センサによる高機能センサの実現可能。

などの特長を有し，厳しいコスト・性能比が要求される自動車センサに応えることができる。

表4は，MEMS技術を用いた車載センサの開発経緯とMEMSプロセス技術の進化を簡単にまとめたものである[6]。

次に，半導体センサに用いられるMEMS技術の進化とプロセスの概要を述べ，これを適用した圧力，加速度，流量センサの設計例を紹介する。前記のようにセンサに用いられる材料は前述したように種々あるが，ここでは主にシリコンを用いたプロセス中心に述べる。

1.2 シリコンマイクロマシニング技術の基本プロセス

センサの加工プロセスは表5のような種類があり，センサの構造によって選択採用される。

センサはエレメントと信号処理回路から構成されるので両者を1チップに集積形成するか，別チップの2チップ構成にするかという設計上の選択をする必要がある。また，1チップに形成する場合はどちらを先に形成するかという製造プロセスの選択をする必要がある。

バルクプロセスは，図3(a)のようにシリコン基板に大きい凹凸構造を形成するセンサに用い

表4 車載センサの技術開発経緯

年代	1970	1980	1990	2000	2010	キーワード
法規制	マスキー法	CAFE規制	LEV規制	EURO規制		ZEV
エンジン	CVCC			VVT DI	HEV	FEV
制御	EGI ゲインスケジュール制御		ゲインセルフチューニング制御			連携制御，バイワイヤ
センサ		ピエゾ抵抗式圧力センサ エアフローセンサ				スマート化，，SoC センサフュージョン
			静電容量式加速度・角速度センサ			
プロセス		バルクマイクロマシニング	表面マイクロマシニング			MEMS
補正		厚膜レーザトリミング アナログ補正	ツェナザップトリミング デジタル補正	EEPROM		DSP，補正，校正
実装		アノディックボンディング		ダイレクトボンディング		WLP, SIP

表5 センサ用加工プロセスの種類

分類	基板	構造体	センサプロセス	LSIプロセス
バルク	標準基板	Si単結晶	KOHエッチ	1チップ
	SOI基板	Si単結晶	RIEエッチ	2チップ
表面	標準基板	ポリSi	犠牲層酸エッチ	1チップ
		金属配線	犠牲層酸エッチ	1チップ

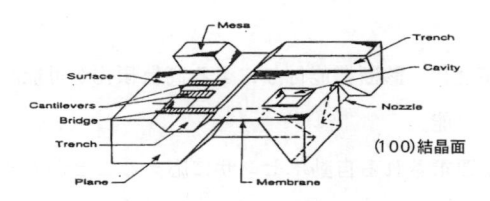

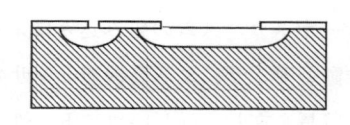

(a) Siの異方正を利用したウェットエッチング　　　(b) 等方正エッチング

図3　バルクマイクロマシニングプロセスに用いる代表的な加工プロセス

られるので，先に信号処理回路を形成し，後でセンサエレメントを加工することが多い。2枚のシリコン板を SiO_2 の絶縁膜を挟んで接合した SOI（Silicon on Insulator）基板を用いる場合も凹凸の大きいセンサエレメントを加工する場合に用いられる。信号処理回路を形成するプロセスと異なるため LSI チップと2チップ構成とすることが多いが，最近では1チップ化したセンサも開発されている。

表面デバイスプロセスは，比較的凹凸の小さいセンサ構造に適用され，信号処理回路を形成するプロセスと同時進行の場合が多い。以下，各プロセスの概要を説明する。

1.2.1　バルクマイクロマシニングプロセス[7]

バルクマイクロマシニングプロセスに用いる代表的な加工プロセスを図3に示す。図3(a)は(100)面を持つシリコン単結晶の異方性を利用したウエットエッチングで加工形成できる形状を示す。図3(b)は等方性エッチングにより加工した場合の断面形状を示す。

(1)　ウエット異方性エッチング

図3(a)の異方性エッチングは，シリコン単結晶における（111）面のエッチングの進行速度（エッチングレート）が他の何れの結晶面に比べて遅いことを利用する。（111）面に対する他の結晶面のエッチングレートの比をエッチングの選択性と定義するとき，表6に示すKOH，ヒドラジンやエチレンジアミン―ピロカテコールなどのアンモニア水溶液が大きい選択性を有する。これらはイソプロピルアルコール，カテコール，水などの溶媒と共に用いられ，結晶面に依存して選択的にエッチングが進む。また選択性は母材，エッチャントと溶媒の濃度比，温度に依存する。例えば，代表的な KOH/水の混合溶液で（100）n型シリコン基板をエッチングする場合，

表6　エッチングに用いる薬品（エッチャント）

ウエットエッチング（湿式）	異方性：アルカリ：KOH，ヒドラジン，アンモニア類 等方性：酸：HF（フッ酸），硝酸
ドライエッチング（乾式）	ガス：CF_4，XeF_2，BrF_3 ラジカル：F イオン：Ga，Ar，Cl アトムビーム：Ar

第5章　センサ

溶液温度80℃，40 Wt%のKOHで最も高い選択比34を示し，エッチングレートは約1 μm/minである。

(100)の面方位を有するシリコンウエファの上下面にSiO_2酸化膜を形成し，下面の酸化膜の一部を除去して方形の窓を形成し，上記のエッチャントに浸漬すると，(111)面方向に比べて(100)面のエッチングが急速に進行する結果，断面は表面と54.7度の角度を成す(111)面を斜面としたピットが掘り進められ残った薄い部分がMembrane（ダイヤフラム）となる。

最も代表的なウエット異方性エッチングの応用例はピエゾ抵抗式圧力センサであり，MEMSを応用し量産化された初めての製品である。

(2) 等方性エッチング

図3(b)に示す断面形状は等方性エッチングにより結晶方位を選ばないで加工が進む。エッチャントは表6に示すようにウエットエッチングでは酸系の薬剤でドライウエットエッチングではフッ素，塩素系のガスが用いられる。

(3) SOIウエファプロセス

図4にSOIウエファの加工プロセスを示す。SOI（Si on Insulator）は，2枚のSiウエファどうしをSiO_2膜を挟んで接合する方法，あるいはシリコンウエファ表面から酸素イオンを注入して，ある深さ位置に埋め込み誘電体層を形成するSIMOX（Separation by Implanted Oxygen）法で作成する（①）。

この誘電体分離構造のウエファを用いて表面にマスクとなるSiO_2膜を形成，パターニングした後に窓を明け，RIE（Reactive Ion Etching）などの方法でSiO_2分離誘電体層までトレンチを

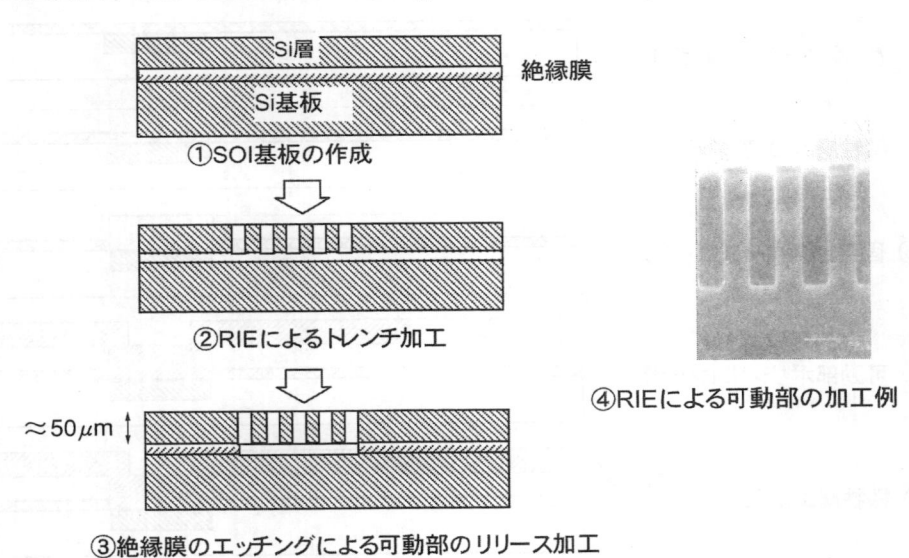

図4　SOIウエファを用いた可動部の形成プロセス

形成する（②）。シリコンのエッチングは SiO_2 層まで達すると進行が妨げられる。次いで HF（フッ酸）などで SiO_2 をエッチングしシリコン構造体を基板から分離（リリース加工）させる（③）。この加工方法はエッチャントとして液体を用いないでフッ素ガスを用いるドライエッチングも可能である。アスペクト比が 20～50 と大きい深いトレンチ溝やセンサの可動部をクリーンな環境で形成することが可能である（④）。この方法で角速度センサや2軸加速度センサを加工することができる。

Si 母材をそのまま利用できるためバルクマイクロマシニング同様にシリコン単結晶の良好な機械的性質を利用できる。また，SOI 構造の本来の特長である基板との高耐電圧，絶縁性，低寄生容量特性を利用してセンサと LSI を1チップ化することもできる。角速度センサなど，自動車用センシングデバイスにも多く用いられている。誘電体分離のウエファ構造を安価に形成することが残された課題である。

1.2.2 表面マイクロマシニングプロセス

図5に犠牲層エッチングを用いた表面マイクロマシニングプロセスを示す。ウエファの両面にデバイスや構造体を形成するバルクマイクロマシニングに代わって，LSI と同じ面に構造体を形成する表面マイクロマシニング技術が 1980 年代に登場した[8]。図5に示した表面マイクロマシ

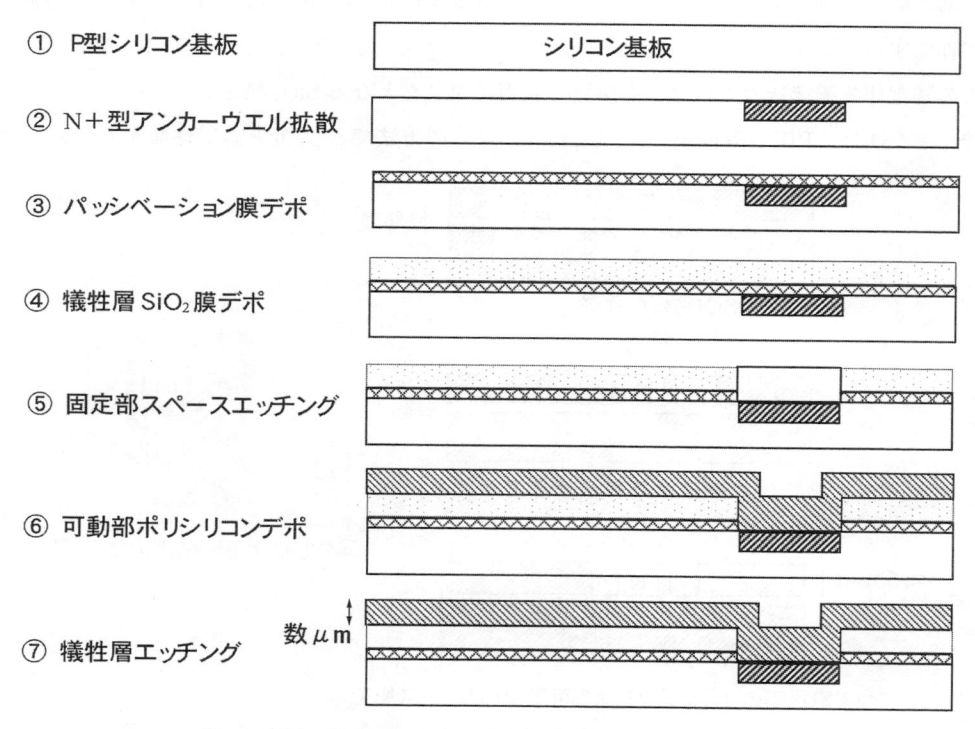

① P型シリコン基板
② N+型アンカーウエル拡散
③ パッシベーション膜デポ
④ 犠牲層 SiO_2 膜デポ
⑤ 固定部スペースエッチング
⑥ 可動部ポリシリコンデポ
⑦ 犠牲層エッチング　数 μm

図5　表面マイクロマシニングの犠牲層エッチングプロセス

ニング技術による構造体形成法では構造体材料を母材から機械的に分離するために，犠牲層のSiO$_2$（酸化膜）を予め形成し（④），この上に構造体としてポリシリコンの層を形成して，後の工程で犠牲層をエッチングで除去しポリシリコン構造体を固定部（アンカー）を除き基板から分離する（⑦）。

犠牲層をエッチングで除去するためには外部と連通する開口部が必要であるが，圧力センサのように構造体の下部を空洞としてシールする場合は，犠牲層の除去後，開口部を熱処理により成長させた酸化膜等で封止する。この方法においては，異種材料の物性の違いや成膜プロセス処理の履歴に伴う残留応力，それらに起因する機械的性質の不安定性，反りやスティッキングなどの問題もあったが，改良プロセスも提案されている[9]。

この技術はLS1同様，表面上の2次元パターニングと垂直方向の成膜プロセスの精度で構造体の形状が決定できるので狭ギャップで小面積の静電容量が形成でき，またLSIとのアライメント精度が高いので1チップセンサに適している[10]。センサとLSIのプロセスの整合性が必要であり，センサ構造体を先に形成するか後に形成するかによって形成可能温度が決まるためセンサ構造体の弾性特性に影響する。低温プロセスで良い弾性特性を得る材料やプロセス開発が行われている。

表面マイクロマシニングの構造体材料と犠牲層の組み合わせは多種検討されているが，構造体材料として広く用いられているのはポリシリコンであり，膜厚は1～4μm，犠牲層材料には1～2μmのリン珪酸ガラス，またはSiO$_2$が用いられる。また金属構造体としてはタングステンやモリブデンが，犠牲層としてはSiO$_2$，Alもそれぞれ用いられる[12]。

1.2.3 マイクロマシニングプロセスの動向

(1) 現在のMEMSビジネスは1兆円を突破し2020年には2.5兆円に達し，この中でセンサは1兆円以上を占めると予想されている[1]。シリコン単結晶のバルクマイクロマシングプロセスを用いた圧力，加速度センサは既に多用さており，振動ジャイロなどが自動車用として実用期を迎えている。また，表面マイクロマシングプロセスを用いた1チップ加速度センサやマイクも携帯電話やゲーム機用としてさらに発展していくと予想される。

(2) 単結晶埋め込みMEMS[11]や配線MEMS[12]など集積化に適した新しいプロセスが開発され，さらなる製品のコスト・性能比改善及び信頼性向上が期待される。

(3) MEMSの加工技術は，マイクロからナノの世界へさらに微細化が進みつつある。一方，シリコン以外の材料も研究され，プロセスと材料技術の両面の進展によりセンサの高機能，高性能化に寄与するものと期待される。

(4) これらの成果は，センサエレメントと電子回路と共存させうるSoS (Silicon on System) を実現する技術として，回路の微細ルール化の恩恵を受けながら，今後もNEMS (Nano-Electro-

Mechanical-System）として進展していくものと思われる。これによって，さらなる製品のコスト・性能比改善及び信頼性向上が期待される。

1.3 MEMSを活用した車載用半導体センサの例

表7にMEMSプロセスを活用した車載半導体センサの例を示す。

MEMSを応用したセンサのうち代表例として表7に掲げた半導体センサの構造と特性および使用例を以下に述べる。

（1） バルクマイクロマシニングプロセスを応用したピエゾ抵抗式圧力センサ[13]

図6にピエゾ抵抗式圧力センサのチップ表面写真と断面図を示す。センサチップ中央部には約$10\mu m$と薄く加工したダイアフラムが形成され，この上面に4個のピエゾ抵抗素子が拡散形成されブリッジを構成する。チップ周辺部には温度補償と信号増幅及び特性調整用回路が形成される。数10 mVのブリッジ回路の電圧は，センサの周辺に形成した信号処理回路で増幅，調整され1～5Vの電圧として出力される[14]。

製造プロセスは，まず信号処理回路を先に形成した後で1.2.1で述べたKOHによる異方性エッチングによりシリコン基板裏側に大きい凹構造を形成する。組立プロセスにも特徴があり，シリコン基板の裏面に静電接合[15]と呼ばれる技術でシリコンとほぼ同じ熱膨張係数を持つホウ珪酸ガラスが接着剤無しで接合される。この構造はセンサの特性を安定化し，かつ特性ばらつきを低減する上で重要である。初めて圧力センサの量産に採用されたこの技術は，このセンサに留まら

表7 MEMSプロセスを活用した車載半導体センサ

センサ プロセス	圧　力		加速度・角速度			流　量
	ピエゾ抵抗	静電容量	ピエゾ抵抗	静電容量	熱式	熱式
バルク	(1)		(7)	(4)　(8)		(3)
表面		(2)		(5)	(6)	

（註）表中の数字は以下に説明する順番を示す。

（a） センサチップの表面写真　　（b） センサの断面

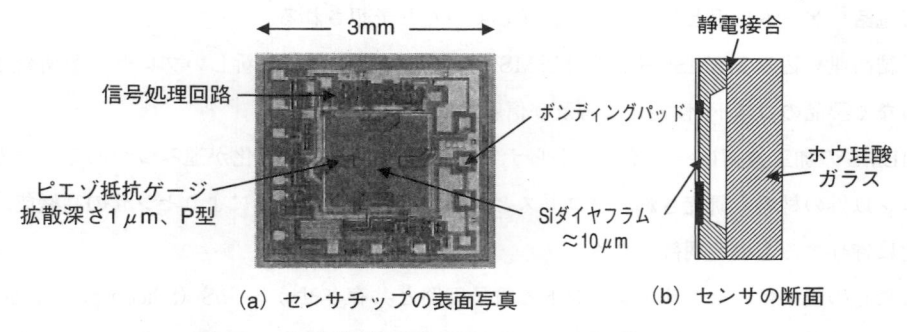

図6　ピエゾ抵抗式圧力センサチップの表面写真

第 5 章　センサ

ず多くの MEMS に採用され，その後のマイクロマシニングの研究発展に多いに貢献している。

(2)　表面マシニングプロセスを応用した静電容量式圧力センサ[16]

図 7 に大気圧の変動を検知するセンサとして，シーメンス・インフィニオン社が開発した表面マシニングプロセスを応用した静電容量式圧力センサの例を示す。圧力変動によるダイヤフラムの変形を静電容量変化としてとらえ，これを集積した信号処理回路で電気信号として調整し出力する。

センサエレメントは回路素子と整合のとれたプロセスにより静電容量素子として形成され，デジタル信号処理回路が 1 チップに集積化されている。容量素子は，1.2.2 で述べた犠牲層エッチングプロセスを用いてポリ Si 薄膜ダイヤフラムの下に微小な空間（キャビティ）を形成する。キャビティ（ギャップ）は 0.5 μm，ダイヤフラムの直径は 70 μm 角と小面積で多数のダイヤフラムを形成して製造プロセス中での破損を防ぐとともに，大きな静電容量得ることで感度を確保している。ダイヤフラム上にはシリコンナイトライド膜などの吸湿防止膜が形成されている。ポリ Si 膜が 400 nm と極めて薄いため成膜時に生じる膜応力の制御が製作プロセス上重要になる。測定範囲は 60〜130 kPa で 12 bit の分解能を有する。

この圧力センサは，車載用として大気圧測定用に使用される。この他にも表 8 に掲げたような

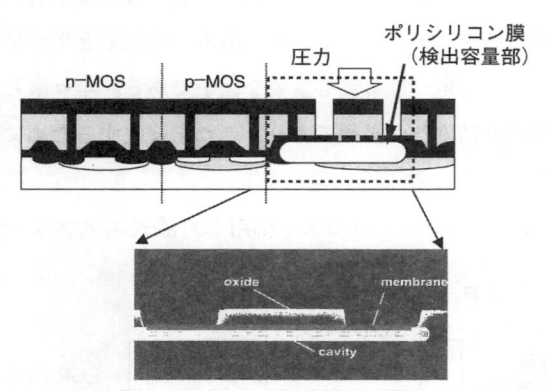

出典：ACNP（Advanced Automotive Electronics）

図 7　表面マイクロマシニングプロセスを用いた圧力センサの例

表 8　自動車用圧力センサの用途

吸気圧，大気圧	低圧域
タンク内圧モニタ	
排出ガス還流用差圧センサ	
タイヤ空気，サスペンション ブレーキ圧	中圧域
燃料圧，筒内圧	高圧域

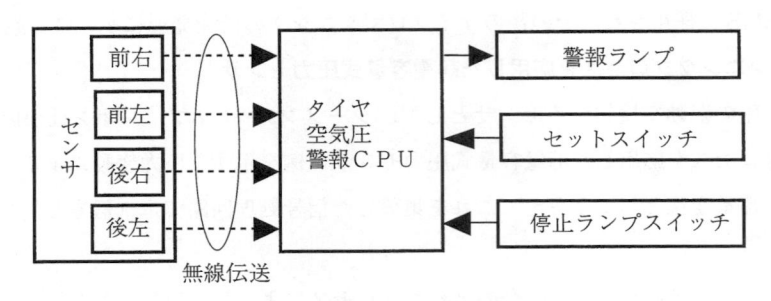

自動車用半導体の開発技術と展望

図8 タイヤ圧モニターの構成

用途があり，多くの半導体圧力センサが搭載されている[17]。

　タイヤ空気圧センサは，安全用として直接タイヤに取り付け無線で信号を出力しタイヤ圧力の安全監視用として使用する。既に北米で発売される新車に装着義務が課せられ，やがて世界的に拡がることを想定すると年間1億個を越える膨大な需要が見込まれる[18]。

　図8にタイヤ圧モニターの構成を示す。各タイヤに取り付けるセンサが無線通信機能を持つ。

(3) バルクマイクロマシニングプロセスを応用した熱式エアフローセンサ

　図9にエアフローセンサの使用例を示す。図に示す自動車電子制御燃料噴射システムは，吸入空気量信号に基づいて，燃料噴射弁，点火装置を動作させて最適な燃料供給，点火を行なう。ここで吸入空気量を計測するのがエアフローセンサである。空気量と燃料量の比である空燃比は，エンジンの排気，燃費特性を決定づける最も重要な因子である。年々厳しくなる排気規制をクリアするために空燃比制御の高精度化が必須であり，これを達成するためにエアフローセンサに高精度と高信頼性が要求されてきた[19〜21]。

　図10にバルクマイクロマシニングプロセスを応用した熱式エアフローセンサの測定原理を示

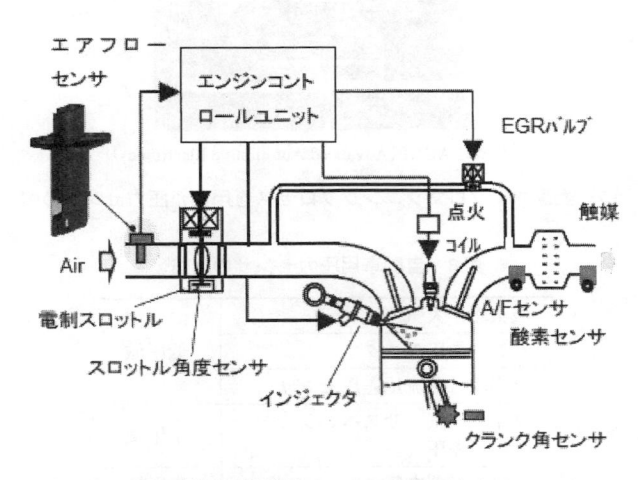

図9 電子制御燃料噴射システムに使用されるセンサ

第5章　センサ

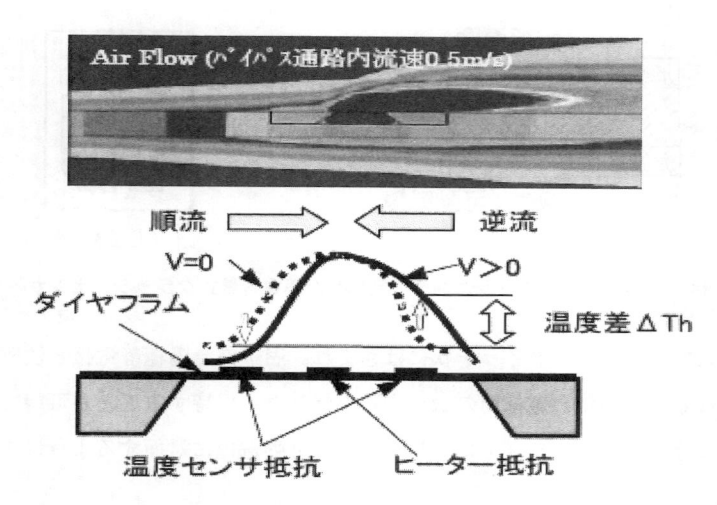

図10　バルクマイクロマシニングプロセスを応用した熱式エアフローセンサ

す[22]。このエアフローセンサは，(100) 面のシリコン単結晶板を1.2.1 で述べた KOH による異方性エッチングで加工して薄くし，その上に温度係数の大きい白金でヒーター抵抗と二つの温度センサ抵抗を成膜する。

ヒーター抵抗に電流を供給して加熱し，その空気への熱伝達量が空気流速に依存することを利用して空気流量を測定する。空気の流れが無いときの薄板上の温度分布は，図の破線で示すようにヒーター抵抗を中心に対象である。空気の流れ（順流）があるときは実線のように下流側の温度が ΔT 高くなる。ヒーター抵抗の両隣に形成した二つの温度センサ抵抗からこの温度差 ΔT を検知して流量を求める。このセンサは高速起動，脈動流の計測を特徴とする。

(4)　バルクマイクロマシニングプロセスを用いた加速度センサ

自動車における加速度センサの応用分野は，アクティブサスペンションや自動ブレーキ制御などの車両制御システムに用いられる加速度センサ[23]と衝突時に人命を保護するエアバッグシステムに用いられるクラッシュセンサである[24]。前者は微弱，低周波の加速度を，後者は大きい，高周波の加速度を検出する。後者は法規制により全車に複数個設置されている。

バルクマイクロマシニングプロセスを用いたクラッシュセンサは，重りとばねからなるサイズモ系を構成し，高速で加速度に比例した出力を得るために，固有振動数を高く設計する。

センサの測定方式には，加速度検出から，静電容量式，ピエゾ抵抗式，圧電式があるが，ここでは，図11 に示す静電容量式クラッシュセンサ[24]について説明する。加速度の検出部は，中央部の可動電極の機能も兼ねた重りとそれを支える2本の梁，長方形の外枠が単結晶シリコンのウエファ上に一体で形成されており，この微細構造体はアルカリエッチング技術を用いて加工される。図に示す片持梁と重りの機能を有する可動電極は，微小空隙を保持して固定電極を形成した

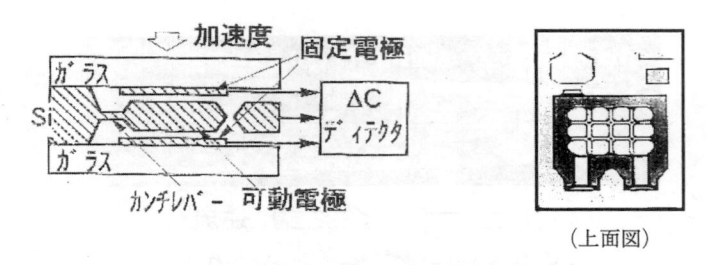

図11 バルクマイクロマシニングで製作した静電容量式クラッシュセンサ[24]

上下2枚のガラスによってサンドイッチ状にはさまれ，周辺部で陽極静電接合法[15]を用いて接着剤無しに接合される。このため電極間の微小空隙を精度よく保持することが可能である。固定電極膜は，接合前にそれぞれのガラス上にシリコン上の可動電極に対面するようにスパッタリングで成形される。

衝突により重りmに加速度Gが加わると，梁には慣性力によりたわみXが生じる。梁のばね定数をkとすると，慣性力とばねの反力が平衡しmG＝kXが成立する。このたわみにより生じた重りと上下固定電極との間の静電容量の変化ΔCを専用ICで信号処理し加速度に比例した電圧として出力する。

可動電極上には，可動・固定電極間のダンピングを所期の値とするため右の図のように重りに空気の流通溝を形成して重りの動きを速くする。この構造により1kHzの高速応答を実現している。

(5) 表面マイクロマシニングプロセスを用いた加速度センサ

図12に表面マイクロマシニング技術を用いた静電容量形クラッシュセンサの機能ブロックおよび図13にセンサ部の動作を示す（製品技術資料[25]）。

本センサはセンサ全体を1チップで実現しており，信号調整回路を内蔵する。この差動静電容量型のセンサは図13に示す独立した固定極板と相対的な動作の変動に合わせて動くフローティング状態の可動極板（ビーム）で構成され，42個の単位セルと共通のビームから成り立つ。静止時の検出部のセンタ極板（可動極板の機能を有し，ビームと一体化しており，ビームの両側には桁（バネ）が付いている）と，固定外部極板（センタ極板に対し共通となっている）は動かず相対している。単位セルでは極板間のそれぞれの静電容量Cs1，Cs2は同じとなるので，この点がゼロ出力点となる。加速度を加えた時には，ビームが加速度による慣性力を受けるので，左図のようにセンタ極板は固定極板の一方に近づき，他方から離れるように動作する。すなわち検出部が移動し，二個のコンデンサ容量値Cs1，Cs2に差が生じて，センタ極板電位信号を出力する。加速度が増加すると，この出力の振幅も比例して増加する。

この表面マイクマシン型センサは，半導体プロセスを利用してセンサ部と増幅回路などの信号

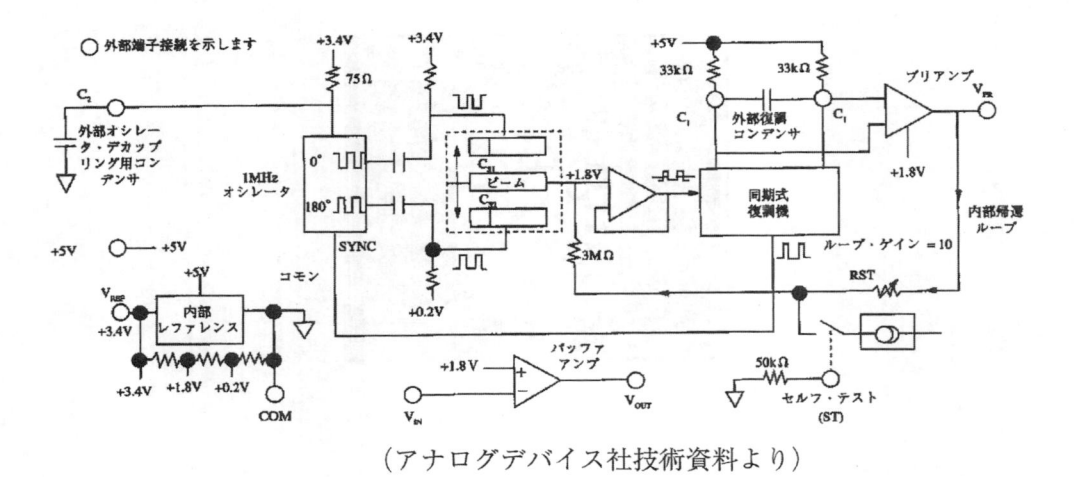

図12 表面マイクロマシニング技術を用いた静電容量形クラッシュセンサの機能ブロック
（アナログデバイス社技術資料より）

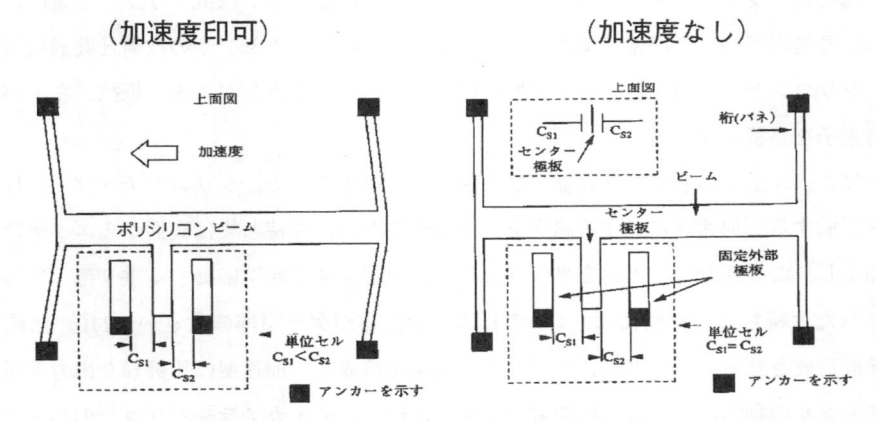

図13 表面マイクロマシニングプロセスを用いた加速度センサ部の動作

処理回路部の集積化が可能で大量生産が容易となりコストダウンが可能である。

(6) **表面マイクロマシニングプロセスを用いた熱式加速度センサ**[26]

図14にMEMSIC社が開発した熱式加速度センサを示す。加速度が加わった時，チップ表面に生じる空気流動を予め加熱した抵抗ブリッジにより差動的に検知する。チップ中央部にその下部を犠牲層エッチングで除去した細長くて薄いブリッジ形状の抵抗が形成されている。ブリッジ抵抗の熱容量は極めて小さいので，加速度印加時にその表面に生じるわずかな空気流動を抵抗変化として捕らえ4個の抵抗変化のアンバランスからXY2軸の加速度を検知する。可動部品がないので5万Gと耐衝撃性に優れる。表面センサデバイスとCMOSプロセスで信号処理回路が1チップにレイアウトされている。

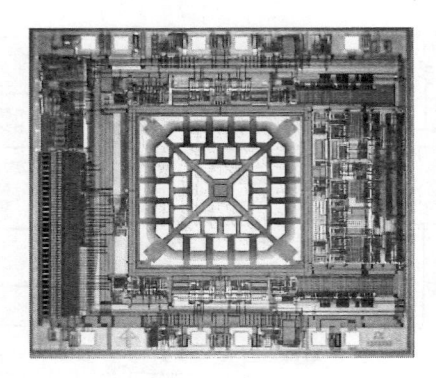

図14

(7) バルクマイクロマシニング型ピエゾ抵抗式加速度センサ

ピエゾ抵抗式クラッシュセンサは片持梁に加わる加速度をピエゾ抵抗ブリッジで電圧に変換し集積化し信号処理回路部で増幅・調整して出力電圧を得る。圧力センサの技術と共通技術が用いられる。シリコンチップの上面にピエゾ抵抗体やバイポーラトランジスタ，抵抗，キャパシタなどの回路素子を集積形成する。

加速度によって生じる慣性力を変位（ひずみ）に変換するため，シリコンチップ上に片持ち梁と重りを形成する。加速度に対する感度を向上させるため，片持ち梁は裏面からエッチングにより薄く加工し，この部分にひずみを集中させる。自由端は加速度に応動する重り部となる。エッチングされた片持ち梁の上面には，4つのピエゾ抵抗体がゲージ率の大きい〈110〉結晶方向に沿って拡散形成される。この抵抗体でブリッジ回路を構成し，加速度に比例した出力電圧を得る。

加速度センサの動向としては，携帯電話やゲーム機，ビデオカメラやパソコンのハードディスク保護用として2軸，3軸加速度センサの用途が大きく伸びている[27]。またジャイロを併せて5軸，6軸のセンサがパーソナルナビ用として携帯電話に搭載されている。

(8) SOIウエファを用いたバルクマイクロマシニング型角速度センサ

自動車のVDC（ダイナミック車体制御システム）において，角速度センサは車体のZ軸周りの回転（ヨー），すなわちスピンなどの状態を検出するのに用いられる。さらにミリ波レーダーの姿勢検知用としても角速度センサが用いられる。

角速度センサは，光ファイバー方式，ガスレート方式等が開発されてきたが，現在の車載用としては，精度が良く，小型，価格的にも有利な振動ジャイロが広く用いられている。

振動ジャイロは，回転角速度が加わるとその運動方向に対して垂直方向に生じるコリオリ力を変位や歪みの形で検知する。

構造的には，音叉型，角柱型，カップ型，リング型などが挙げられる。振動を発生させる手段

第5章 センサ

として,圧電効果によるもの,静電吸引力によるもの,ローレンツ力によるものに分類され,またコリオリ力を検出する手段としては,圧電効果,静電容量変化,誘導電流などがある。特に,圧電効果で三角柱を振動させるジャイロスター(製品名)が幅広く使用された[28]。現在では水晶の圧電効果を利用した音叉型振動ジャイロ[29]が最も多く使用されているでが,シリコン製も製品化されつつある。

図15は,SOIウエファ上に1.1.2(c)で紹介したコム(櫛歯)を形成したボッシュ社のバルクマイクロマシニング型振動ジャイロである[30]。信号処理回路LSIと2チップ構成である。

図16は1軸加速度と角速度を検出するコンバインセンサのブロック図を示す[31,36]。センサチップにはSOIウエファに形成したコム(櫛歯)振動素子はヨーレートと1軸加速度を検知できる。車両運動制御(VDC)用としてトヨタ製の高級車に搭載されている。

2011年以降の北米の乗用車にはVDCシステム(Vehicle Dynamic Control System)の標準装備が義務づけられたので低加速度センサが今後大きく伸びる。このように一般用途の加速度セン

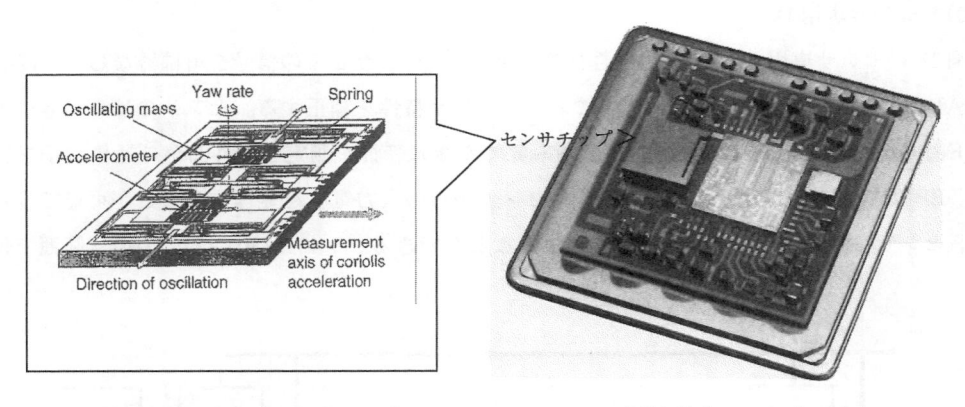

図15 SOIウエファを用いたバルクマイクロマシニング型角速度センサ(Bosch)

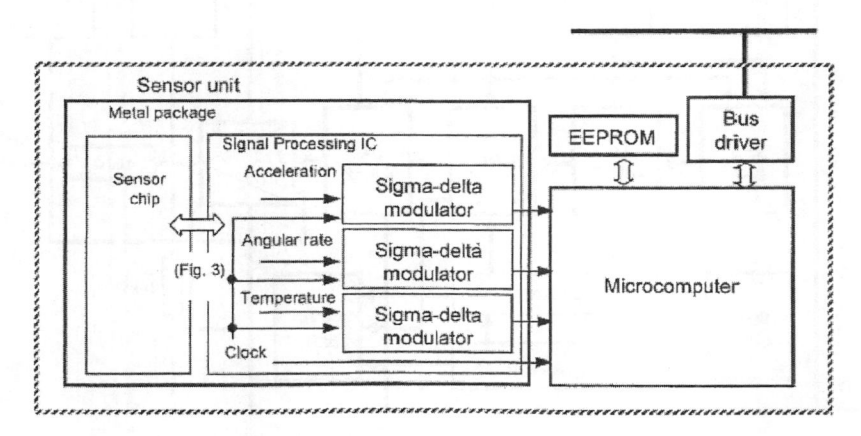

図16 SOIウエファを使用したコンバインセンサのブロック図(トヨタ)

サの多軸化と，加速度センサとジャイロとの複合化が進む一方，CAN, LIN 通信の利用によるセンサの共用化も進むと思われる[32]。

(9) デジタル信号処理機能を持つホール IC

車両の速度センサやクランク角度センサは，ロータに設けた歯と磁石間の磁気抵抗変化をホール IC でパルス電圧に変換し出力する。Si のホール効果は感度が小さいが，1 チップ化した信号処理回路で増幅する。波形処理回路を有しているため，出力は Hi-Lo の電圧信号を出力する。図 17 にデジタル信号処理機能を持つホール IC のブロック図を示す[33]。

この情報は車輪のスリップ状態を推定するための情報として ABS（Anti lock Brake System），VDC（Vehicle Dynamic Control System）など車体運動制御システムに利用される。

角度センサは，アクセルペダルの踏み込み角度を測定するセンサ APS（Accel Pedal Sensor）や，シリンダーへの吸入空気量を制御するバルブ開度を測定する TPS（Throttle Position Sensor）として使用する。

(10) センサ専用 DSP

図 18 にセンサ専用 DSP とその特性仕様を示す[34]。センサからの信号を増幅器なしで直接 $\sum\Delta$ 型 AD 変換器でディジタル化し DSP によってセンサ特性を補正する。センサのばらつきは内臓の EPROM の中に記録する。センサを組み立てた後に特性を測定し，外部から通信端子を介して，EPROM に記録する。10〜600 mV のセンサからの入力電圧を処理することが可能で種々の車載センサの特性補正や信号処理に適用することができる。−40〜130℃ と広い温度範囲で使用

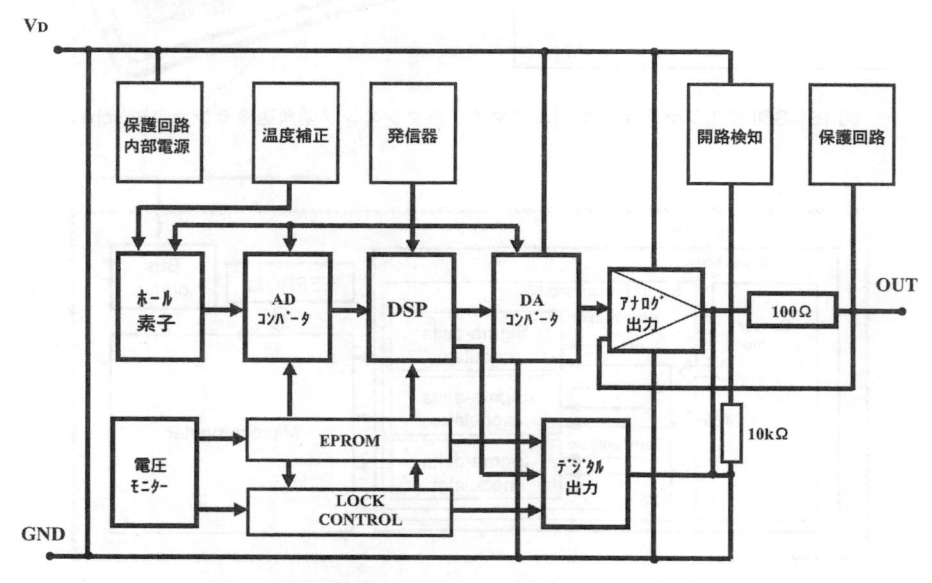

図 17 デジタル信号処理機能を持つホール IC のブロック図（micronas）

第5章　センサ

Parameter	Value	unit
Functional Power Supply	4 to 6	V
Maximum Power Supply	<17	V
Functional Temperature	-40 to 125	°C
0 to 90% Response Time	2	ms
Response Frequency	200	Hz
AD Input Range	±10	μV
AD Resolution	<1	μV
AD Temperature drift	<20	μV

AP-ASIC2000（'00, 28-30, Aug.に日立から発表）[34]

図18　センサ専用DSP（日立）

でき，サージやEMC対策を内蔵し，厳しい耐環境試験をクリアし自動車仕様の信頼性を満足する。通信インターフェースを搭載すればECU（Engine Control Unit）とのディジタル通信を行うこともできる。

1.4　MEMS技術とそれを用いた自動車用センサの動向[35～38]

自動車用半導体の応用としてMEMS技術とそれを応用している車載用センサについて述べた。今後の技術動向と自動車への応用展開を展望すると以下のようになる。

(1)　プロセス，材料面：マイクロマシニングとナノマシニング技術の応用

現在では多結晶シリコンの弾性特性も解明されて加速度センサ，振動ジャイロなど製品信頼性が向上し将来ASV（Advanced Safety Vehicle）にはさらに多くの半導体センサが使用される。また，空気の慣性に着目し，加速度をチップ上の熱の流れとして捉える新しい熱式のセンサや球面半導体のような新しい技術の製品化も期待される。

さらに，加工技術は微細化されマイクロからナノの世界へ，プロセスと材料技術の進展が進み，さらなるセンサの高機能，高性能化に寄与することが期待される。

(2)　回路，LSI：センサ用DSPの展開

デジタル情報処理化の波はスタンドアローンのセンサにまで押し寄せており，表面マイクロマシニングプロセスなどLSIと整合性のある1チップセンサのような低コストで高信頼性を持つセンサ，高精度，自己診断機能，自己監視機能や自己修復機能などさらなる高機能のセンサの実現が期待される。

(3)　自動車応用：センシングと通信の融合

(a) 複数センサの情報処理を行うサブコントローラが，各センサと双方通信しながら分散制御するエアバッグシステムが提案されている。これによりセンサの統合化，複合化，モジュール化

が進む.

(b) X-by-Wire など通信によって制御とセンシングの融合が進む.これによりセンサの共用化やセンサフュージョンが進展し,双方向通信機能による自己診断,監視や自己修復機能を持つセンサの実現が期待される.また,タイヤ圧モニターのようにセンサが無線通信機能を持ちセンシングと通信の融合が進む.

(c) 今後伸びる環境と安全面に関する分野で,ハイブリッド車の電池モニター,レゾルバなど,ディーゼル車用の過酷な使用条件で稼動するロバスト性を持つセンサ,そして多軸加速度・角速度センサなど車体制御用センサや運転者の視覚をアシストする CCD カメラやレーダーセンサなどさらなる展開が期待されている.

文　献

1) MEMS entry Japan 2006.07 号,The Exclusive Yole Bulletin on MEMS, MEMS Technology Forum レポート創刊前特別版,日経マイクロデバイス
2) 日経 Automotive Technology (2006/3/6/9/12)
3) Kurtz E. Petersen, TRANSDUCERS'05, (講演番号：1 P 1.1)「A NEW AGE FOR MEMS」, MEMS は『Moore の法則』を 15 年遅れで追っている」(2005/06/07)
4) http://www.micronas.com/products/documentation/sensors/hal805/index.php
5) 嶋田,トリケップス,車載を目指す MEMS センサ (2006.12)
6) 嶋田,石川,エンジンテクノロジー,(43) (April, 2006)
7) E. Bassous, Fabrication of three-dimensional microstructure by the etching of (100) and (110) silicon, IEEE Trans. Electron Devices, ED-25,(10), pp 1178-1185 (1978)
8) Rozer How, USP 123547 他,日経特別連載「MEMS の本質を理解する」
9) 展望「MEMS の信頼性」,日本信頼性学会誌,Vol 27, No 2 (2005.4)
10) Theresa et al, Fabrication Technology for an integrated surface-micromachined sensor, Solid State Technology (1993, 1992/10), アナログデバイス社加速度センサカタログ
11) Bosch,単結晶埋め込み MEMS,講演論文,Vol 27, No 2 (2005.4)
12) 日立,配線 MEMS,講演論文,Vol 27, No 2 (2005.4)；日経 MEMS インターナショナル (2007.5)
13) 笹山,自動車工学全書,自動車エレクトロニクス,35-40,山海堂出版 (1997)
14) 山田.嶋田ほか,集積化圧力センサ,電子通信学会論文誌,ED 83-131, pp 7-14 (1884)
15) G. Wallis, Daniel I. Pomerantz, Field Assist Glass-Metal Sealing, J. A. P., 40 (10), pp 3946-49, (1969/9)
16) J. P. Schuster et al, Automotive Pressure Sensors Evolution of a Micro-machined Sensor

Application, SAEPaper 973238（1997）
17) 田淵，嶋田ほか，電気学会技術報告，No 716 号「自動車用センサの関連技術」（1999.10）
18) マークラインレポート「タイヤメーカーの動きとタイヤ圧センサ」（2003.3.3）
19) 石川，五十嵐，山田，嶋田，高精度エンジン空気量流量計測技術，電気学会論文誌 E，126 (8)，pp 381-386（2006）
20) 久保，石川，嶋田，ガソリンエンジン用センサ，エンジンテクノロジー，04（04），pp 84-89（July, 2002）
21) 嶋田，石川，田淵，エンジン制御用センサ技術，日本マリンエンジニアリング学会月例講演会，メカトロニクス技術（2），pp 1-8（2004.11）
22) U. Komzelmann, H. Hecht, M. Lembke, "Breakthrough in Reverse Flow Detection A New Mass Flow Meter Using Micro Silicon Technology", SAE Paper 950433（1995）
23) S. Suzuki et al, Semiconductor Capacitance-type Accelerometer with PWM Electrostatic servo technique, SAE'91 No 910274（1991.10）
24) S. Suzuki et al, Semiconductor Capacitance-type crash sensor for air bag system, Proc., of Micro System Technologies, '92（1992.10）
25) アナログデバイス社技術資料
26) http://techon.nikkeibp.co.jp/article/NEWS/20060926/121518/，MEMSIC 社技術資料
27) 日立金属 3 軸加速度センサ，http://techon.nikkeibp.co.jp/article/NEWS/20050404/103366/
28) ムラタ製作所振動ジャイロ技術資料
29) 松下電産水晶振動ジャイロ製品カタログ，技術資料
30) http://www.bosch.co.jp/automotive/jp/products/catalog/pdf/22_23.pdf
31) トヨタ，http://www.tij.co.jp/jmc/docs/auto.htm
32) ルネサスホームページ，http://www.tij.co.jp/jmc/docs/auto.htm
33) micronas 社カタログ
34) F. Murabayashi, M, Matsumoto, et al, Programmable Sensor Signal Conditioning LSI, ASASIC 2000,（2000）
35) 2006 自動車半導体・センサ技術大全，電子ジャーナル別冊（2006.5）
36) 電気学会 E 準部門誌，次世代自動車センシングシステム特集，Vol 126, No 8（2006.8）
37) MEMS テクノジ 2006，日経特集号（2006.3）
38) 経済産業省，技術戦略マップ 2007，MEMS 分野，pp 764-778（2007.4）

2 自動車用温度センサ

大井幸二*

2.1 概要

　三菱マテリアル㈱は，非鉄金属材料の総合素材メーカーとして，自動車用各種構造部材（エンジン周辺，駆動系）や，それらの加工に用いる超硬工具を主に製造，販売しているが，温度センサや圧力センサ等，各種センサの開発，製造にも力を入れている。

　車載用温度センサの用途としては，カーエアコン用，パワートレイン系制御用，各種のECU（Electrical Control Unit）機能付きのインバータ回路用などがあり，これら用途に対し，各種サーミスタ温度センサを提供している。

　カーエアコン用としては，エバポレータ（熱交換器）用センサ，外気温（アンビエント）センサ，水温センサ，車内温（インカー）センサ等があり，車内空調環境の快適化に貢献している。

　パワートレイン系制御用としては，スロットルボディ周辺に取り付けて使用される吸気温センサや，循環ガスの温度を検知する為のEGR温センサ，燃焼状態を確認するための排気温センサ等がある。また，エンジンの冷却水温を検知し，最適燃焼制御を行う為の水温センサが使われている。センサ自体はほぼ同じ構造であるが，オートマチック車に対しては，ATF温度検知の目的で油温センサが搭載されている。

　なお，最近は，排気ガスによる大気汚染対策や，化石燃料の大量消費を抑えようという流れの中で，ハイブリッド車（HV）や電気自動車（EV）の開発が盛んに行われているが，これらに搭載されるモータやジェネレータに対しても，温度の検知が必須となっている。これは，過負荷によるコイルの発熱を監視する為に用いられるセンサである。

　近年の自動車は，主な機能についてはほとんど電子制御化されており，各種ECU回路がその役割を担っている。パワー系の制御回路＝IPM（Intelligent Power Module）の場合，FETが搭載されており，その発熱監視の為に，温度センサが用いられている。

　これら温度センサとしては，主にNTCサーミスタ（温度上昇に伴い，電気抵抗が減少する素子）が用いられる。NTCサーミスタは，温度変化に対する信号（電気抵抗）変化の割合が大きく，分解能が高いことや，熱電対の様にゼロ接点が不要であるなどの点で，非常に使い易い特徴を有している。

2.2 カーエアコン用温度センサ

　カーエアコン用温度センサとしては，「エバポレータ（熱交換器）用センサ」，「外気温（アン

---

* Koji Oi　三菱マテリアル㈱　セラミックス工場　電子デバイス開発センター　主任研究員

第5章　センサ

ビエント）センサ」,「水温センサ」,「内気温（インカー）センサ」等があり，それぞれの目的，取り付け場所に応じた特性，形状をしている。

2.2.1　エバポレータ（熱交換器）用センサ

　冷風は，専用のコンプレッサと，エバポレータ（熱交換器）によって生成される。エバポレータは，冷媒管と多数のアルミ製フィンから構成されており，低温に温度を保ち，このフィンの隙間にエアーを通す事によって冷風を得ている。氷点（0℃）以下になると，結露水が凍る為，フィンが目詰まりを起こし，冷風が通過出来なくなる。また，温度が高くなり過ぎると冷房効果が著しく低下する。この為，常時0〜3℃程度に保つ必要がある。狭い温度域で使用されるため，センサ特性としては，温度係数自体の精度はラフで問題ないが，規定された温度（＝0℃）での抵抗値精度には厳しい要求があり，温度精度に換算して，±0.20〜0.25℃程度のものが主流となっている。

　また，従来は，コンプレッサの動作が電磁クラッチによるON/OFF制御であったが，近年ではインバータ方式の採用によって細かい運転制御が可能となり，センサにもより速いレスポンスが求められるようになってきた。同時に，エバポレータそのものの性能が向上し，よりコンパクトで従来同等の出力が実現される様になってきていることから，センサに対しても，より小型化のニーズが強い。

　取り付け方法としては，エバポレータフィンにセンサを突き刺して取り付け，直接温度を検知する「フィンタイプ」の他，エバポレータのエア出口近傍に取り付けて，間接的に空気温を検知する「エア感熱タイプ」がある（写真1）。

　「フィンタイプ」の場合，取り付け部（フィン）と同じセンサケース材質（＝アルミ）とし，接触電位による腐食に留意した設計としている。また，結露，凍結の可能性がある為，耐水性も

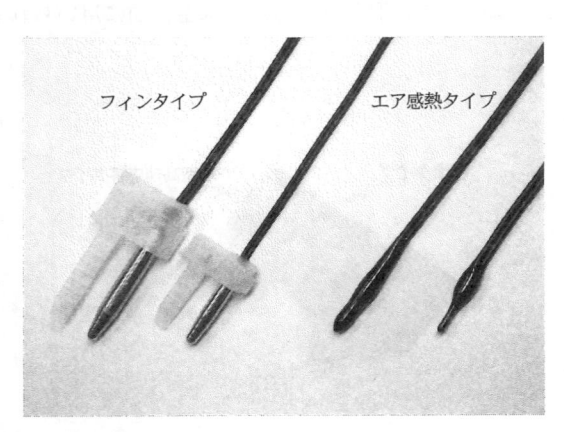

写真1　カーエアコン　エバポレータ（熱交換器）用センサ
（左側：標準タイプ　右側：高速応答タイプ）

239

センサの基本性能として重要な項目である。

一方,「エア感熱タイプ」の場合, 温度検知が空気を介して間接的になされる関係上, 高速応答センサのニーズが強く, 検温部の熱容量を極力小さくすることが必須となる。検温部は通常樹脂コートにより防湿対策が施されているが, この保護樹脂の吸湿による絶縁劣化と, 小型化による樹脂薄肉化という, 相反する要求を両立させた樹脂の適用が, センサ設計上のポイントとなっている。

2.2.2 外気温（アンビエント）センサ

オートエアコンの場合, 吸入外気の温度検知用として外気温（アンビエント）センサが搭載される。このセンサは, エンジンルームからの輻射熱や, 前方走行車両からの排気温などに影響を受けないように, ある程度の熱容量を持たせたやや大型のセンサとなっている。取り付けの簡便さを考慮し, ほとんどコネクタ一体型構造となっており（写真2), 車体前面の, ナンバープレート近傍もしくは, バンパー付近に取り付けられる。

センサ特性としては, 熱時定数及び熱放散定数に留意する必要がある。熱時定数は, センサの応答性を表す値で, 温度幅の63.2%変化に要する時間で規定される。外気温センサの場合, 熱時定数60～80秒（水中条件）が主流となっているが, カーエアコン本体の制御システムによっても違いがある。また, 印加電圧が高い場合, ジュール熱によるセンサ自体の発熱により, 温度検知誤差が生じる場合がある。センサの熱放散定数（＝センサの温度を1℃上げるのに要する電力）の設計にも注意が必要である。

取り付けスペースの制約や, 制御タイミングの高速化に伴い, このセンサについても小型, 高速応答化の動きが出てきており, 当社でも各種要求仕様に基づいた製品設計を進めている。

2.2.3 水温センサ

温風を生成するヒーター側のコアに取り付けられ, 水温検知に用いられる。フィンセンサ同様,

写真2　カーエアコン　外気温（アンビエント）センサ

第5章　センサ

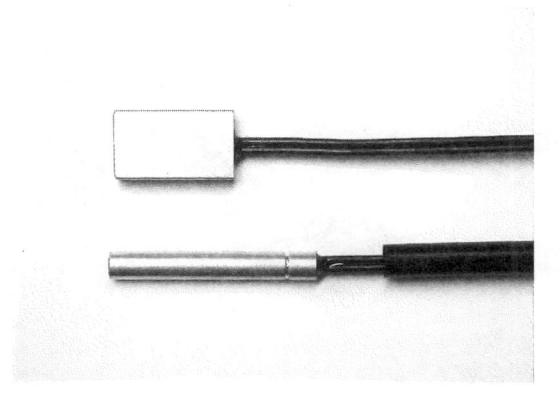

写真3　カーエアコン　水温センサ

取り付け部の材質と同じアルミケースタイプが主流である（写真3）。

2.2.4　車内温（インカー）センサ

車内温の検知用として使われるセンサで、この情報を元に、設定した車内温になるようにエアコン制御回路に情報がフィードバックされる。使用環境は比較的やさしいことから、樹脂コートタイプの簡単な構造のものが多い。

2.3　パワートレイン系制御用温度センサ

2.3.1　水温センサ，油温センサ

エンジンの冷却水温検知用に水温センサが用いられている。電子制御タイプのエンジンでは、この温度信号を元に、燃料噴射や点火時期タイミング、アイドル回転数の制御などが行われる。また、冷却ファンモーターの制御用にも用いられる。

従来は、インパネメーターの駆動回路内に直接組み込まれ、大きな電流を流した状態で使用されるものが多く（オーバーヒート監視用）、温度検知精度は比較的ラフであったが、センサの発熱を伴うので、熱放散定数の設計が大きな要素であった。しかし、近年はより細かい電子制御を行うための信号として用いられることから、温度情報を電圧信号として取り出す方式が主流になり、熱放散定数は重要視されなくなっている。一方、応答性や温度検知精度に対するニーズが高まってきている。

油温センサは、主にATFの温度検知用である。温度によってATFの粘性が変わるが、これが変速ショックに影響し、最終的に燃費にも関わってくる為、変速タイミング制御用信号として利用されている。

これらセンサは、構造体に直接取り付け出来るように、ネジ部を持った金属ケースに挿入されたものが一般的である。また、コネクター一体構造とし、搭載車種によって異なるハーネス長の仕

写真4 エンジン冷却水温，ATF油温センサ

様にフレキシブルに対応できるように設計されている（写真4）。

2.3.2 吸気温センサ

エンジン制御用（吸気系）のセンサとしては，吸気量を計測する為にエアフローメーターが取り付けられている。このセンサには，直接吸気量を測定する「熱式」「カルマン渦式」「ベーン式」と，気圧を計測し，吸気量に換算する「圧力式」等がある。

これらのエアフローメーターの信号は，測定している空気密度を考慮し，補正を行う必要がある。空気密度は温度によって変動する為，吸気温を測定，補正制御を行う目的で吸気温センサが用いられる。

吸気温センサの取り付け位置は，エアクリーナーからスロットルボディに至る途中であるが，取り付け時の簡便さに配慮し，エアフローメーターにあらかじめ内蔵した状態で使われるものが増加している。測定対象が吸気である為，使用環境はマイルドと考えられがちであるが，沿岸部での使用による塩害や，排ガス中に含まれる硫化物（EGR機構付きのエンジンの場合）による腐食を考慮し，センサの構成部材（保護ガラス，リード線）を腐食に強い材質としたものや，更にセンサ部分に保護用の樹脂をコーティングしたタイプなどが製品化されている。

このセンサには，高速応答が望まれる為，当社では熱容量が小さい，小型ガラス封止タイプのセンサを提供している（写真5）。

2.3.3 HV，EV用温度センサ

次世代の，環境への影響に配慮した自動車として，各社にてハイブリッド車や燃料電池車の開発が鋭意行われている。

これら車載用モータ，ジェネレータには，コンパクト性と高出力という，相反する要求が課せられることから，発熱量が大きく，かなりの温度上昇を伴う。コイルには耐熱樹脂で絶縁被覆されたCu線が使われるが，この樹脂の耐熱限界を超えて発熱した場合，巻き線間の短絡，焼損に

第5章　センサ

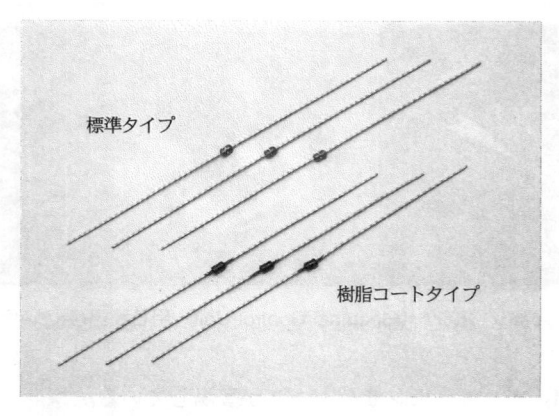

写真5　エンジン吸気温センサ

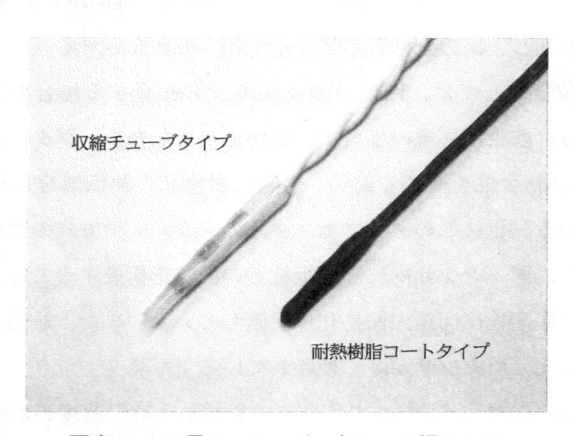

写真6　HV用モータ，ジェネレータ温センサ

至る危険性がある。温度を監視しながら出力制御を行うことが必要であり，この為に温度センサが搭載されている。

　温度上限としては200〜250℃程度であり，主にガラス封止タイプの耐熱性を有するサーミスタ素子を適用し，耐熱性樹脂（エポキシ，テフロン等）で絶縁処理した構造のものが考案されている（写真6）。

　HV，EV用としては，既述のモータ，ジェネレータ用の他，その制御の為のインバータ回路，発電した電気を蓄えるバッテリー本体の温度検知用等，発熱を生じる部位に，制御用，リミッタ用など各種目的で多数の温度センサのニーズが生まれている。

2.4　ECU用温度センサ

　自動車の各種機能が電子制御化されつつあるが，その制御用ECU（Electrical Control Unit）用の温度センサの用途がある。特に，パワーステアリング，パワーウインドウ制御用など，パワ

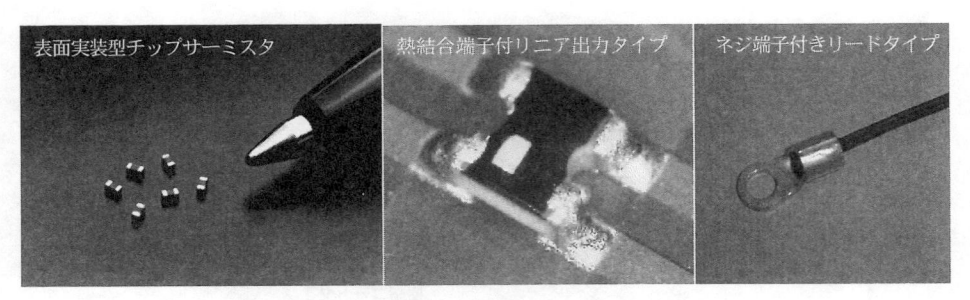

写真7　ECU（Electrical Control Unit）用各種温度センサ

一系の制御回路（IPM）で，温度センサのニーズが登場している。

これらECUでは，搭載されているFET（Field Effect Transistor）の発熱が問題となる場合が多く，その温度を検知し，出力を抑えるといった使い方がなされる。

センサの取り付け位置としては，FET近傍の基板上に搭載する場合と，放熱板（フィン）に取り付ける場合がある。基板上搭載の場合は，表面実装可能なチップタイプが用いられる。この用途では，FETとの熱結合性を高める為に，電極とは別に，熱伝導を担うダミー電極を形成したものが考案されている。更にこのタイプは，従来のサーミスタ方式の欠点であった非直線出力信号を解消したもので，同一センサ内に固定抵抗との回路を構成することにより，電圧出力をリニアライズしており，温度検出回路の簡易化に貢献している。また，放熱板に取り付けの場合は，ネジ止め可能な端子を使ったセンサが多く使われている（写真7）。

いずれも，通常用途（105℃ max.）よりも1ランク高い150℃程度の耐熱性が求められ，それに対応した製品設計が成されている。

3 自動車用サーミスタ

野尻俊幸*

3.1 サーミスタについて

サーミスタは，現在もっとも広く利用されている温度センサである。サーミスタには，もっとも一般的なセラミック焼結型の負温度係数（NTC）サーミスタ，チタン酸バリウム系，酸化亜鉛系に代表される正温度係数（PTC）サーミスタ，ある温度で急激に抵抗値が変わる急変（CTR）サーミスタなどがある。

いずれのサーミスタも電気抵抗が温度によって変化する性質をもっている。自動車用途にはいろいろな所の温度を計測する温度センサとして NTC サーミスタが利用されている。また，パワーウインドーやワイパーなどを駆動するための小型モータの過電流の保護素子として PTC サーミスタが利用されている。急変サーミスタ（CTR）に関しては，現在，自動車用としてはほとんど利用されていないが，実用化のための研究開発がおこなわれている。

3.1.1 NTC サーミスタ

NTC サーミスタは Mn，Co，Ni，Fe などの遷移金属を混ぜ合わせ 1000℃ 以上の高温で焼結して作られる。

200℃ 以上の高温計測にも使用されるものはガラスで封入したタイプのもの，150℃ までの計測用は樹脂で封入したタイプのものが使用され，測定対象によってさまざまな形状に加工されている。

NTC サーミスタの抵抗 R と温度（絶対温度）T の特性は以下の関係式で表される。

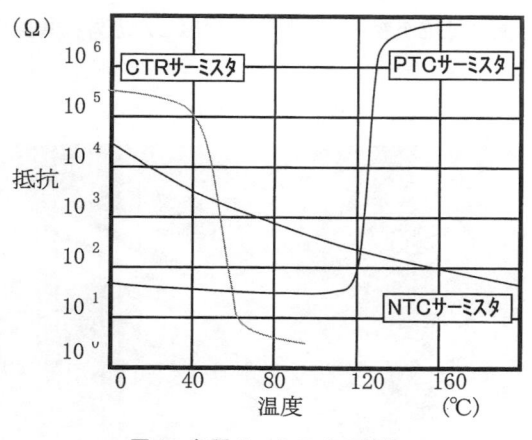

図1　各種サーミスタの特性

---

*　Toshiyuki Nojiri　石塚電子㈱　営業統轄本部　特販課　課長

$$R = R_0 \exp\{B(1/T - 1/T_0)\} \tag{1}$$

R, R_0 は周囲温度 T, T_0 における抵抗値である。B は，サーミスタ定数と呼ばれる量で，半導体材料の活性化エネルギー ΔE とボルツマン定数 k を用いて

$$B = \Delta E/2\,k \tag{2}$$

で表される。

3.1.2 PTC サーミスタ

PTC サーミスタは，温度とともに抵抗値が増大する正の温度係数を持った正特性サーミスタで使用する材料は，チタン酸バリウム系（$BaTiO_3$），酸化亜鉛系（ZnO–NiO），酸化塩（$Pb(Fe_{\frac{1}{2}}Nb_{\frac{1}{2}})O_3$）などがある。

チタン酸バリウム系半導体の比抵抗は，ある温度から急激に増加する特性を持ちその変化率はきわめて大きく，100℃ での温度係数が 30〜60%/℃ を示し 20〜30℃ の温度差でその抵抗値が 10^3〜10^4 倍にもなるものがある。

最近の自動車には，パワーウインドー等，車1台あたり 50 から 100 個小型モータが使用されている。この小型モーターの中に PTC サーミスタが組み込まれている。

3.1.3 CTR サーミスタ

CTR サーミスタは Critical Temperature Resistor の略で急変温度サーミスタのことである。ある温度から急激に抵抗値が減少する特性がある。酸化バナジウム系と硫化銀系があり，酸化バナジウム系のものは軍事用赤外線カメラに応用されている。

自動車用としては，急激に抵抗が変化する特徴を利用した赤外線暗視装置の研究がおこなわれている。

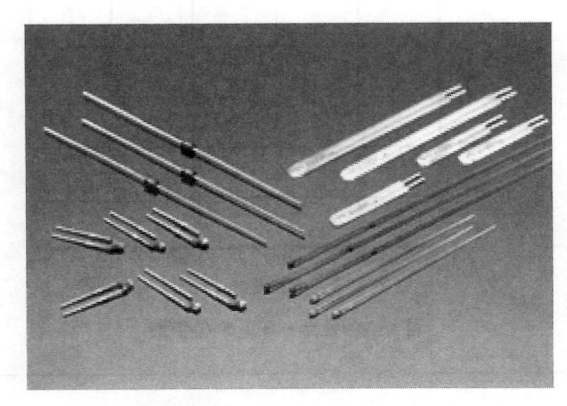

写真1 さまざま形状の NTC サーミスタの素子

第5章　センサ

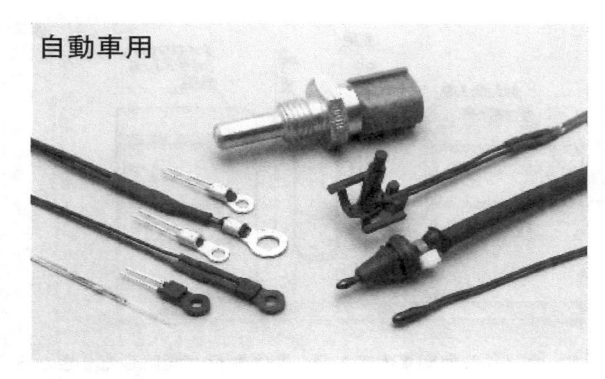

写真2　自動車用のNTCサーミスタのセンサ

　自動車用の温度センサは，測定対象や用途に合わせてサーミスタ素子を選定する（写真1）。次に用途毎に最適な形状を設計したものが，センサとして実用化されている（写真2）。

3.2　自動車とサーミスタについて
3.2.1　ガソリンエンジンの自動車に対するNTCサーミスタの応用

　従来の自動車用サーミスタは，エンジン制御，カーエアコン制御，燃料のガソリンレベルの検知等の用途で使用されていたが，近年になって，電子制御化が進行し，いろいろな用途に利用されるようになってきた（表1）。現在，自動車の制御はいくつかのサブシステムに分かれ，それぞれが制御基板をもっている。

　また，パワーアシストモータ等の技術は，ハイブリット自動車の技術をガソリン車に展開した

表1　ガソリンエンジンの自動車に対するサーミスタの適用例

制御分類	温度検知対象	温度範囲
エンジン制御	・冷却水温検知 ・吸気温検知	$-40 \sim 130$℃ $-30 \sim 80$℃
トランスミッション制御	・オートマオイル温検知	$-40 \sim 165$℃
パワーステアリング制御	・EPSモータ温度検知	$-40 \sim 150$℃
パワーアシストモータ制御	・アシストモータ温度検知	$-40 \sim 150$℃
カーエアコン制御	・外気温度検知 ・室内温度検知 ・エバポレータ温度検知 ・インバータの半導体温度検知	$-30 \sim 80$℃ $-30 \sim 80$℃ $-40 \sim 80$℃ $-40 \sim 80$℃
ナビゲーション制御	・液晶温度，バックライト温度検知 ・液晶パネルメータの液晶温度	$-40 \sim 80$℃ $-40 \sim 80$℃
シートヒータ制御	・シート温度検知	$-40 \sim 80$℃
ハンドルヒータ制御	・ステアリング温度検知	$-40 \sim 80$℃
鉛蓄電池制御	・鉛蓄電池温度検知	$-40 \sim 100$℃
ガソリンタンク燃料検知	・ガソリンレベルの検知	$-40 \sim 80$℃

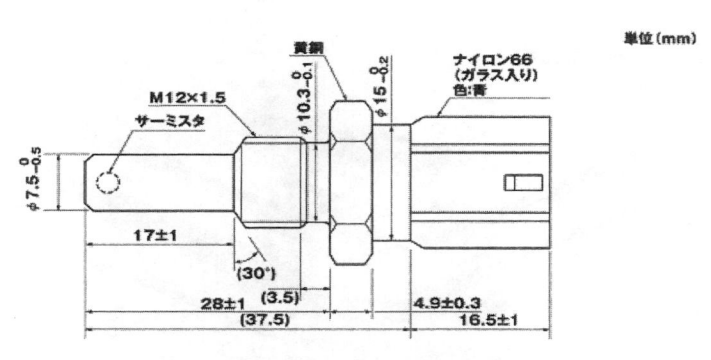

図2　ガソリン自動車のエンジン電子制御が開始したときから
　　　使われている水温センサ

ものである。さらに，環境問題の対策として，アイドリングストップできる自動車が求められるようになると，従来，おこなわれていなかった，鉛蓄電池の温度管理が必要となり，サーミスタを使用して制御するようになっている。

パワーステアリングでは，油圧ポンプからモーターへと変化しており，モータの異常過熱を検出することで，故障を回避する制御をしている。

カーエアコン制御では，外気温，室内温，エバポーレータの温度，インバータ制御基板の温度を監視して，より快適な車内環境を作り出している。また，高級車では，シートやステアリングにヒータを配置して，温度制御をすることも実用化されている。

エンジン制御では，ラジエータの水温とエンジンへの吸気温を検知，ECUで最適なコントロールがおこなわれている。

その他としては，カーナビゲーションやメーターパネル等の液晶温度及びバックライトの温度の管理がおこなわれている。特に北欧地区など寒冷地で使用する自動車では低温時の液晶画面の視認性が悪くなるため，温度補償としてサーミスタが使用されている。

このように，自動車では新たなシステムが導入されるときに何らかの形でサーミスタによる温度センシングの技術が使われるようになってきた。

3.2.2　ハイブリッド自動車及び電気自動車へのサーミスタの応用

ハイブリッド自動車は，ガソリン自動車と電気自動車の両方の要素を持ち，自動車の中で，最も多くのサーミスタが利用されている（表2）。特にハイブリッド制御には，各サブ制御ごとに必要となる。

また，電気自動車でも同じような制御が必要である。

エンジンには，従来のガソリン自動車と同様に，冷却水温と吸気温をサーミスタで温度検知してECU制御をしている。

その他はハイブリッド車の新たなシステムである（図3）。

第5章　センサ

表2　ハイブリッドの自動車に対するサーミスタの適用例

制御分類	温度検知対象	温度範囲
ハイブリッド制御	・冷却水温検知	$-40 \sim 130°C$
	・吸気温検知	$-30 \sim 80°C$
	・動力分割機構	$-40 \sim 150°C$
	・オルタネータ	$-40 \sim 250°C$
	・駆動モータ（MG）	$-40 \sim 250°C$
	・インバータ	$-30 \sim 150°C$
	・DC/DC コンバータ	$-30 \sim 100°C$
	・2次電池	$-40 \sim 85°C$
トランスミッション制御	・オートマオイル温検知	$-40 \sim 165°C$
パワーステアリング制御	・EPS モータ温度検知	$-40 \sim 150°C$
カーエアコン制御	・外気温度検知	$-30 \sim 80°C$
	・室内温度検知	$-30 \sim 80°C$
	・エバポレータ温度検知	$-40 \sim 80°C$
	・インバータ	$-40 \sim 80°C$
ナビゲーション制御	・液晶温度，バックライト温度検知	$-40 \sim 80°C$
	・液晶パネルメータの液晶温度	$-40 \sim 80°C$
シートヒータ制御	・シート温度検知	$-40 \sim 80°C$
ハンドルヒータ制御	・ステアリング温度検知	$-40 \sim 80°C$
ガソリンタンク燃料検知	・ガソリンレベルの検知	$-40 \sim 80°C$

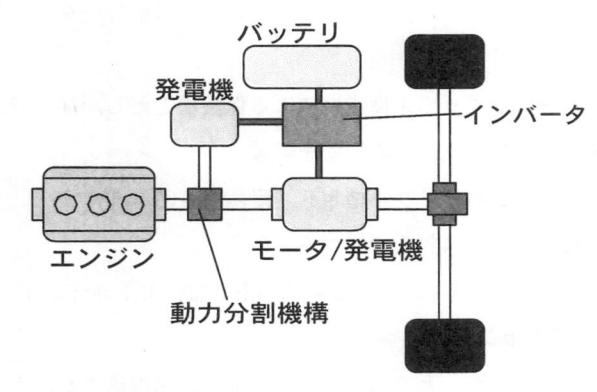

図3　ハイブリッド制御

（1）モータ用温度センサ

　ハイブリッド自動車では，2種類のモータが使用されている。ひとつが MG と呼ばれるモータ/発電機で，駆動モーターとも呼ばれている。スタート時に駆動力として働き，減速時には発電機として働きエネルギーを回収している。もうひとつは発電機で，エンジン及び MG の動力エネルギーで発電するモータである。どちらのモータも巻線温度が 200°C を超えるので，焼損を防止するためサーミスタで温度を監視，制御している。

　従来のモータ用の温度センサは，モータのボディにねじで固定して温度を検知する方法であっ

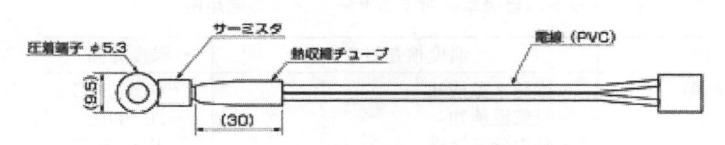

図4 モータ用センサ
モータのボディの温度を捕らえるための温度センサ

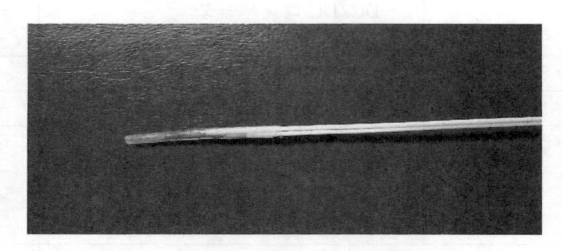

写真3 モータコイル埋め込み用の高耐熱温度センサ

た（図4）。近年は，モーターの性能を最大限に引き出すため，モーターコイルに埋め込む方式の温度センサが主流になりつつある（写真3）。

モータコイル埋め込み用のセンサは，モーターコイル部への組付けを考慮した高耐熱温度センサで，以下の特徴がある。

・感熱部を二重収縮チューブ（フッ素系樹脂）による保護構造とし，従来製品に比べ，外部圧力，水分，油分等によるサーミスタ素子への影響を軽減
・チューブ，ハーネス等は高耐熱タイプを使用し，耐熱200℃〜250℃
・サーミスタ素子は高耐熱のガラス封入タイプを使用
・感熱部はϕ3.8 mm maxの円筒状で，僅かな隙間があれば，ピンポイントでの温度測定が可能

(2) 動力分割機構用の温度センサ

ハイブリッド自動車は，エンジンと2つのモータを動力分割機構またはカップラーと呼ばれるもので動力を接続，切断を制御している。

動力分割機構には大きな動力負荷がかかるため高温になる。そのためここでも高温用の温度センサが必要になるためサーミスタが使用されている。

(3) バッテリ用温度センサ

ハイブリッド自動車には大きな容量の2次電池が必要で，ニッケル水素電池，リチウム電池等が使用されている。

2次電池は充電時及び放電時に発熱がおこる。この充放電時に温度監視をおこない制御することが，バッテリの寿命を延ばす意味で重要な要素になる。初期の頃のハイブリット自動車用のバ

第5章　センサ

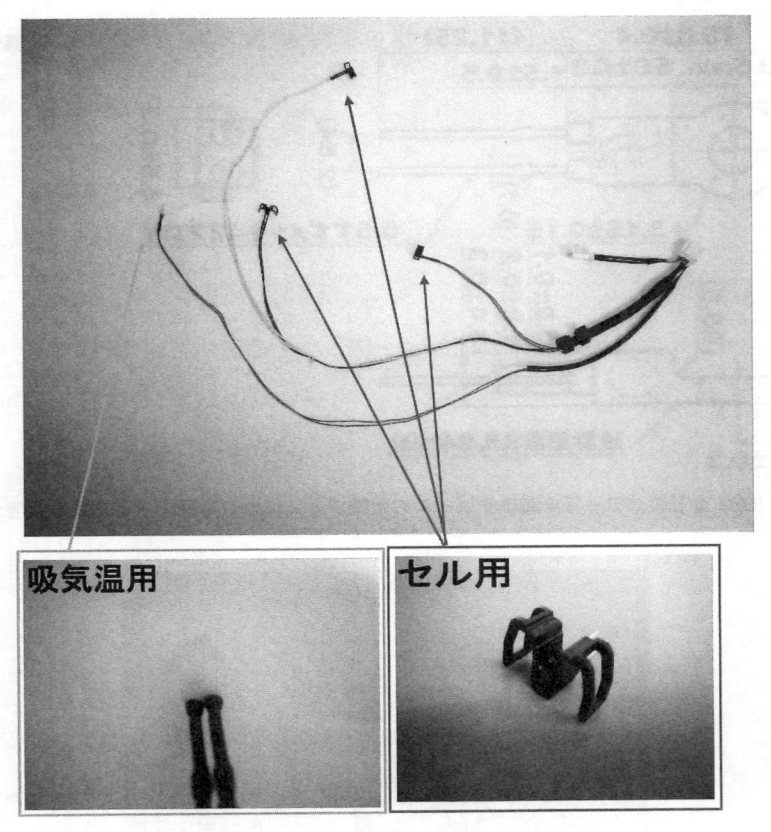

吸気温用　セル用

写真4　ハイブリッド自動車のバッテリー用サーミスタ

ッテリには，分割したセルごとにサーミスタが配置されていたので，10個以上のサーミスタが必要であった。現在は，バッテリの性能が上がり，4～5個程度のサーミスタで構成されている。

また，セル用の温度センサの他に，バッテリ冷却用ファンの制御に吸気温センサ用としてサーミスタが使用されている。これらのセンサでバッテリーの温度を監視，制御回路で充電電流，放電電流を制御している（写真4）。

(4)　インバータ用の温度センサ

ハイブリッド自動車のインバータは，2つのモータとバッテリの間で電気的なエネルギー伝達する機能を持っている。

スタート時は，バッテリから発生する直流を交流に変換して，メインモータを駆動している。逆に，走行時にモータで発電される交流を直流に変換して，バッテリに充電するように制御している。また，このインバータの中にはDC/DCコンバータが搭載されており，各サブシステムの電源供給をまかなっている。

インバータは，パワー系の半導体デバイスのIGBTやパワーMOSFETなどで大電力を制御し

251

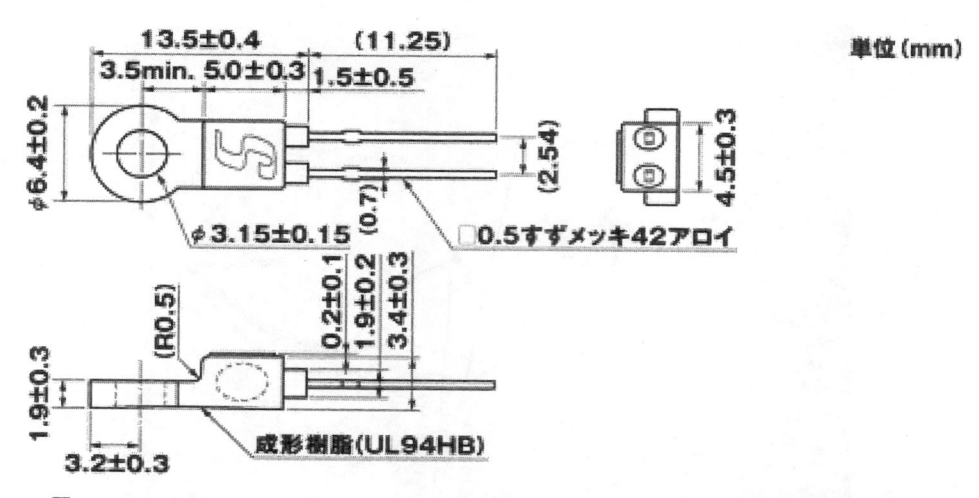

図5 IGBTなどのパワー系半導体デバイスの放熱フィンにねじで固定する方式の温度センサ

写真5 インバータ用サーミスタ温度センサ

ているが，発熱が大きいため放熱フィンの温度をサーミスタで監視，制御回路で電流，電圧値を制御している（図5）。

また，インバータの基板にもサーミスタが搭載されており，基板の周囲温度を検知しながらインバータやDC/DCコンバータを制御している（写真5）。

3.3 最近のガソリン自動車での環境にやさしい制御技術のサポート例

ハイブリッド車や電気自動車，燃料電池車などの新しい自動車と同様に，ガソリン自動車も燃費の向上，環境にやさしい自動車の開発がされている。その技術の一つとして最近アイドリングストップの制御にサーミスタ温度センサが使われているので紹介する。

鉛蓄電池の温度管理の目的は，燃費の向上とバッテリ寿命延長である。通常バッテリの充電時，

第 5 章　センサ

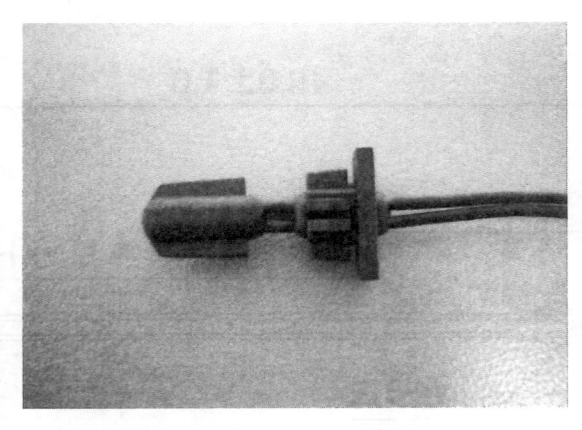

写真 6　鉛蓄電池用の温度センサ

放電時に流れる電流を検知する電流センサと組み合わせて使用されている。

　環境にやさしい自動車とするため，信号待ちなどの車両停止時にエンジンのアイドリングを止めてガソリンの消費を減らすアイドリングストップを実施している。

　アイドリングストップによって，ガソリンの使用量を減らすことはできるが，弊害として鉛蓄電池の寿命が短くなる問題がある。

　アイドリングストップによって，鉛蓄電池に対する充電と放電の回数が増加する。鉛蓄電池は，充電および放電の時に電池の内部が高温になる。電池が高温な状態が長く続くと寿命が短くなる。

　このような問題を解決する方法として，充電時および放電時の充電電流，放電電流を電流センサで電流値を監視するのと同時に鉛蓄電池の温度をサーミスタ温度センサで温度を監視し，充電および放電時の電流値と鉛蓄電池の温度から流れる電流を制御している。

　このようにサーミスタは，環境にやさしい自動車を側面からサポートすることに役立っている。

3.4　車載用サーミスタの紹介
3.4.1　ガラス封入タイプサーミスタ
(1)　GT サーミスタ

　GT-2 サーミスタは，高耐熱，高感度のガラス封止タイプのラジアルリードタイプのサーミスタである。小型で高耐熱の特性を利用して，高耐熱が要求されるモーターコイル用のサーミスタに応用されている。

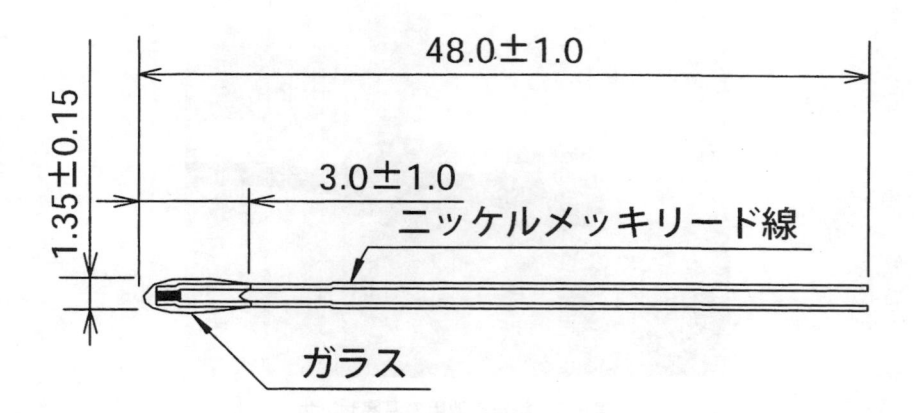

(2) CT サーミスタ

CT サーミスタはガラス封止を採用し，信頼性の優れた，高耐熱アキシャルリードタイプのサーミスタである。高耐熱の特性を利用して，高耐熱が要求されるモーターコイル用，ATF オイル温度用のサーミスタに応用されている。

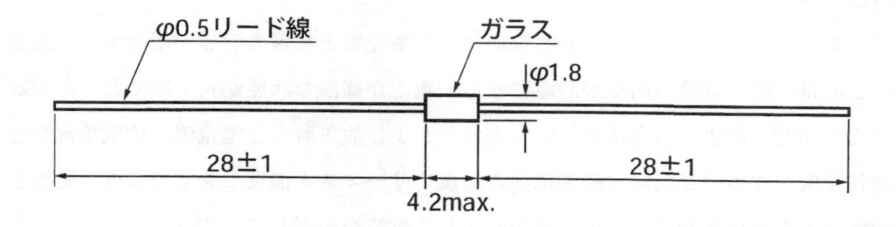

3.4.2 樹脂封入タイプサーミスタ

(1) AP サーミスタ

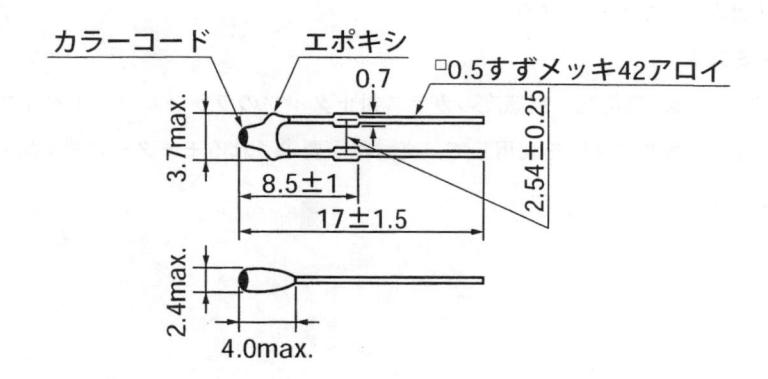

第5章　センサ

　APサーミスタは，従来の高精度サーミスタの精度をさらに向上させた事により広範囲にわたる高精度温度検出を可能にしたサーミスタである。

・超高精度：R_{25} 及び $B_{25/85}$ の許容差 ±0.5%

・広範囲狭偏差：−60〜70℃ の範囲で温度許容差 ±0.5℃

　各種のバッテリー温度検知用のセンサや，インバータ，DC/DC コンバータに使われるパワー系の IGBT 等の半導体デバイスの放熱フィンの温度検知するセンサに組み込まれている。

(2)　ET サーミスタ

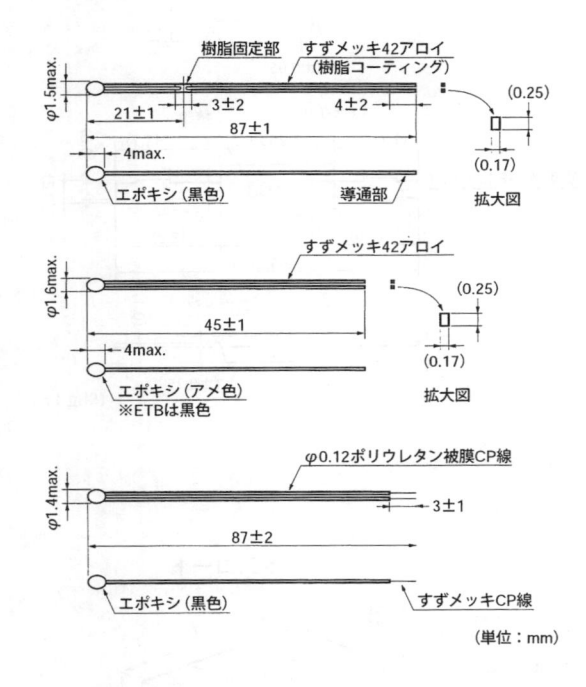

　ET サーミスタは小型で高感度なサーミスタである。

・抵抗値，B 定数の許容差が小さく，高精度

・形状が均一なため，自動実装への対応が可能

・経時変化が小さく高信頼性

　ET サーミスタは小型で高感度な特性を利用してハイブリッド自動車のバッテリーセルの温度検知用のセンサに利用されている。

3.4.3　プリント基板の表面実装タイプのサーミスタ

(1)　HT サーミスタ

　HT サーミスタは，高精度面実装サーミスタである。従来のチップサーミスタと比べ大幅に信頼性が向上した。絶縁のための沿面距離等の高い信頼性が求められる基板に実装される。使用例

としてDC/DCコンバータの基板に実装されて基板の温度を検知する温度センサとして使用されている。

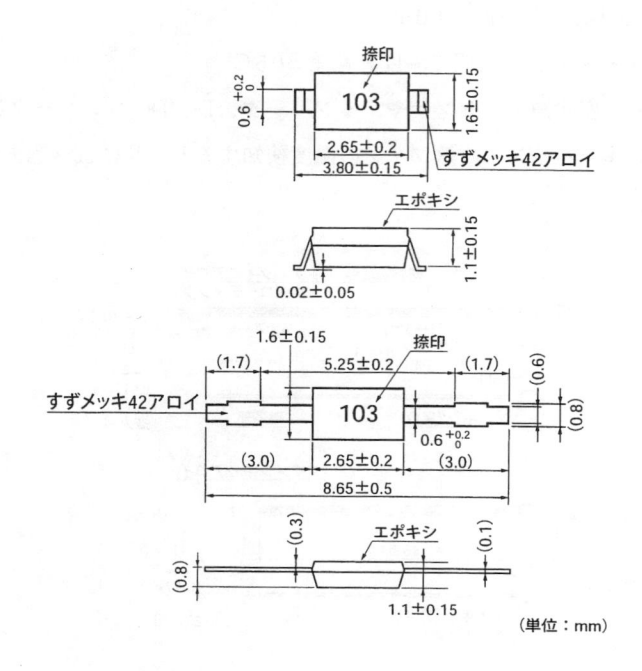

（単位：mm）

（2） KTサーミスタ

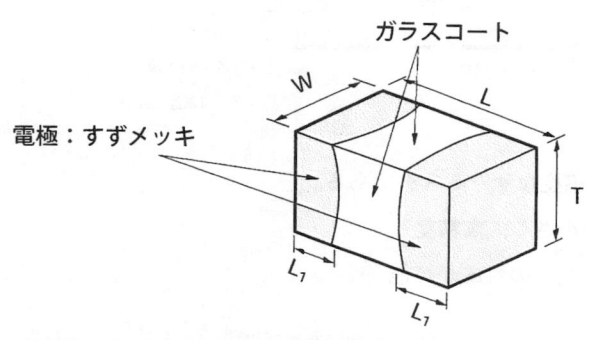

サイズ	L	W	T	L_1
1005	1.00±0.15	0.50±0.10	0.6max.	0.15〜0.30
1608	1.60±0.15	0.80±0.15	0.95max.	0.20〜0.50

（単位：mm）

第5章　センサ

　KT サーミスタは，高精度サーミスタの基本特性（抵抗値許容差±1%，B 定数許容差±1%）を EIAJ 規格（1005，1608 サイズ）に実現した高性能小型化した高信頼性チップサーミスタである。

　使用例としてインバータ，DC/DC コンバータ，液晶パネル等の温度補償用の温度センサとして使用されている。

3.5　今後の車載用のサーミスタについて

　今後，自動車は，電気自動車や燃料電池自動車，水素自動車など新しい自動車が次々と開発されていく。サーミスタもそれらの新しい自動車には，新しい制御技術が必要になる。

　それらのニーズに対応するためサーミスタもその姿を新しいシステムに対応した形状へと進化し続けていく自動車にとって必要なセンサになっている。

　また，従来からある2輪自動車やディーゼル自動車に関してもエンジンの制御にサーミスタの応用の検討が始まっている。

　以上のように，サーミスタは今後もいろいろなタイプの自動車の電子制御になくてはならないセンサとなっていくことであろう。

第6章　ワイヤーハーネス

真山修二*

1　ワイヤーハーネスの動向

　ワイヤーハーネスとは，車中に存在する負荷，ECU[注1)]に対し，電源・信号をくまなく供給する，いわば自動車の血管・神経に相当するシステムである（写真1）。その主な構成要素は，結束された電線，ヒューズ，負荷の電源ON／OFF用リレー，ジャンクション・ボックスやリレー・ボックスと呼ばれる電源ボックス，ランプなどの制御を行うボディーECUなどである。一見目立たないワイヤーハーネスも，各種LAN[注2)]やECUの統合，電線細径化，接続高信頼化，ハイブリッド車や42Vの高電圧対応，カメラ・映像システムの統合，リサイクル性など，小型軽量・高信頼・高付加価値に向けてハイテク化が著しい（写真2, 3）。本章では，そのワイヤーハーネスの中で近年活用が進んでいるインテリジェント・パワーデバイスを中心に，半導体リレー活用状況と展望について述べる。

ハーネス諸元：	
総重量	42kg
総電線本数	1900本
総電線長	3km

写真1　ワイヤーハーネス概観

注1)　ECU：Electronic Control Unit
注2)　LAN：Local Area Network

＊　Shuji Mayama　㈱オートネットワーク技術研究所　PDS研究部　パワーネットワーク研究室　主任研究員

第6章　ワイヤーハーネス

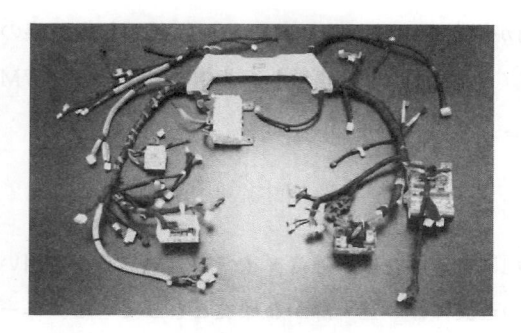

写真2　エンジンルームワイヤーハーネス例

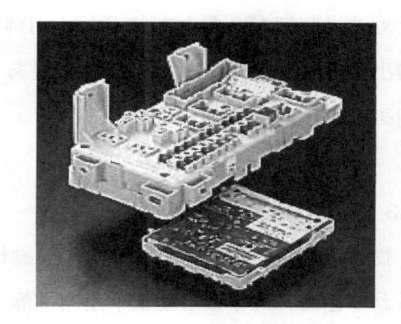

写真3　電源ボックスとボディーECU

2　半導体リレー活用の理由

2.1　小型軽量化

　近年の電装品の増加と容量UPは著しく，バッテリー・発電機から各負荷へ電源を届ける，あるいはECUの信号送受信を支えるワイヤーハーネスは，肥大化の一途をたどっている。車の限られたスペースへの搭載，燃費・環境のための軽量化ニーズの中で，小型軽量化は重要な技術である。半導体リレーは電磁石と接点からなる従来の電磁リレーと比較し小型軽量であり，電源ボックスの小型軽量化に大きな効果をもたらす。この小型軽量化は，新電装品の追加装備・意匠成立など車そのものの魅力成立にも貢献する（写真4）。

2.2　接点耐久

　半導体リレーの特徴の1つに無接点がある。このため適正な電流値で使用する限りは事実上無限とも言える接点開閉回数を持つ。この特徴を活かし，エアコンブロアファン，ラジエーターファンなど多段あるいは無段階で回転数の制御を行いたいモーターでは，半導体リレーによるPWM（Pulse Width Modulation）制御が適用される。また一部の国では，DRL（Daytime Running Light）と呼ばれるヘッドライトの昼間点灯が法規により義務づけられており，輝度調整の

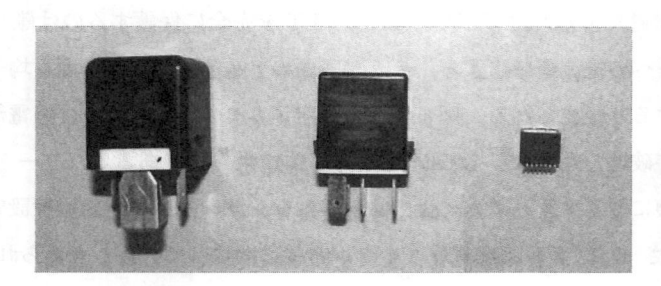

写真4　電磁リレー（左，中）と半導体リレー（右）の外形比較

ため減光制御が必要となりPWM制御を行う例が増えている。インテリアランプでも高級感の演出から調光制御が標準となりつつあり，ボディーECUなどに搭載した半導体リレーでPWM制御が行われる。

2.3 静音性

従来，車室内に配置するリレーで動作音が問題になる場合は，静音タイプの電磁リレーが用いられてきた。近年の自動車車室内は静音化技術の進展に伴い益々静かな環境となっている。ユーザーが直接スイッチを操作する時以外に自動制御などでON／OFFする際，静音リレーを適用しても意図しないリレー動作音がユーザーに聞こえる事がある。これを嫌い，無音の半導体リレーを適用する例も増えている。

3 インテリジェント・パワーデバイスの機能

インテリジェント・パワーデバイス（以下IPD）とは，パワーMOS-FETと制御回路を1パッケージに収めた半導体リレーを指す。パワーMOS-FETは負荷短絡など異常時の過熱・過電流に対し脆弱である。ワイヤーハーネスにおける半導体リレーは，過電流や短絡などの異常状態でも極力故障しないことが要求されるために通常IPDが選定される。IPDのキーポイントは，このパワーMOS-FETの異常時の脆弱性に対する保護機能であるといっても過言ではない。以下その保護機能を中心にIPDの機能を説明する。

（1）過熱保護機能

半導体のジャンクション温度上限は通常150〜175℃に規定されている。よって過電流など何らかの異常によりこの温度に達した場合，自己保護のため速やかに負荷電流を遮断する必要がある。通常はパワーMOS-FETのチップ上に過熱検知センサーが作り込まれており，過熱時にはIPDの制御回路で検知してゲート電圧を遮断しパワーMOS-FETをOFFする。

しかしながら，過熱検知だけでパワーMOS-FETを完全に保護するのは難しい。これはボンディングワイヤーへの電流集中による，チップ表面のアルミ配線電流密度不均一により生ずる温度不均一に起因すると推測される。図1はその推定メカニズム，写真5は過電流によりボンディングパット付近が破壊したパワーMOS-FETの解体結果一例である。パワーMOS-FETの過電流から過熱→破壊に至るメカニズムには，過熱検知センサー配置，検知温度設定，ボンディングワイヤー本数・太さ・位置，アルミ配線厚さなどが密接に関係していると考えられる。このためIPDの自己保護機能は，過熱保護機能だけでなく後述する電流制限機能などと組み合わせて構成する。

第6章 ワイヤーハーネス

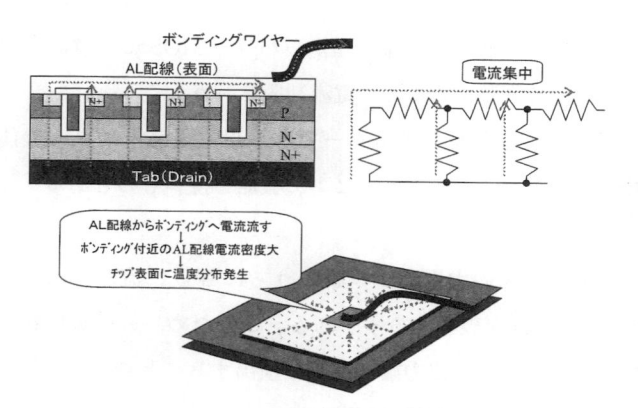

図1 パワー MOS-FET の過電流破壊推定メカニズム

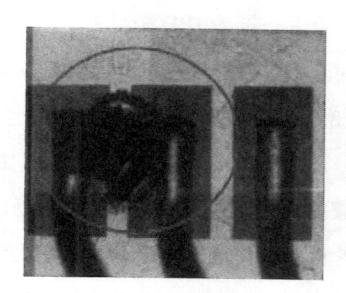

写真5 破壊跡の例

(2) 過電流保護機能

ボンディングワイヤーにはその太さに応じた許容電流があり，IPD では過電流保護が行われるのが一般的である。過電流から IPD を保護するための電流検出は，本来そのパワー MOS-FET が持つ容量ぎりぎりの電流が流すために精度が高いほど望ましい。現在いくつかの方式があるが，代表的な過電流保護の方式を示す。

その1つは，FET の ON 抵抗と通電電流によるドレイン〜ソース間の電圧降下を用いて過電流を検知しゲート電圧を制御する Vds 検知方式である（図2）。この方式は ON 抵抗とゲート電圧特性のばらつき・温特の影響を大きく受けるため精度はあまりよくない。プレーナー型パワー MOS-FET では Vgs-Id 特性が穏やかなためこの方式でも実用になったが，トレンチ型パワー MOS-FET では Vgs-Id 特性が急峻なためこの方式では限界があり，主流は次に述べるセンス MOS 方式に移りつつある。

比較的精度よく電流検知ができる方式としてセンス MOS 方式がある。パワー MOS-FET と同一チップ上にセンス MOS-FET を構成し電流を分流させ，パワー MOS-FET とセンス MOS-

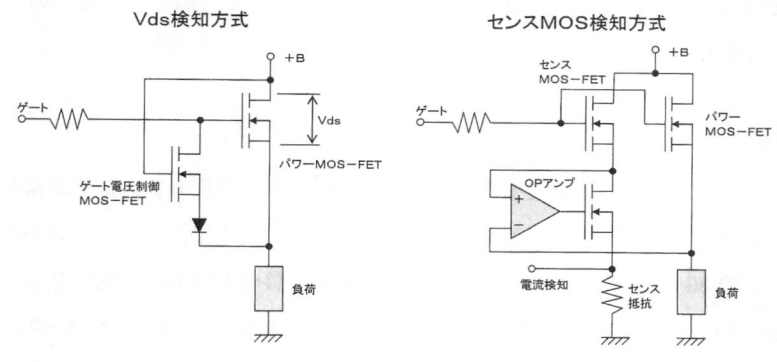

図2 過電流検知方式の例

FETのセル数比から決まるセンス比と，センスMOS分流電流値からパワーMOS出力電流を測定する方式である。電流を検知しゲート電圧を調整することで電流制限を行う。

なお一部のIPDではセンスMOSの出力電流を外部でモニターできる出力電流モニター機能付きのものや，過電流状態での電力損失を低減するためチョッピング機能を持つものもある。

(3) 短絡保護機能

IPD出力端子側のGNDへの短絡は，数100 Aの大電流が一瞬のうちにIPDに流れ，過熱保護機能や過電流保護機能が有効に働く前にIPDが破壊する事がある。このため，負荷短絡状態を直ちに判定し遮断する短絡保護機能が設けられる。出力端子電圧を検出することで負荷短絡状態を判定し，ゲート電圧を直ちに遮断することで短絡保護が行われる。

(4) ダイアグ機能

IPDでは負荷ショートが発生した場合でもIPD自体の過電流保護機能によりヒューズが溶断しない場合がある。このような場合，整備工場で修理をする際に故障部位の切り分けを行うことが困難になる。よってIPDの保護機能が働いた場合，外部にその状態を知らせることが望ましく，ダイアグ端子を設けているものが多い。

ダイアグ端子により，過熱，過電流，短絡などのIPDの保護動作をモニターできる。さらに負荷側の断線検知機能を持つものもある。

4　IPD適用の要件

IPDは，データシートの耐圧や許容電流を見るだけで安易に選定したり，保護機能を過信するのは早計である。その適用にあたっては，一般的なデジタル回路技術のみならず，アナログ回路技術，放熱・機構技術，各負荷特性と周辺回路の把握など多くの知見を要する。またIPDは，メーカー・品番毎にデータシートだけで判断できない特性・個性があり，各IPDの設計思想と実現手段を把握しIPD単品の限界試験でそれを知り抜いた上で，個々の負荷とのマッチングを十分吟味し，数多くの適合評価により採用可否を判断する必要がある。

4.1　突入電流

通常，ランプは定常電流の8倍程度，ファンモーターは5倍程度の突入電流が流れる。この突入電流によりジャンクション温度が使用上限温度を超えないように設計する必要がある。IPDがエンジンルームの80〜100℃という高温環境下に置かれ，負荷が外気温の低い状態に設置される場合は特に厳しい条件となる。電源電圧，最悪環境温度，ON抵抗のばらつき・温特，負荷抵抗のばらつき・温特，過熱遮断温度ばらつき，熱抵抗ばらつきを考慮し，過渡的なチップ温度上昇

の机上計算と実験による限界把握を行い判断する。如何に放熱性能が高い実装形態であっても過渡的には熱抵抗低減に大きな寄与はしないので注意が必要である。選定を誤れば，突入電流で自己保護機能が働きIPDがONできない事態も起こりうる。

4.2 負荷短絡

前述のとおりIPDには短絡保護機能が備えられているが，注意をしなければいけないのは，一口に負荷短絡といっても様々なケースがあることである。
①IPD上流のハーネス抵抗の大小
②IPD下流のハーネス抵抗＋ボディーアース抵抗の大小
③デッドショート，チャタリングショート

これらの組合せにより，IPDに流れる電流，電圧，電力損失は様々な値となり，無限とも言える負荷短絡条件が考えられる。

市場のIPDで全負荷短絡条件に対し完璧な保護を期待できるものは，知りうる限り見あたらない。このため短絡によるIPDのON故障時に電線を確実に守るためには，今のところ特殊な例を除きヒューズを設置せざる得ないのが実状である。

この短絡に対する耐久性を十分に高めることが，後述するヒューズ機能内蔵IPD実現のためには必要不可欠である。

4.3 負サージ保護

L負荷をON/OFFする場合にハイサイドに配置するIPDでは，負荷電流の遮断時に出力端子に負サージが発生する。この負サージ対策としてIPDには負サージクランプ回路が付加されているものが多い。負サージ発生中はドレイン～ソース間の電圧が電源電圧＋負サージクランプ電圧を維持しながら負荷電流が減衰していくことから，短時間といえども大きな電力ロスが発生し過熱する可能性がある。特にモーターの突入電流の遮断には注意を要する。この過熱に対し過熱保護機能は原理的に無力であり，事前に電力損失を確認するなど充分な注意が必要である。IPDの負サージクランプ回路で負サージ耐性が期待できない場合，フライホイール・ダイオードなどの外付け負サージ吸収デバイスをL負荷と並列に接続する事が多い。

4.4 逆接保護

車載電装品にはバッテリー逆接続に備えて逆接保護が定められている。IPSではパワーMOSFETや制御回路のFETに寄生ダイオードがあるため，逆接時には内部回路がOFF状態にもかかわらず電流が貫通する（図3）。制御回路のGND端子からの逆接電流は逆接保護ダイオードを

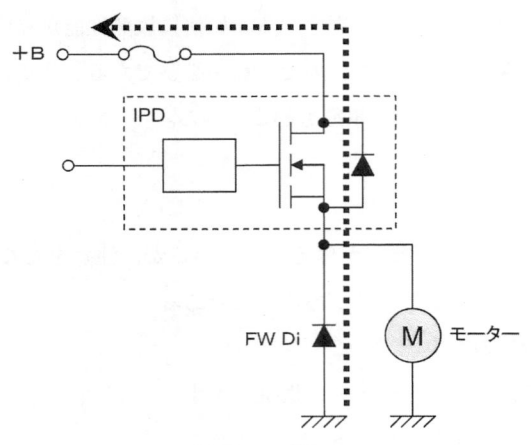

図3　逆接時の電流経路

GND 端子に追加することで防止できるが，注意を要するのは L 負荷にフライホイール・ダイオードが並列接続されている場合である。フライホイール・ダイオードにより逆接時の電流が L 負荷をバイパスし，さらにパワー MOS-FET の寄生ダイオードを貫通して電流が通るためバッテリーショート状態となり，数百 A の電流が流れ一瞬で破壊してしまう可能性がある。対策として，ヒューズとのマッチングを充分考慮する必要がある。

4.5　暗電流

半導体リレーはその原理上，暗電流がある（図4）。特に IPD ではその内部回路構成上，無視し得ないレベルであることが多く，IPD の品種により mA～nA オーダーと非常に大きな差がある。この対策として，内部回路に暗電流カット機能を持つものもある。

電磁リレーの IPD 化が進み，車の中で数 10 個の IPD が使われる事が想定される現在，暗電流は IPD 選定の上で重要な判断指標である。バッテリーに直接接続される電源系統に多数の IPD

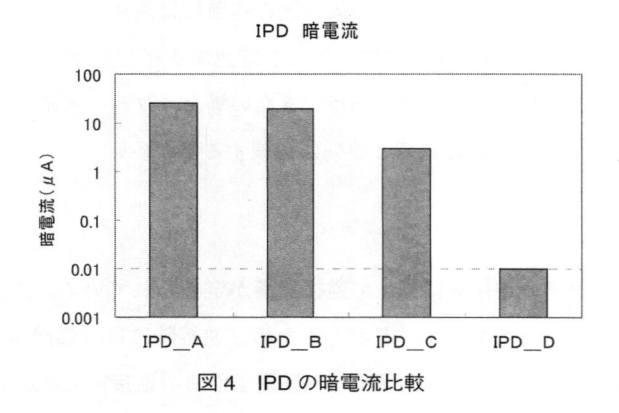

図4　IPD の暗電流比較

4.6 ラッチ／非ラッチ

自己保護機能が働いた場合，入力もしくは電源を再投入するまで遮断状態を維持するのがラッチタイプ，内蔵タイマーなどで自動復帰させるのが非ラッチタイプである．それぞれ得失があるので十分考慮の上で選定する必要がある．

ラッチタイプは異常時にOFF状態を保持するのでIPDの保護上は安心であるが，走行中に万が一ノイズ等による誤動作で遮断してしまった事を想定すると，対象負荷選定や復帰方法など，信頼性確保の十分な検討を行う必要がある．一方，非ラッチタイプはチャタリングショートなどの異常状態が回復した場合は自動的に復帰するのがメリットであるが，負荷短絡の項で述べたようにデッドショートで数百Aの電流が流れる場合でも自動復帰が行われ，IPDは過熱と冷却の過酷なパワーサイクル環境下に置かれることで，寿命に至り破壊することが懸念される．

5 インテリジェント・パワーデバイスの一例

実際に市販車に搭載されているIPDの1例を示す（表1）．入力端子，出力端子の他にGND端子，ダイアグ端子などがあり多ピンパッケージに納められている．

前述の過熱・過電流・負荷短絡保護回路の他に，内蔵するN-chパワーMOS-FETを負荷のハイサイドで駆動するためゲート電圧を電源電圧より上昇させる必要があり，チャージポンプ回路を内蔵している．

表1 IPDの仕様例

項　目	内　容
耐　圧	60 V
ON抵抗	10 mΩmax
保護機能	過熱保護 過電流保護 短絡保護
付加機能	負サージクランプ 暗電流カット リレー互換入力 ダイアグ

6 半導体リレーの実装方法

パワーMOS-FETにはON抵抗があり，通電電流の2乗×ON抵抗の発熱を伴う．長期通電

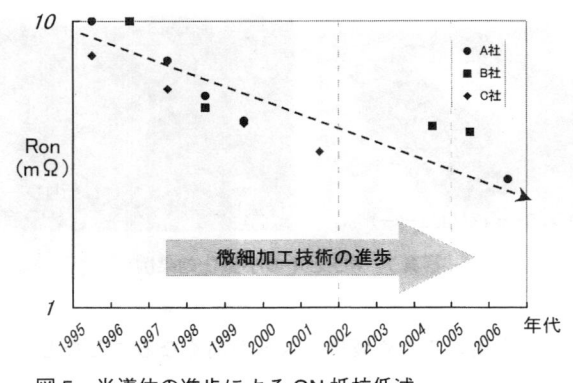

図5　半導体の進歩による ON 抵抗低減
（N-ch パワー MOS-FET，TO-220，耐圧 60 V）

7.2　高機能化

　IPD の制御回路を一体化できる特徴を活かして，IPD とワイヤーハーネスの高機能化が進められている。例えば，ヒューズ機能である。IPD の過電流保護機能でヒューズ機能を代用できれば，電源ボックスの小型軽量化だけでなくメンテナンスフリー化，搭載場所の自由度など多くのメリットがあり，ヒューズ機能内蔵 IPD はワイヤーハーネス設計者にとって長年の夢のデバイスであった。現在限定的に採用されているヒューズレス電源ボックスは電流検出機能付き IPD とマイコンを組み合わせたものであり，マイコン AD 入力ポート数の制約やマイコンによるコスト上昇など課題も多く採用は限定的である。本格的な採用にはヒューズ機能付き IPD の登場を待つ必要がある。このヒューズ機能は前述のとおり，IPD が過電流，過熱，短絡に対し十分な耐性を持つ必要があるが，IPD 自己保護機能の強化は年々進んでいることから，本格的なヒューズレス電源 BOX を実現できる日は遠くないと考えられる。

　また，安全・環境・快適の観点から車載電装品は増加の一途をたどり電源容量が不足しつつあるとともに，X-by-wire など走る・曲がる・止まるといった機能のメカから電動への置換えをにらみ，電源信頼性向上のニーズが高まっている。このため，従来各負荷が使い放題であった電源をマネージメントする必要が生じてきた。ワイヤーハーネスは車全体の配電を司っており，電源マネージメントによる電力最適配分を実現するのに最適なシステムである。その際，負荷制御によるリレー開閉回数増加への対応や静音の観点による電磁リレーの IPD 化はもちろん，負荷電流モニター機能や電流調整のための PWM 制御回路の内蔵など，IPD の更なる高機能化が望まれている。

　このように，ワイヤーハーネスの高機能化を実現する上で，IPD はなくてはならない重要なキーデバイスとなっている。

自動車用半導体の開発技術と展望
《普及版》   (B1039)

2007年10月31日　初　版　第1刷発行
2013年 6 月 7 日　普及版　第1刷発行

　　監　修　　大山宜茂　　　　　　　　　　Printed in Japan
　　発行者　　辻　賢司
　　発行所　　株式会社シーエムシー出版
　　　　　　　東京都千代田区内神田 1-13-1
　　　　　　　電話 03(3293)2061
　　　　　　　大阪市中央区内平野町 1-3-12
　　　　　　　電話 06(4794)8234
　　　　　　　http://www.cmcbooks.co.jp/

〔印刷　倉敷印刷株式会社〕　　　　　　　　© Y. Ohyama, 2013

落丁・乱丁本はお取替えいたします。

本書の内容の一部あるいは全部を無断で複写(コピー)することは，法律で認められた場合を除き，著作者および出版社の権利の侵害になります。

ISBN978-4-7813-0721-3　C3054　¥4200E